AGRONOMIE,
CHIMIE AGRICOLE

ET

PHYSIOLOGIE.

PARIS. — IMPRIMERIE DE GAUTHIER-VILLARS,
RUE DE SEINE-SAINT-GERMAIN, 10, PRÈS L'INSTITUT.

AGRONOMIE,

CHIMIE AGRICOLE

ET

PHYSIOLOGIE,

Par M. BOUSSINGAULT,

Membre de l'Institut.

DEUXIÈME ÉDITION, REVUE ET CONSIDÉRABLEMENT AUGMENTÉE.

TOME TROISIÈME.

PARIS,

GAUTHIER-VILLARS, IMPRIMEUR-LIBRAIRE

DU BUREAU DES LONGITUDES, DE L'ÉCOLE IMPÉRIALE POLYTECHNIQUE,

SUCCESSEUR DE MALLET-BACHELIER,

Quai des Augustins, 55.

1864

AGRONOMIE,
CHIMIE AGRICOLE
ET
PHYSIOLOGIE.

TEMPÉRATURE ET VÉGÉTATION[1].

PREMIÈRE PARTIE.

Au printemps, lorsque, par une nuit calme et un ciel sans nuages, les plantes ont souffert de la gelée, le dégât ne devient manifeste qu'au lever du soleil. Pendant l'obscurité, même pendant le crépuscule, les organes atteints, les jeunes pousses, les bourgeons, les fleurs, paraissent intacts ; ils sont rigides, fermes, relevés. Mais à peine sont-ils frappés par un rayon de lumière, qu'ils se couvrent de gouttelettes, que leur tissu devient flasque : la désorganisation est évidente, bientôt ils se dessèchent, noircissent et tombent. On dit alors que la plante est *brûlée*. C'est à ces apparences qu'est due cette notion aussi fausse qu'elle est répandue : que ce n'est pas au refroidissement nocturne que l'on doit attribuer la destruction du végétal, mais à la chaleur des premiers rayons du soleil dardant sur la rosée.

---

(1) Leçon professée au Conservatoire des Arts et Métiers.

III.

On a nié aussi les effets nuisibles de la radiation calorifique sur les végétaux, parce qu'en hiver, durant des nuits où le ciel est couvert et l'air fortement agité, même par un vent impétueux, les jeunes branches sont frappées par le froid. Ici, à n'en plus douter, on a confondu les gelées printanières dues au refroidissement des corps occasionné par le rayonnement vers les espaces célestes, refroidissement que ne subit pas au même degré l'air qui environne les plantes, avec les gelées d'hiver, conséquence toute naturelle de l'abaissement de la température de l'atmosphère. Les diverses circonstances dans lesquelles les végétaux gèlent ne sont donc pas toujours nettement appréciées, et c'est pour contribuer à faire cesser la confusion qui règne encore sur ce sujet, que je crois devoir exposer avec quelques détails les conditions de température qui président à la vie végétale.

La première période de l'existence des plantes, la germination, a lieu à quelques degrés au-dessus de zéro ; les plantes une fois développées vivent, suivant les espèces, entre des limites de température très-étendues. La *Tremella reticulata* prospère dans l'eau de la source thermale de Dax, à + 49 degrés ; le mélèze, en Sibérie, brave un froid de — 35 à — 40 degrés. Pour apprécier les effets de températures aussi différentes, il convient de distinguer les végétaux arborescents des végétaux annuels, dont la mort suit toujours la production de la graine. Il y a même cette circonstance curieuse, que ces plantes, d'une organisation délicate, qui meurent après avoir fructifié, parviennent néanmoins à s'établir dans les climats les plus rigoureux, là où les arbres d'une constitution bien plus robuste ne sauraient résister. C'est que pour la plante herbacée qui a vécu rapidement pendant l'été, la semence n'a plus rien à craindre des intempéries après la maturité; une fois tombée sur le sol, elle y reste intacte jusqu'au retour du printemps où la chaleur la fait germer et donner un individu qui vivra et fructifiera pendant la saison chaude. Les graines mûres sont insensibles aux plus basses températures : des semences de trèfle, de seigle, de froment, que j'avais exposées à un froid de plus de 100 degrés au-dessous de zéro, ne perdirent pas leur faculté germinative (1).

Les végétaux semblent résister mieux que les animaux au froid et à la chaleur. Il est vrai que l'homme traverse aussi impunément les déserts brûlants de l'Afrique que les régions glacées des pôles. Burckardt, dans la haute Égypte, a vu le thermomètre monter à + 47°, 4 ; le capitaine Back, dans l'Amérique du Nord, l'a vu descendre et se maintenir à — 56°, 6. Est-il permis d'en conclure que la vie est possible à de telles températures ? je ne le pense pas. Dans le désert, la chaleur éprouvée par Burckardt était exceptionnelle, de courte durée : des particules de sable, soulevées par un vent *chamsim,* avaient échauffé l'atmosphère ; quant aux froids excessifs et persistants des contrées boréales, on ne les affronte qu'en ayant recours à tous les moyens imaginables de s'en préserver, en s'enveloppant de vêtements empêchant la chaleur du corps de se dissiper, en se nourrissant surabondamment. On ne sait que trop d'ailleurs, tant les tristes exemples en sont fréquents, qu'un individu mal vêtu, mal nourri, ne supporte pas longtemps une température approchant de zéro. Si l'homme séjourne dans

____

(1) Froid obtenu avec de l'acide carbonique liquéfié et congelé.

le climat glacial des régions polaires, ce n'est pas en le bravant, mais en se garantissant du froid par son intelligence et son industrie.

De ce que les graines ne sont pas désorganisées par le froid le plus intense que nous puissions produire, on tire cette conclusion remarquable : que si, par une cause quelconque, la surface de la terre, jusqu'à une profondeur de 2 mètres, et la masse entière de l'Océan venaient à se refroidir à — 100 degrés, la vie animale, sans aucun doute, serait anéantie sur notre planète, les êtres d'un ordre supérieur disparaîtraient pour toujours, tandis que l'organisme végétal, par la résistance de ses semences, reparaîtrait si le globe recouvrait la température qu'il possède actuellement ; mais pas un être vivant ne respirerait plus sur cette terre réchauffée, à l'exception peut-être de quelques animaux inférieurs, en admettant, ce que je considère au reste comme assez vraisemblable, que les œufs de certains insectes résistassent à un froid excessif, comme résistent les graines avec lesquelles ils ont d'ailleurs plus d'une analogie (1).

L'extension de la végétation vers les régions polaires montre que des plantes parviennent à se fixer sur des points dont la température moyenne est de beaucoup inférieure à celle que l'on considère comme la limite de la vie végétale. Dans ces climats rigoureux, c'est uniquement par la chaleur estivale, pour si faible qu'elle soit, que des phanérogames végètent après être sortis de leur long sommeil d'hiver. C'est à cette circonstance qu'à l'extrémité boréale du

---

(1) J'ai pu constater que les œufs de la chenille annulaire, déposés sur les branches des arbres fruitiers, avaient supporté dans un hiver, sans être détruits, un froid de 18 degrés au-dessous de zéro.

continent asiatique, l'homme doit de récolter quelques végétaux alimentaires. A Jakoutsk, par 62 degrés de latitude Nord, là où le mercure est solidifié pendant deux mois de l'année, la chaleur moyenne de l'été (+ 17°,5) fait mûrir le seigle et même le froment, bien que, à la profondeur de 1 mètre, le sol ne dégèle jamais. Dès que la température moyenne de l'été est insuffisante, le développement complet des plantes devient impossible; ainsi la Nouvelle-Zélande, par 73 degrés de latitude Nord, dont la température estivale est de + 1°,4, paraît être le terme, la limite géographique septentrionale de la végétation.

Deux conditions sont donc indispensables pour que les plantes vivent dans les latitudes très-élevées : d'abord que la température moyenne de l'été soit de plusieurs degrés au-dessus de zéro ; ensuite, pour ce qui concerne les plantes arborescentes, que les essences aient une complexion qui leur permette de supporter pendant leur assoupissement les rigueurs de l'hiver. Dans les climats excessifs, la température moyenne annuelle d'une localité est par conséquent une donnée insuffisante pour se former une idée de la flore d'une station ; il faut avant tout connaître les températures extrêmes et la température des saisons. C'est ainsi que, en Scandinavie, dont le climat de l'Altenfiord, d'après les observations de la Commission du Nord, est défini par :

Hiver tempéré..	—7°,3	Été tempéré..	+ 10°,1
Printemps....	— 0°,7	Automne....	— 0°,3

c'est en mai qu'a lieu la fin du sommeil hivernal, et c'est en juin et juillet que la végétation continue sans interruption, car alors seulement le thermomètre ne descend plus au-dessous de zéro, il monte quel-

quefois à + 21 degrés ; mais comme, durant l'hiver, le
froid devient très-intense, tout arbre, comme le fait
remarquer M. Martins, qui ne brave pas un abaissement de température de — 22 à — 35 degrés, ne persiste
pas longtemps dans cette contrée. Aussi le pin syl-
vestre, le bouleau pubescent, le bouleau nain, le sor-
bier des oiseleurs, le tremble, l'aune blanc, un certain nombre de saules, le genévrier et le groseillier
sauvage résistent seuls à cet âpre climat (1).

A Havöe, par 71 degrés de latitude Nord (longitude, 21° 47′ Est), dont le climat insulaire a une température moyenne de — 0°,8, température très-douce pour
une semblable position géographique, M. Martins trouva
des bouleaux blancs rabougris, le bouleau nain, le saule
des Lapons. Sur un promontoire, à 316 mètres de hauteur, les plantes phanérogames avaient disparu, mais la
terre était littéralement blanche de lichens : on y trouvait le *Parmelia tatarea*, l'*Evernia ochroleuca, sarmen-
tosa*, aspect singulier qui rappelait le tableau par
lequel Linné termine ses prolégomènes de la Flore
de la Laponie (2) : « La dynastie des palmiers règne
» sur les parties les plus chaudes du globe ; les zones
» tropicales sont habitées par des végétaux frutes-
» cents. Une riche couronne de plantes entoure les
» plages de l'Europe méridionale ; des troupes de
» graminées occupent la Hollande et le Danemark ; de
» nombreuses tribus de mousses sont cantonnées
» dans la Suède : mais ce sont des algues blafardes
» ou de blancs lichens qui végètent seuls dans la
» froide Laponie, la plus reculée des terres habita-

(1) MARTINS. *Voyage le long des côtes de la Norvége*, p. 76.
(2) MARTINS. *Voyage le long des côtes de la Norvége*, p. 121

» bles. Les derniers des végétaux couvrent la der-
» nière des terres (1) ! »

Pour avoir une idée précise des températures extrêmes que les plantes arborescentes supportent sans
succomber, il suffit de mettre en regard les maxima
et les minima de température constatés dans des localités réparties de l'équateur aux cercles polaires. Je
désigne les arbres et les arbustes, parce que, et j'ai
déjà insisté sur ce point, les plantes herbacées annuelles, celles qui naissent, fructifient et meurent dans
le cours d'un été, échappent nécessairement aux effets
des basses températures de l'hiver.

Localités.	Température maxima.	Température minima.	Température moyenne.
	o	o	o
Pondichéry...............	45	22	27,5
Madras...............	40	17	27,8
Le Caire..............	40	9	22,4
Rome................	31	— 5	15,4
Padoue	36	—16	12,5
Paris................	38	—23	10,8
Prague...............	35	—28	9,5
Copenhague............	34	—18	8,2
Moscou...............	32	—39	3,6
Pétersbourg...........	33	—34	3,5
Fort Élisabeth (latit., 70°).	17	—51	»

Ce sont les basses températures qui marquent la limite
de l'existence des espèces végétales dans les latitudes
élevées, annulent les prévisions tirées de la position
géographique et de la connaissance du climat moyen.

(1) Calidissimas orbis partes regit palmarum familia. Terras calidas
incolunt frutescentes plantarum gentes ; australes Europæ plagas nu-
merosa ornat corona ; Belgium Daniamque graminum occupant copiæ :
Sueciam muscorum agmina ; ultimam vero frigidissimamque Lappo-
niam pallidæ algæ, præsertim albi lichenes. En ultimum vegetationis
gradum in terrà ultimâ !

Le froid exerce deux effets sur les plantes dans les contrées à hivers rigoureux : suivant son intensité, il suspend ou empêche leur végétation ; dans le dernier cas, il élimine l'espèce, lorsque l'industrie de l'homme n'intervient pas pour réparer le dommage en renouvelant les arbres frappés de mort. C'est grâce à cette intervention que le mûrier, la vigne n'ont pas disparu et ne disparaîtront probablement jamais de certaines zones de l'Europe, où, à des intervalles plus ou moins éloignés, ces arbres périssent pendant un hiver exceptionnel. Aussi, pour déterminer les conditions météorologiques les plus convenables à l'existence des plantes, il ne faut pas en prendre les éléments dans les climats excessifs offrant d'énormes différences entre la température des étés et celle des hivers et, dans cette dernière saison, des périodes de froids extraordinaires ; c'est dans la zone équinoxiale où règne pendant toute l'année une constance remarquable dans la température de chaque jour ; l'année n'a réellement pas de saison, et nulle part ailleurs sur le globe on ne s'aperçoit mieux que dans les montagnes voisines de l'équateur, de la diminution de la chaleur occasionnée par l'altitude au-dessus de l'Océan. En voyageant dans les Cordillères, on passe, en quelques heures, d'un climat brûlant et fertile où vivent de nombreuses familles de palmiers, à la région stérile qui précède l'apparition des neiges éternelles.

Montrons d'abord quelle est la constance des climats intertropicaux, en comparant le mois le plus chaud et le mois le plus froid de stations situées à diverses hauteurs, aux mêmes mois choisis dans des localités placées en dehors des tropiques :

	Latitude N.	Altitudes	Température moyenne du mois				Différences.	Température moyenne de l'année
			le plus chaud.		le plus froid.			
	o ′	m		o		o	o	o
Cumana	10.28	0	Mai	29,2	Janvier	26,9	2,3	27,5
Caracas	10.31	916	Juillet	24,0	Février	20,0	4,0	22,0
Bogotá	4.37	2660	Février . . .	15,2	Décembre . .	13,9	1,3	14,6
Métairie d'Antisana . .	0.14	4000	Juillet	6,2	Février	2,9	3,3	4.9
Paris	48.50	60	Juillet	18,9	Janvier . . .	1,8	17,1	10,8
Moscou	55.46	170	Juillet	18,6	Janvier	—11,8	30,4	4,5
Saint-Pétersbourg	59.56	»	Juillet	17,0	Janvier	— 9,0	26,0	3,5
Jakoutsk	62.01	87	Juillet	17.0	Janvier	—41,8	58,8	—11,0

Près de l'équateur la température moyenne des jours et des mois varie à peine dans le cours de l'année. Voici, à l'appui de cette assertion, quelques observations que je prends parmi celles que j'ai faites à Bogotá. Cette ville, capitale de la Nouvelle-Grenade, est sur une esplanade de 3o à 4o lieues d'étendue, dans la direction du nord au sud, de 5 à 6 lieues de large, et traversée par une rivière. On y rencontre toutes les céréales et les plantes fourragères cultivées en Europe.

Températures observées à 9 heures du matin à Bogotá.
Latitude Nord, 4°37′.

Dates.	Janvier.	Juillet.
	°	°
1	14,5	14,0
2	15,0	»
3	14,5	15,0
4	14,5	14,5
5	15,0	14,5
6	15,0	14,5
7	14,5	14,7
8	12,5	14,5
9	12,0	14,4
10	13,5	14,0
11	15,0	14,0
12	14,0	14,0
13	13,9	14,0
14	15,5	14,0
15	15,5	14,0
16	15,0	13,5
17	16,0	13,2
18	15,2	13,5
19	15,0	13,4
20	14,0	13,2
21	15,0	13,5
22	14,0	14,0

Dates.	Janvier.	Juillet.
	°	°
23	12,0	14,0
24	13,0	14,0
25	14,0	14,0
26	14,0	14,0
27	15,5	13,5
28	16,0	13,8
29	14,5	13,8
30	13,0	14,0
31	14,0	13,5

Températures moyennes des mois.

	°		°
Janvier....	14,4	Juillet.....	14,0
Février.....	15,2	Août......	14,9
Mars.......	14,9	Septembre..	14,5
Avril......	14,6	Octobre....	14,9
Mai........	14,9	Novembre..	13,9
Juin.......	14,8	Décembre..	13,9
		Moyenne........	14,55

Cette uniformité de température dans les régions équinoxiales dépend, comme on sait, de ce que, pendant toute l'année, la durée du jour est sensiblement égale à celle de la nuit ; il en résulte que le sol reçoit chaque jour autant de chaleur qu'il en perd dans l'obscurité. Il n'en est plus ainsi en dehors des tropiques : à part les époques d'équinoxe, il existe suivant les saisons de très-notables différences entre la longueur des jours et celle des nuits ; comparons, par exemple, Paris à Paramaribo, situé près de l'équateur.

	Paris, latitude N., 49°.		Paramaribo, latit. N., 6°, 45′	
Saisons.	Durée moyenne du jour.	Température moyenne de la saison.	Durée moyenne du jour.	Température moyenne de la saison.
	h m	o	h	o
Hiver........	9.45	+ 3,2	12	25,9
Printemps...	14.30	10,3	12	25,3
Été.........	14.30	18,3	12	26,9
Automne....	9.45	11,1	12	28,2
Température moyenne....		10,8		26,5

Les différences de température entre les diverses saisons sont d'autant plus fortes que la localité est située dans une latitude plus élevée, par la raison que les différences entre la durée des jours et celle des nuits sont plus prononcées. Choisissons en effet deux stations en dehors des tropiques sous des latitudes élevées, et voyons quelles sont les températures moyennes des mêmes mois.

	Paris, latitude N., 49°.	Saint-Pétersbourg, latit. N., 60°.
	o	o
Janvier......	2,1	— 9,5
Février......	4,7	— 7,5
Mars........	6,5	— 3,7
Avril	9,8	2,6
Mai.........	14,5	8,7
Juin	17,0	15,0
Juillet.......	18,6	17,3
Août........	18 4	15,8
Septembre ...	15,8	10,5
Octobre......	11,3	5,1
Novembre....	6,8	— 0,8
Décembre	4,0	— 5,2

Entre les tropiques, les plantes, quelle que soit la hauteur où elles végètent, ne sont jamais placées dans une atmosphère assez refroidie pour entraîner leur destruction. Sur les plateaux élevés, les gelées passagères et peu intenses, occasionnées généralement par la radiation nocturne, ne frappent que les organes les plus délicats, comme cela a lieu en Europe lors des gelées du printemps, et, si une espèce ne se rencontre plus à telle ou telle altitude, c'est que la température ne lui convient plus ; mais il faut aussi tenir compte de l'influence du sol et de l'état hygrométrique habituel de l'air. Là, les plantes n'étant pas cultivées par la main de l'homme choisissent leur situation. Aussi, comme l'a dit Humboldt, « sur chaque rocher de la » pente rapide des Cordillères, sont inscrites les lois » du décroissement de la chaleur et de la distribution » géographique des formes végétales. »

En avançant de l'équateur vers les pôles, l'abaissement graduel de la température imprime à la végétation un cachet particulier; et s'il n'y a pas toujours dans les flores de diverses contrées la différence que devrait faire naître le changement en latitude, cela tient à certaines perturbations qui troublent la loi de la distribution de la chaleur telle qu'on la concevrait si la surface du globe possédait une constitution homogène. Ainsi la proximité ou l'éloignement de l'Océan, l'étendue des terres, l'altitude, sont des circonstances qui déterminent les climats marins toujours tempérés, les climats continentaux toujours excessifs, les climats alpins. Une île, une côte, une péninsule, ont des hivers plus doux, des étés moins chauds que l'intérieur des terres, et, par conséquent, on y trouve moins de différence entre la température des étés et celle des hivers. Comme, dans les questions agricoles, il est surtout utile de considérer les saisons, je crois devoir présenter les moyennes hivernales et estivales de climats marins et de climats continentaux propres à quelques localités.

LOCALITÉS.	LATI-TUDES N.	LONGITUDES comptées de Paris.	TEMPÉRATURES MOYENNES.							
			Année.	Hiver.	Printemps.	Été.	Automne.	Différences entre l'hiver et l'été.	Mois le plus froid.	Mois le plus chaud.
Climat marin.										
Cap Nord.........	71.10	23.30′ E.	0,1	— 4,6	— 1,3	6,4	— 0,1	11,0	Janvier— 5,5	Juillet 8,1
Reikiavig (Islande).	64.8	24.16 O.	4,0	— 1,6	2,4	12,0	3,3	13,6	Février— 2,1	Juillet 13,5
Édimbourg	55.57	5.32	8,6	3,6	7,6	14,4	8,9	10,8	Janvier 2,9	Juillet 15,0
Londres	51.31	2.26	10,4	4,2	5,9	17,1	10,7	12,9	Janvier 3,0	Juillet 17,8
Cherbourg........	49.39	3.58	11,2	5,2	10,4	16,5	12,5	11,3	Février 3,2	Août 17,3
Alger.............	36.47	0.07	17,8	12,4	15,5	23,6	19,9	11,2	Février 11,6	Août 24,7
Climat continental.										
Saint-Pétersbourg ..	59.56	27.59 E.	3,5	— 8,1	1,7	15,7	4,7	23,8	Janvier— 9,0	Juillet 17,0
Kasan............	55.48	46.47	2,2	— 14,3	2,6	17,0	2,8	31,3	Janvier—16,5	Juillet 18,4
Berlin............	52.31	11.4	8,6	— 0,7	8,4	17,6	9,1	18,3	Janvier— 3,1	Juillet 18,3
Strasbourg........	48.35	5.25	9,8	1,1	10,0	18,1	10,0	17,0	Janvier— 0,4	Juillet 18,8

C'est, d'un côté, à la faible variation que la mer éprouve dans sa température, à la difficulté avec laquelle s'échauffe ou se refroidit une masse liquide aussi considérable ; de l'autre, à la promptitude de l'échauffement et du refroidissement du sol, que sont dues les grandes différences que l'on constate entre les climats marins et intercontinentaux. Par exemple, même sous l'équateur, loin des côtes, la surface de l'Océan atteint bien rarement 30 degrés, tandis que sur un sol sec, exposé au soleil, le thermomètre monte fréquemment à 60 degrés ; mais durant la nuit, la terre, qui ne s'est échauffée que sur une très-faible épaisseur, abandonne rapidement la température qu'elle avait acquise pendant le jour.

L'influence des continents, l'éloignement des mers, ne sont pas les seules causes qui rendent le climat plus excessif en augmentant à la fois la chaleur des étés et le froid des hivers. La discussion des observations faites en Europe et en Asie montre que la température moyenne annuelle décroît à mesure que l'on pénètre plus à l'est dans l'intérieur des terres. Humboldt attribue ce décroissement à l'action refroidissante des vents dominants venant de cette direction. Les résultats que je vais inscrire établissent une diminution dans la température moyenne, depuis le littoral occidental de l'Europe jusqu'au delà du méridien de la mer Caspienne.

	Latitudes N.	Températures moyennes.
Amsterdam	52.22′	9,8
Berlin	52.31′	8,6
Copenhague.	55.41′	8,2
Kasan	55.48′	2,2

Ce sont les causes perturbatrices provenant de l'hétérogénéité de la surface du globe qui font que deux stations situées sur le même parallèle n'ont presque jamais la même température moyenne, le même climat, comme il arriverait si cette surface était homogène, si elle n'offrait pas des continents, des mers, des aspérités, des anfractuosités, des étendues immenses recouvertes de forêts, de marécages, de steppes, de sables mouvants. En marquant sur une sphère les points possédant la même température moyenne, on trace, en les reliant, une ligne isotherme qui est loin d'être parallèle à l'équateur. On en jugera, en mettant en regard de plusieurs localités ayant la même température, les latitudes correspondantes.

	Températures semblables observées à des latitudes différentes.		
	Latitudes.	Longit. comptées de Paris,	Températures moyennes.
Saint-Denis (île Bourbon).	21° S.	55° E.	25,0°
Abuscheher..	27 N.	48	25,0
Saint-Georges (Bermudes).	32	67 O.	20,0
Malaga	37	7	20,0
Washington	34	79	13,4
Bordeaux	45	3	13,1
Philadelphie..........	40	77	10,7
Paris................	49	0	10,8
Neubourg	41	81 O.	5,2
Christiania	60	8 E.	5,0

Ce qui rend surtout les climats maritimes plus favorables à la vie des plantes, c'est la douceur des hivers. Sur les côtes de Glenarm, en Irlande, par une latitude de 52 degrés, le myrte végète comme en Portugal ; il y gèle rarement, bien que les chaleurs de l'été soient insuffisantes pour mûrir le raisin ; cependant sous le même parallèle, à Kœnigsberg, en Prusse, on éprouve en hiver un froid de — 3°, 3. Les mares ou les petits lacs des îles Féroë ne se couvrent pas de glace, et, quoique ces îles soient situées par 62 degrés de latitude, la moyenne de l'hiver y est de + 4°, 3 ; celle de l'été ne dépasse pas 12 à 13 degrés. En Angleterre, les côtes du Devonshire ont des hivers tellement doux, qu'on y a vu des orangers en espalier porter des fruits ; à Salcombe, en 1774, on vit fleurir un agave qui avait passé vingt-huit années sans être abrité pendant la saison froide. Sur la côte méridionale de l'Angleterre, les hivers sont également tempérés ; la moyenne hivernale s'y maintient encore entre + 5 et + 6°, 8, quoique la température moyenne annuelle dépasse à peine 11 degrés (1).

Dans notre hémisphère, si l'on va du sud au nord en considérant des zones assez larges pour que les perturbations que j'ai signalées s'atténuent en se compensant, et assez peu élevées au-dessus de l'Océan pour que l'influence de l'altitude ne se fasse pas sentir, on voit la végétation se modifier graduellement et profondément ; elle perd de sa vigueur à mesure qu'elle passe des régions chaudes aux régions tempérées, des régions tempérées aux régions froides, puis elle cesse ou revêt un organisme tout particulier quand elle approche des régions glaciales. En traçant à grands traits les modifications qu'elle subit successivement, on peut la répartir en six zones ayant une température moyenne limite.

---

(1) HUMBOLDT. *Asie centrale*. t. III, p. 145.

III.   2

Zones forestières.	Zones agricoles correspondantes.	Tempér. moyennes limites	
		de l'année.	de l'été.
1re Palmiers (zone torride).	Cacaotier, indigo, bananier, canne à sucre.	27,5°	28°
2e Arbres monocotylédones toujours verts, chéne-liége.	Olivier.	14,5	22
3e Châtaignier, chêne.	Vignes, maïs.	10,0	21
4e Chêne, hêtre.	Blé, orge.	5,6	16
5e Pins, bouleaux.	Seigle.	0,7	14
6e Bouleaux nains, lichens.		0,7	8

La température ne s'abaisse pas seulement de l'équateur vers les pôles, elle diminue aussi avec l'altitude ; en gravissant une chaîne de montagnes, on s'aperçoit bientôt qu'elle décroît rapidement, et que les formes végétales en sont notablement affectées. C'est ainsi qu'en s'élevant dans les Cordillères, on passe, souvent en quelques heures, d'un climat brûlant à un climat tempéré, puis à un climat glacial. Sous la ligne équinoxiale, la métairie d'Antisana, près Quito, à une hauteur de 4100 mètres, possède une température moyenne à peine différente de la température moyenne annuelle de Saint-Pétersbourg; un peu plus haut, à 4800 mètres, on atteint la limite inférieure des neiges perpétuelles où on rencontre une végétation qui a plus d'une analogie avec la flore du cercle polaire. Je vais essayer d'indiquer les différentes zones végétales que l'on traverse sous l'équateur, depuis le niveau de l'Océan jusqu'à la région des neiges.

Altitudes	Temperatures moyennes.	Végétations.
mét o à 5oo	o o 28 à 26	Palmiers, bambusa, guaduas, bananier, cacaotier, indigo, maïs, manioc.
5oo à 1ooo	26 à 24	Erythroxylum , caféier, cotonnier, citronnier, maïs.
1ooo à 25ooo	24 à 15	Froment, orge, chêne, Laurus, quinquina, maïs.
25oo à 4ooo	15 à 7	Pâturages, pommes de terre, oxalis.
4ooo à 48oo	7 à 1,7	Espeletia (fraylejon), saxifrages, lichens, algues.

Ces zones superposées doivent être considérées moins comme des limites absolues que comme les stations les plus favorables aux espèces que l'on y rencontre habituellement ; elles prennent souvent une étendue considérable dans le sens vertical ; le maïs, par exemple, que l'on n'a jamais trouvé à l'état sauvage, est une des plantes les plus indépendantes du climat, et bien qu'il rapporte infiniment plus de semences dans les terres chaudes (*tierras calientes*) que dans les terres tempérées (*tierras templadas*), il est cultivé avec profit jusque sur les plateaux élevés. Cette extension extraordinaire de la zone est, au reste, plutôt apparente que réelle ; elle vient de ce qu'elle est attribuable à l'espèce maïs, en faisant abstraction des variétés qui sont assez nombreuses ; ainsi le maïs *paiton* que produisent les terres chaudes diffère essentiellement du maïs des terres tempérées et des terres froides de *Cundinamarca*. Cette grande extension de zone se reproduit encore pour un des arbres les plus intéressants des forêts du nouveau continent, le quinquina, *cinchona* (1), que l'on rencontre dans les Andes depuis 400 mètres jusqu'à 3000 mètres d'altitude ; mais vers ces deux limites extrêmes, les arbres à écorce fébrifuge sont clair-semés, et ils ne se sont établis là que par des circonstances locales exceptionnelles. D'après mes observations, faites entre Bogotá et Quito, la zone du genre *cinchona* serait comprise entre 600 et 2000 mètres d'altitude, et cette ampleur proviendrait précisément de ce qu'elle comprend des espèces qui ont des habitudes climatériques fort diverses. On en jugera par le détail du nivellement barométrique que j'ai exécuté, en notant les stations où les différentes espèces ont été rencontrées plus fréquemment.

		Altitude à laquelle les espèces dominent. mètres.	Température moyenne des stations. o
Quinquina	gris (C. lancifolia)...	2000	19
id.	blanc (C. ovalifolia)...	1300	21
id.	rouge (C. oblongifolia).	700	24
id.	jaune (C. cordifolia)...	600	25

Dans les Cordillères intertropicales, c'est à des hauteurs de 2000 à 3000 mètres (température, 15 à 16 degrés) que la culture du froment est la plus favorable. A une moindre altitude, comme dans la vallée

____

(1) Les vertus médicinales du *cinchona* furent divulguées aux Européens en 1638, à l'occasion d'une fièvre opiniâtre dont souffrait, à Lima, la femme du comte de Chinchon, vice-roi du Pérou. Le quinquina fut dès lors connu sous le nom de poudre de la Comtesse. Plus tard, les membres de la Compagnie de Jésus ayant entrepris le commerce de ce médicament, il devint, nécessairement, la poudre des Jésuites ; le cardinal de Lugo en propagea l'usage à Rome, où l'écorce fébrifuge fut nommée la poudre du Cardinal.

d'*Aragua* (température, 24 degrés), le blé est généralement remplacé par le maïs.

La pomme de terre appartient aux régions très-tem-
pérées, presque froides, des Andes, elle en est originaire. C'est un des aliments les plus ordinaires des habitants des montagnes. Voici un relevé des localités
où ce tubercule est cultivé avec le plus de succès.

	Altitudes.	Température moyenne.
	mètres.	o
Loxa, Pérou	2090	18,0
Pamplona, Nueva Grenada.	2311	16,5
Pasto, id	2610	14,8
Bogotá, id	2641	14,7
Quito	2918	15,2

A des altitudes moindres, lorsque la température
moyenne est supérieure à 22 degrés, la pomme de
terre est peu farineuse, son rendement plus limité,
ainsi que j'ai eu l'occasion de le constater dans un
essai de culture fait à la Vega de Zupia, dont l'altitude
est 1225 mètres et la température 22 degrés.

Le caféier donne des produits abondants et excellents sous l'influence d'une chaleur de 24 à 26 degrés; c'est du moins dans ces conditions que le café
acquiert les qualités qui le distinguent de celui que
l'on récolte dans des stations ayant une température
inférieure ou supérieure à celle que je viens de désigner. La limite thermique de la culture profitable du
café peut être fixée à 22 degrés, celle de la canne à
sucre à 23 degrés, celle du cacao à 24 degrés.

Si les zones végétales présentent sur la pente des
montagnes intertropicales des limites mieux définies
que celles que l'on trace sur le globe en allant de

l'équateur au pôle, cela tient à ce que la constance de la température à toutes les altitudes donne à ces climats superposés dans une même verticale un caractère qui les assimile aux climats marins de l'Europe, dont, après tout, ils sont peut-être l'expression la plus rigoureuse. Il arrive ainsi que lorsqu'une espèce est une fois établie dans une zone, elle persiste à l'habiter alors même que la station qu'elle occupe est la limite extrême des conditions climatériques indispensables à son existence.

Une plante exige une certaine somme de chaleur pour accomplir le cycle de sa végétation. La lumière est sans doute indispensable; mais, comme la chaleur émane uniquement du soleil, il est bien permis d'admettre, à part quelques exceptions, que la température qui concourt à la vie végétale est accompagnée de rayons lumineux. Cela est vrai surtout dans la région équinoxiale, où une plante annuelle reçoit rigoureusement, durant le cours de son développement, les mêmes quantités de chaleur et de lumière. Aussi quand on connaît, d'un côté, le temps écoulé depuis sa naissance jusqu'à sa maturité, de l'autre, la température moyenne qui a régné dans l'atmosphère entre ces deux époques, on trouve, en comparant la même plante placée dans des climats différents, que le nombre de jours compris entre le commencement et la fin de la végétation est d'autant plus grand que cette température a été moins élevée; de sorte que, en multipliant les jours par la température, on obtient des nombres à peu près égaux. Cette loi est surtout très-apparente près de l'équateur, où les phénomènes météorologiques ont une surprenante régularité, et elle se manifeste encore d'une manière satisfaisante en dehors des tropiques. Voici quelques exemples choisis parmi des cultures communes à l'Europe et à l'Amérique.

PLANTES ANNUELLES.	DURÉE de la culture.	TEMPÉRATURE moyenne pendant la culture.	PRODUIT des jours par la température.
Froment.			
Paris...	160 jours.	13,4	2144
Amérique : Turmero.......	92	24,0	2208
Zimijaca.	147	14,7	2160
Orge.			
Bavière........	100	17,2	1730
Alsace.........	92	19,1	1757
Alais..........	137	13,1	1794
Amérique : Bogotá	122	14,7	1793
Cumbal........	168	10,7	1797
Maïs.			
Alsace.........	153	16,7	2555
Amérique : Rio-Magdalena .	92	27,5	2530
Zupia	137	21,5	2945
Bogotá...	183	14,7	2703
Pommes de terre.			
Alsace (1836)...	157	18,2	2856
Amérique : Valencia.......	120	25,5	3060
Bogotá.........	200	14,7	2940
Cambugan.....	335	9,5	3182
Indigo.			
Amérique : Venezuela	80	27,5	2200
Maracay.......	92	25,5	2346
Inde : Coromandel....	90	24,6	2214

Les plantes, sous les tropiques, naissent, vivent et se reproduisent par une température à peu près uniforme. En Europe, dans l'Amérique septentrionale, elles sont soumises durant le cours de leur existence à des influences climatériques les plus variées; les céréales, par exemple, germent à quelques degrés au-dessus de zéro ; leur végétation, suspendue en hiver, se ranime au printemps, et leurs épis mûrissent après avoir supporté pendant l'été 25 et 30 degrés de chaleur.

Dans les régions équinoxiales tout se passe différemment. Le froment germe, fleurit, épie à la même température. A Bogotá, le thermomètre indique 15 degrés à l'époque des semailles comme à l'époque de la moisson. En Europe, la pomme de terre est plantée à 10 ou 12 degrés, et elle n'est récoltée qu'après les fortes chaleurs de juillet et d'août, tandis que, entre les tropiques, à des altitudes supérieures à celle de Quito, sa végétation a lieu, lentement à la vérité, mais en suivant toutes ses phases, à une température qui reste presque invariablement fixée à 9 ou 10 degrés. Mais tous les végétaux, alors même qu'ils y peuvent vivre, ne fructifient pas sous un climat constant, uniforme, suffisant pour entretenir leur existence ; quelques-uns sont frappés d'impuissance, les organes sexuels n'apparaissent pas ; la maturation, pour un grand nombre d'entre eux, est plus exigeante, il faut, pour qu'elle s'accomplisse, une chaleur supérieure à celle où ils fonctionnent en assimilant les principes répandus dans le sol et dans l'atmosphère. Ce sont réellement les conditions météorologiques indispensables à la reproduction qui caractérisent le climat convenable à une plante. La vigne, par exemple, végète avec vigueur là où le raisin ne mûrit jamais ; pour en attendre un vin potable, il faut non-seulement un été et un automne suffisamment chauds, mais il faut de plus que la période de la formation des grains soit suivie de trente à quarante jours dont la température moyenne ne soit pas inférieure à 19 degrés : c'est ce que Humboldt a parfaitement établi en comparant la température des saisons dans quelques vignobles à celle des localités où la culture de la vigne est peu profitable ou impossible.

	Température				
	Moyenne.	Été.	Automne.	Mois le plus chaud (1).	
	^{o}	^{o}	^{o}	^{o}	
Bordeaux.........	13,9	21,7	14,4	22,9	Culture très-avantageuse.
Francfort-sur-Mein .	9,8	18,3	10,0	18,8	Culture avantag.
Lausanne.........	9,5	18,4	9,9	18,7	Culture possible.
Paris........	10,8	18,1	11,2	18,9	Id.
Berlin...........	8,6	17,3	8,8	18,0	Vin à peine potable.
Londres.........	10,4	17,1	10,7	17,8	Plus de culture
Cherbourg.......	11,3	16,5	12,5	17,3	Id.

La vigne croît presque partout dans les Cordillères intertropicales, mais on comprendra maintenant pourquoi elle est si peu cultivée dans ces montagnes. Sur les plateaux de Bogotá, de Pasto, de Quito, elle ne donne pas de bons fruits, quoiqu'elle soit placée dans une atmosphère dont la température constante de 15 degrés est supérieure à la température moyenne annuelle de Bordeaux, mais fort éloignée de celle qui est nécessaire à la maturation. Le raisin ne mûrit bien dans les Cordillères que dans les stations dont la température atteint ou dépasse celle du mois le plus chaud

---

(1) Humboldt, *Asie centrale*, t. III. p. 159.

du climat bordelais, 22 à 23 degrés. J'ai vu des vignes couvertes de belles grappes dans la vallée du Cauca (temp., 24 degrés); néanmoins le seul vignoble que je puisse signaler dans la région équatoriale est celui de Lambayeque, sur la côte du Pérou (temp., 26 degrés), dont le vin est d'ailleurs d'une qualité très-inférieure, à cause du peu de soins apportés à sa préparation et surtout à sa conservation.

Il en est de certains palmiers comme de la vigne : ils déploient souvent une magnifique végétation dans des localités où ils ne fleurissent même pas. Ainsi le dattier, qui est pour les populations du revers méridional de l'Atlas un arbre essentiellement alimentaire, cesse de porter de bons fruits au delà du littoral de Tunis. Il avance cependant beaucoup plus au nord, en Corse, en Sardaigne, où on l'entretient surtout pour ses palmes qu'on expédie en grande quantité en Italie. Rome paraît être le point septentrional où s'arrête le dattier. J'indiquerai, d'après M. Alph. de Candolle, les limites connues de ce palmier (1) :

Dattier fructifère.

	Latitude.
Iles Canaries...........	29° à 30°
Syrie méridionale.......	31° à 32°
Jéricho	32°
Bagdad...	33°
Versant sud de l'Atlas..	33° à 36°
Tunis...............	37° (Temp. moy., 20°,3. Hiver, 13°,2. Été, 28°,3. Mois le plus chaud, 30°,3.)

(1) DE CANDOLLE, *Géographie botanique*, t. I. p. 346.

Dattier non fructifère.

Latitude.

Côtes d'Anatolie. . . . . . . 39°
Rome. . . . . 42° (Temp. moy., 15°,4. Hiver, 8°,1.
Été, 22°,9. Mois le plus
chaud, 23°,9.)

Il ne suffit donc pas de connaître la température moyenne d'une station pour décider de la réussite d'une culture ; il faut aussi tenir compte des saisons et particulièrement de la période de la forte chaleur, période indispensable à une abondante et complète fructification. Entre les tropiques, ces données sont tout aussi nécessaires ; à Bogotá, à Quito, à Pasto, le cerisier, le pêcher, le prunier, la vigne, ne réussissent que fort imparfaitement, bien que la moyenne thermale annuelle soit bien plus élevée que dans les localités où en Europe ces arbres produisent des fruits excellents. C'est que le climat uniforme des plateaux des Andes n'offre pas cette série de journées chaudes qui, seule, détermine la maturation.

Dans les régions qui ne sont pas très-septentrionales, la végétation souffre assez fréquemment des froids qui sévissent accidentellement en dépit de la position géographique. En Allemagne, en France, en Italie, il est des hivers pendant lesquels le thermomètre descend à 16 et même à 25 degrés au-dessous du point de congélation ; peu d'arbres résisteraient aux effets de ces brusques refroidissements sans une circonstance sur laquelle il convient d'insister.

Les plantes vivent dans l'air par les feuilles, dans le sol par les racines. La terre n'éprouve pas ces changements subits de température qui ont lieu dans l'at-

mosphère ; elle s'échauffe et se refroidit plus lentement : à une assez faible profondeur, variable d'ailleurs avec la latitude, elle possède une chaleur propre
entièrement indépendante de la chaleur solaire. C'est
cette zone, où les indications du thermomètre restent
stationnaires, que les physiciens nomment la *couche
d'invariable température*. A partir de cette couche, en
pénétrant plus avant dans le sol, le chaleur augmente
peu à peu, et si la progression continue, comme les
observations tendent à le faire présumer, l'intérieur
du globe doit être incandescent : c'est le feu central.
Dans toutes les cavités souterraines, les puits, les
mines, on a pu reconnaître que la chaleur augmen-
tait avec la profondeur.

Localités.	Température moyenne à la surface.	Profondeur.	Tempér.	Profondeur correspondant à un accroissement de température do 1°.
	o	mètres.	o	mèt.
Paris, caves de l'Observatoire....................	10,8	28	11,8	28,0
Mine de Guanaxato.....	16,0	522	31,6	33,4
Puits de Grenelle.......	10,8	505	27,7	30,2
Puits de Mondorff (Luxembourg)	11,5	671	34,0	29,8

A Paris, l'eau du puits artésien de Grenelle a un
excès de 16°,7 sur la température moyenne prise à
l'orifice ; c'est un accroissement de 1 degré pour une
profondeur de 30^m,2. Si cette augmentation se soute-
nait, en descendant à 2689 mètres on rencontrerait
la température de l'eau bouillante.

La couche d'*invariable température* est située à une
profondeur d'autant plus grande que la latitude du
lieu est plus rapprochée du pôle, ou, ce qui revient au
même, que l'amplitude des variations thermométri-

ques constatées dans l'air est plus considérable dans le cours de l'année. Sous l'équateur, Poisson, d'après ses calculs, place cette couche à 1 mètre (1). A Paris, latitude N., 48°51′, où la température du mois le plus chaud est 18°,7, celle du mois le plus froid 1°,9, le thermomètre ne varie plus à 25 mètres au-dessous de la surface du sol ; déjà au-dessus de cette couche les variations sont bien moins étendues. Ainsi à la Saulsaye, près Lyon, M. Pourriau a trouvé pour la marche de l'instrument :

Année 1858. Température moyenne de la Saulsaye, 10° (2).	Température de l'air		Température du sol à 2 mètres de profondeur.
	Minima.	Maxima.	
	°	°	°
Janvier	— 4,5	— 0,1	+ 7,9
Février.........	— 0,3	+ 2,0	7,0
Mars..........	+ 0,7	6,1	7,4
Avril	7,2	17,6	9,7
Mai...........	7,0	16,8	11,2
Juin	14,2	27,7	14,8
Juillet........	12,8	24,0	17,7
Août.........	12,3	23,9	18,4
Septembre	12,9	22,4	18,3
Octobre	7,8	15,4	17,1
Novembre	1,4	6,4	12,9
Décembre.....	0,5	5,1	11,1

A 2 mètres au-dessous de la surface du sol, la température a varié dans l'année de 11°,4, tandis que

---

(1) Entre le 2ᵉ degré de latitude australe et le 11ᵉ degré de latitude boréale, j'ai reconnu que dans un lieu abrité, le rez-de-chaussée d'une maison, une cabane d'Indien, le thermomètre n'éprouve plus que de très-légères variations quand il est enfoui dans la terre, à la profondeur de 0ᵐ,33. C'est la température moyenne du lieu.

(2) Observations de M. Pourriau, professeur à l'école de la Saulsaye.

dans l'atmosphère la variation a été de 32°, 2. La différence avec la température moyenne de la Saulsaye a
été :

Au-dessus...   + 8°,o
Au-dessous..   + 3°,4

A Heidelberg, M. Muncke a reconnu que les variations thermométriques diurnes sont insensibles à 1 mètre de profondeur, et les variations mensuelles à $1^m,6$.

Voici, d'après M. Quételet, quelle est, à Bruxelles,
l'étendue des variations thermométriques à différentes
profondeurs, dans le cours de l'année :

Profondeurs. mèt.	Variations. °
0,19	13,3
0,45	12,4
0,75	11,4
1,00	10,7
3,90	4,5
7,80	1,1

La vitesse avec laquelle sont transmis, à 1 mètre de
profondeur, les maxima et les minima survenus à
l'extérieur, est de dix-neuf jours, ce qui revient à dire
qu'à 1 mètre au-dessous de la surface du sol, la température est en retard de dix-neuf jours sur l'atmosphère.

Généralement les racines des plantes cultivées ne
descendent pas au delà de $0^m,3$; c'est l'épaisseur de
la couche ameublie par le soc de la charrue. Il était
intéressant d'en connaître la température pour la
comparer à celle de l'air. A cet effet, M. Quételet a
suivi simultanément, à 9 heures du matin, la marche
de deux thermomètres, l'un mis dans la terre à $0^m,3$,
l'autre suspendu à l'ombre à $0^m,8$ de hauteur. On in-

diquera ici les différences que la température de la terre a présentées sur celle de l'air.

Janvier......	+ 2,38	Juillet........	— 1,29
Février......	— 0,01	Août	— 2,00
Mars	— 1,81	Septembre ...	— 0,44
Avril........	— 2,67	Octobre......	+ 1,12
Mai	— 1,39	Novembre ...	+ 2,28
Juin.........	— 1,30	Décembre....	+ 2,28

Année......	— 0,40
Hiver.......	+ 1,55
Printemps...	— 1,95
Été	— 1,56
Automne....	+ 0,98

Ainsi, à cette petite distance de la superficie, la température diffère peu de celle de l'air; elle est plus élevée depuis le milieu de l'automne jusqu'à la fin de l'automne, plus basse au printemps et en été. Les différences toutefois ne dépassent pas 3 degrés. Ce genre d'observation laisse d'ailleurs beaucoup à désirer, parce qu'il ne donne pas la chaleur réelle que les tiges et les feuilles supportent au soleil; au reste, les plantes annuelles résistent, dans leur ensemble, sans en souffrir, à des températures assez fortes. J'ai vu, en juillet, par une grande sécheresse, un thermomètre enfoui sous les racines d'une touffe de blé marquer 32 degrés, tandis que, à l'ombre, un instrument semblable en indiquait 33. C'est surtout la végétation arborescente que favorise la faiblesse des variations thermiques de la terre, parce que les racines descendent plus profondément. Sous ce rapport la détermination de la chaleur, à 1 mètre de la surface du sol, offre un certain intérêt.

Le peu de profondeur à laquelle on rencontre la couche d'*invariable température*, dans la proximité de l'équateur, suffit pour établir qu'à 1 mètre, dans la terre, la température est à peu près stationnaire dans toute la région intertropicale. J'ai trouvé effectivement 27°,5 à l'eau des citernes construites sous les édifices de Cartagena (latitude N., 10°25'). C'est précisément la moyenne annuelle au niveau de la mer, c'est la chaleur constante du terrain où vivent les racines des palmiers, du cacaotier, du cocotier, dans les stations les plus ardentes des régions équinoxiales (1).

---

(1) Ce résultat est d'accord avec ce qu'ont observé Humboldt et d'autres voyageurs dans les régions équatoriales, il est en opposition formelle avec les nombres donnés par M. Caldecotte et insérés, sans la moindre discussion, par M. Quételet, dans les *Annales de l'Observatoire de Bruxelles*.

M. Caldecotte a observé à Trevandrum, sur la côte de Malabar (latitude N., 8°,10') :

	Température de l'air.	Température à 1 mètre de profondeur.
	° '	° '
Moyenne annuelle......................	26,3	29,7
Moyenne du mois de mars (le plus chaud)...	28,0	31,9
Moyenne du mois de juillet (le moins chaud).	25,6	28,4

On en conclurait : 1° que dans cette station intertropicale, le sol, à 1 mètre de profondeur, serait plus chaud que l'air de plus de 3 degrés ;

2° Que la température moyenne du sol atteindrait...... 29°,7
3° Que la température moyenne de l'air ne dépasserait pas. 26 ,7
4° Que la variation thermométrique dans le sol s'élèverait à 3 ,5

Les indications du thermomètre à l'air libre ont été prises à minuit, 6 heures du matin, midi, 6 heures du soir. M. Caldecotte a par conséquent négligé d'observer à l'époque la plus chaude du jour, entre 2 et 3 heures de l'après-midi. La température moyenne de l'air doit donc être trop faible. Je ne sais à quoi attribuer la température de près de 30 degrés trouvée à 1 mètre de profondeur, et moins encore la variation de 3 à 4 degrés survenue dans cette situation. Je me

Dans les latitudes élevées, il y a au contraire une différence très-appréciable de température. Comme exemple, je prendrai les observations que Rudberg a faites
à Upsal.

| | UPSAL latitude N., 59°55′ (*) | | |
| | Température. | | |
	Air.	Sol à 1 mètre.	Différence avec l'air
Janvier...............	— 6.4	+ 2.5	+ 8.9
Février.	— 6.7	1.5	8.2
Mars.................	— 3.8	1.0	4.8
Avril.................	— 2.4	1.2	— 1.2
Mai..................	9.6	4.3	5.3
Juin.................	14.6	10.2	4.4
Juillet...............	16.0	13.0	3.0
Août................	14.9	13.9	1.0
Septembre...........	11.6	12.5	+ 0.9
Octobre..............	5.0	9.4	4.4
Novembre...........	— 0.5	6.0	6.5
Décembre............	— 2.6	3.7	6.3
Année...............	+ 4.5	6.6	2.1
Hiver...............	— 5.2	2.6	7.8
Printemps...........	+ 2.8	2.2	— 0.6
Été.................	15.2	12.3	— 2.9
Automne............	5.4	9.3	+ 3.9

(*) Quetelet, *Annales de l'Observatoire de Bruxelles.*

On aperçoit maintenant pourquoi, dans nos latitudes, il gèle rarement à 6 décimètres au-dessous de

borne à affirmer que dans l'eau des citernes de Cartagena, le thermomètre indique 27°,5 et que, dans le cours de l'année, il ne varie peut-
être pas de $\frac{1}{10}$ de degré.

III.

la surface du sol, et comment la végétation souterraine, celle des racines, échappant à l'action des hivers rigoureux, l'espèce végétale peut être soustraite
à une entière destruction ; car alors même que la tige,
les branches sont atteintes, l'arbre, l'arbuste, la plante
vivace renaît de la souche que la terre a préservée du
froid.

La chaleur accumulée, conservée dans la terre,
exerce encore une action favorable au développement
des végétaux. M. de Candolle a fait cette remarque ju-
dicieuse, qu'elle agit d'une manière locale sur chacun
des organes, et il en apporte des preuves tirées du jar-
dinage : une branche introduite dans une serre chaude
ouvre ses bourgeons bien avant celles qui sont restées
en dehors. Un arbre en espalier, abrité par un mur,
fleurit plus tôt qu'en plein vent. Les cloches posées sur
des melons en hâtent singulièrement la maturité, quoique la majeure partie des tiges et des feuilles ne soit
pas confinée sous le verre (1). J'ajouterai, pour compléter cet aperçu, qu'alors que par l'effet de l'abaissement de la température les feuilles cessent de fonctionner, les racines, que le froid n'atteint pas à beaucoup près au même degré, continuent leur travail.
Au plus fort de l'hiver, le froment ensemencé en septembre augmente à peine ses organes feuillus, quelquefois il les perd. On les voit jaunir et se faner ; cependant, la vitalité n'est suspendue qu'à l'extérieur,
les racines croissent notablement, comme je m'en suis
assuré. C'est ce qui explique les avantages des semailles
d'automne sur celles du printemps. Pour les plantes

---

(1) ALPH. DE CANDOLLE. *Géographie botanique*, t. I. p. 6.

bisannuelles, comme pour les arbres, les tiges souterraines, les racines, pendant qu'il fait froid dans l'air,
assimilent et préparent des principes que les feuilles
élaboreront plus tard à la lumière, quand la séve re-
prendra son cours.

Dans les contrées à hivers rigoureux, les plantes
annuelles résistent à l'intensité du froid quand elles
sont recouvertes par la neige qui est à la fois une couverture et un écran : une couverture, parce que la
neige, étant peu *conductrice*, s'oppose au passage de la
chaleur et empêche la terre qui la supporte de se mettre rapidement en équilibre de température avec l'atmosphère; un écran, parce que, en abritant le sol, elle
le soustrait au refroidissement qu'il ne manquerait
pas d'éprouver dans les nuits sereines en rayonnant
vers les cieux.

C'est ce que j'ai constaté à Bechelbronn, en 1841.
Dans un champ on avait placé : 1° un thermomètre
sur la neige, la boule de l'instrument en étant recouverte d'une couche de 2 à 3 millimètres d'épaisseur;
2° un thermomètre sous la neige, le réservoir reposant
sur la terre; 3° un thermomètre à l'air libre, suspendu
à 12 mètres au-dessus du sol, au nord d'un bâtiment.

Depuis un mois la neige couvrait, sur 1 décimètre
d'épaisseur, une sole ensemencée de blé.

11 *février à 5 heures du soir*. Depuis une demi-heure
le soleil est caché derrière les montagnes. Ciel découvert, air très-calme :

	^{o}
Sous la neige, température..	0,0
Sur la neige.............	— 1,5
Dans l'air	+ 2,5

12 *février au matin.* La nuit a été sans nuages, l'air calme, le soleil n'éclaire pas encore le champ :

$$
\begin{array}{lr}
\text{Sous la neige, température..} & -\ 3,5 \\
\text{Sur la neige...........} & -12,0 \\
\text{Dans l'air ....} & -\ 3,0
\end{array}
$$

À $5^h\ 30^m$ *du soir.* Le soleil caché derrière les montagnes :

$$
\begin{array}{lr}
\text{Sous la neige, température..} & 0,0 \\
\text{Sur la neige............} & -\ 1,4 \\
\text{Dans l'air ....} & +\ 3,0
\end{array}
$$

13 *février à 7 heures du matin.* Ciel gris, air un peu agité :

$$
\begin{array}{lr}
\text{Sous la neige, température..} & -\ 2,0 \\
\text{Sur la neige...........} & -\ 8,2 \\
\text{Dans l'air ....} & -\ 3,8
\end{array}
$$

À $5^h\ 30^m$ *du soir.* Air calme, ciel découvert ; soleil caché depuis quelque temps :

$$
\begin{array}{lr}
\text{Sous la neige, température..} & 0,0 \\
\text{Sur la neige ....} & -\ 1,0 \\
\text{Dans l'air............} & +\ 4,5
\end{array}
$$

14 *février à 7 heures du matin.* Vent d'ouest, pluie fine :

$$
\begin{array}{lr}
\text{Sous la neige, température..} & 0,0 \\
\text{Sur la neige ....} & 0,0 \\
\text{Dans l'air............} & +\ 2,0
\end{array}
$$

Sans la neige les feuilles, les tiges, le collet des racines auraient été exposés pendant les nuits des 12 et

13 février à une température de — 12 et — 8 degrés. Ce sont ces refroidissements nocturnes qui font périr un grand nombre de plants de blé d'automne quand le champ n'est pas abrité ; et malgré qu'on ait semé très-dru, les semis sont très-éclaircis, la récolte est quelquefois réduite à la moitié, au tiers de ce qu'elle aurait été si la neige l'eût protégée.

Aussi la résistance à un hiver rigoureux est-elle une épreuve décisive, lorsqu'il s'agit d'introduire une nouvelle variété de blé dans une contrée. La variété adoptée, celle qu'on cultive depuis de longues années et qui, par cela même, a subi cette épreuve, ne doit pas être légèrement abandonnée pour des variétés qui le plus souvent promettent plus qu'elles ne tiennent. J'ai vu maintes fois opérer de ces substitutions, et presque toujours aussi j'ai vu revenir à la variété acclimatée. En général les essais de nouvelles espèces, de nouvelles variétés à introduire dans la grande culture ne doivent être tentés qu'avec une extrême prudence, et, quand il s'agit de froment à cultiver dans des climats déjà *continentaux*, quelques années de succès ne suffisent pas pour prononcer.

Il reste à examiner de quelle manière l'abaissement de la température agit défavorablement sur la végétation. Une plante est un être complexe résultant de l'assemblage d'organes qui ne sont pas tous solidaires l'un de l'autre. Les feuilles, les fleurs sont souvent affectées par la chaleur, par le froid, par la sécheresse, par un excès d'humidité, elles se flétrissent, tombent sans que ces influences nuisibles affectent les tiges et moins encore les racines. La sensibilité d'une plante pour les agents extérieurs dépend de ce que l'on pour-

rait appeler le tempérament de l'espèce, et les variations thermiques ou hygrométriques du milieu où
elle est plongée ont une action d'autant plus prononc-
cée que les végétaux ne sont pas doués, comme les
animaux, de la faculté d'exagérer telle ou telle fonc-
tion, de manière à conserver une température fixe.
La combustion respiratoire, la transpiration, ces deux
fonctions agissant en sens opposé chez les êtres en relation avec l'atmosphère, sont peu apparentes dans les
plantes, et en ce qui concerne leurs organes aériens,
les feuilles, la température convenable à chaque espèce
est comprise entre d'étroites limites. Un vegétal habitant les Alpes souffre dans les plaines. Il y a plus :
dans notre climat on voit, au milieu de l'été, les
feuilles tomber des arbres, lorsque, par une circonstance quelconque, la température baisse brusque-
ment de plusieurs degrés. Cette chute anticipée a lieu
dans les serres, comme l'a observé M. Decaisne,
lorsque, par suite d'une négligence, l'air est refroidi,
même pendant un temps très-court. Cet accident,
conséquence de la sensibilité des feuilles, arrive aussi
dans les forêts tropicales, sur les bords des Amazones,
de la Magdalena, de l'Orénoque, là où pendant la nuit
le thermomètre descend rarement à 24 degrés; c'est
toutes les fois que, par une cause encore inconnue,
purement locale, la température de l'atmosphère s'a-
baisse durant plusieurs jours jusqu'à 12 à 15 degrés.
L'homme habitué à la chaleur des basses régions tropicales éprouve alors une sensation de froid des plus
pénibles, et si je m'en rapporte à mes propres impres-
sions, ce refroidissement anormal est occasionné par
un courant qui descend des hautes régions, comme

s'il était aspiré par la forêt. Cette fraîcheur soudaine affecte principalement les dicotylédonées ; du moins les palmiers, les fougères, les bambusa semblent échapper à son action.

J'ai eu l'occasion de voir les effets d'un changement brusque de température en sens contraire de celui que l'on vient de signaler pendant des recherches entreprises pour étudier les fonctions des parties vertes des végétaux sur l'atmosphère. Des plants d'oseille, des rameaux de figuier, de saule, attenant à l'arbre, ayant été passés dans de l'air confiné sous des cloches de verre où le thermomètre montait à 32 degrés, alors qu'à l'air libre il n'indiquait que 18 à 20 degrés, toutes les feuilles fléchirent, elles devinrent flasques, et, malgré la présence de la lumière, elles cessèrent de décomposer le gaz acide carbonique. Toutefois, plusieurs plantes supportèrent sans souffrir cette transition ; je puis citer le pin maritime, le laricio, le laurier-rose, le thuya, le lierre et le houx : les feuilles conservèrent leur rigidité, et, sous l'influence solaire, elles continuèrent à émettre du gaz oxygène comme elles en émettaient à une température moins élevée.

La chute prématurée des feuilles et des fleurs, quelle qu'en soit l'origine, est le seul accident auquel sont exposées les plantes des tropiques ; elles souffrent dans quelques-uns de leurs organes, mais ne périssent pas. Il en est autrement dans les latitudes élevées ; le froid occasionne fréquemment de graves dommages, les plantes gèlent et, dans cette circonstance, leur destruction ne saurait être attribuée à autre chose qu'à la congélation de l'eau qu'elles contiennent, puisque, en se solidifiant, ce liquide augmente de $\frac{1}{7}$ son volume initial. L'expansion amène alors la rupture des tissus lorsqu'ils n'ont pas une élasticité suffisante, et si cette solidification détermine des effets aussi marqués, c'est que l'eau libre, non combinée, servant de dissolvant, est la matière dominante d'une plante en pleine vigueur. La vie végétale s'accomplit réellement au sein de l'eau ; les plantes herbacées, les feuilles en renferment généralement 0,75 ; en temps humide, cette proportion est dépassée ; les racines, quand elles ne sont pas très-ligneuses, les tiges souterraines, les tubercules, les fleurs, les fruits, en ont jusqu'à 0,85. J'en ai dosé 0,92 dans le navet, et Braconnot en a trouvé jusqu'à 0,93 dans une cucurbitacée. L'eau occupant les cellules du végétal doit donc les déchirer, quand, les remplissant, elle vient à se congeler, à moins que le tissu cellulaire ne soit assez élastique pour se dilater. D'un autre côté, l'organisme peut perdre une notable quantité de l'eau qui l'imbibe sans cesser de fonctionner. C'est ce qui a lieu pendant une sécheresse prolongée. Alors la cellule se vide en partie ou se contracte : dans les deux cas, les fleurs, les feuilles perdent de leur rigidité ; les racines, les tubercules, les fruits perdent de leur fermeté ; alors l'eau restante gèle sans amener une rupture, parce que la cellule n'est pas remplie, ou parce que ses parois ne sont pas à leur limite d'extension. C'est donc la congélation de l'eau enfermée dans les tissus qui occasionne le plus ordinairement la désorganisation des plantes par le froid. Telle est du moins l'opinion soutenue par Sennebier, dans une discussion que je crois devoir reproduire textuellement, parce qu'on y trouve un résumé intéressant des faits relatifs à la destruction des végétaux par l'effet des basses températures (1).

« Le froid ralentit ou arrête la végétation. C'est
» ainsi qu'on voit s'arrêter, au printemps, le dévelop-
» pement des fleurs et des feuilles. C'est ainsi que plu-
» sieurs plantes méridionales, vivaces dans leur pa-
» trie, deviennent annuelles dans la nôtre ; quelques-
» unes qui végètent vigoureusement ne donnent que
» des feuilles sans fleurs, ou des fleurs sans fruit....

» Quoique la diminution de la chaleur produise
» des effets aussi marqués sur les végétaux, dont le
» développement commence, ou sur ceux dont le dé-
» veloppement est complet, elle n'arrête pas néan-
» moins une vie plus intérieure et plus sourde ; après
» les hivers les plus rigoureux, la végétation est pres-
» que aussi prompte qu'après les hivers les plus doux,
» quand les autres conditions sont égales. En suivant
» l'histoire des boutons, on s'aperçoit bientôt qu'ils
» sont plus avancés au mois de pluviôse et ventôse,
» qu'aux mois de brumaire et de frimaire ; mais quand
» ils n'auraient fait aucun progrès, ils auraient tou-
» jours conservé l'état qu'ils avaient en automne : le
» parenchyme sous l'épiderme, le bouton sous les
» écailles, ont bravé les rigueurs du froid ; cependant
» le gel le plus faible détruit les boutons des vignes
» au moment de leur épanouissement. L'étui léger
» qui les couvrait aurait-il pu les garantir de la gelée ?
» ou plutôt devraient-ils leur conservation à la quan-
» tité ou à la qualité de leurs sucs, ou même peut-
» être à l'air interposé entre leurs écailles (2)?

---

(1) SENNEBIER. *Physiologie végétale*. t. III. p. 288.

(2) L'étui léger auquel Sennebier fait allusion est un *écran* qui
atténue le refroidissement nocturne   B.

» Plusieurs plantes indigènes des climats du Nord,
» les arbres, comme le bouleau, affrontent des froids
» qui font descendre le thermomètre jusqu'à la con-
» gélation du mercure (— 32 degrés), et l'on ignore
» si ce froid est le plus violent....

» Nos plantes résistent à des froids qui font descen-
» dre le thermomètre à 17 degrés, quoique la terre ne
» soit pas couverte de neige; Rafh dit que les chènes
» ont supporté impunément un froid de — 25 degrés.
» J'ai vu souvent, après des hivers sévères, que les ex-
» trémités des petites branches périssaient dans plu-
» sieurs plantes délicates, comme la vigne et le figuier;
» mais il m'a paru que c'étaient surtout celles qui n'a-
» vaient pas été *aoûtées*, ou que c'étaient les dernières
» productions de la saison qui n'avaient pas eu le temps
» de se mûrir; cependant, pour l'ordinaire, les bou-
» tons se conservent parfaitement.

» Pour mieux juger les effets du froid sur les végé-
» taux, il faut les distinguer en plantes ligneuses et
» herbacées; les jeunes pousses des plantes ligneuses
» peuvent être mises au rang des herbes, auxquelles
» elles ressemblent à beaucoup d'égards. On doit donc
» distinguer encore les gelées d'hiver de celles du prin-
» temps ; quoique la cause agissante soit rigoureu-
» sement la même dans les deux cas, les effets qu'elles
» produisent ne sont pas tout à fait semblables (1).

» En hiver, les plantes ont pour l'ordinaire toute la
» force qu'elles peuvent avoir, et comme elles sont

---

(1) Aujourd'hui la distinction est mieux établie qu'à l'époque à laquelle Sennebier écrivait : les gelées du printemps sont dues au rayonnement.

» depuis quelque temps privées de leurs feuilles, elles
» contiennent alors la moindre quantité possible de
» séve, tandis qu'au printemps les nouvelles pousses
» des plantes ligneuses sont extrèmement tendres,
» humides, pleines de sucs aqueux : le gel les détruit
» alors avec les plantes herbacées, parce que l'eau
» qui se gèle occupe un espace plus grand que sous
» sa forme fluide ; son expansion subite détruit l'or-
» ganisation frèle des vaisseaux qui contenaient cette
» eau ; c'est aussi pour cela que les gelées sont nui-
» sibles en automne, lorsque les feuilles pendent aux
» arbres, parce que les plantes sont encore remplies
» par la séve que les feuilles y ont attirée, et que leurs
» vaisseaux sont brisés par l'expansion de l'eau ge-
» lée, qu'ils renferment dans les parties les moins
» robustes. De même quand les hivers sont très-
» rudes, très-brusques, ou quand la rigueur du froid
» est précédée d'un dégel complet, les plantes souf-
» frent davantage que lorsque le froid arrive graduel-
» lement, surtout quand l'air est sec, quoique le froid
» soit plus vif ; mais les effets du froid ne sont ja-
» mais plus funestes que lorsque les gels et les dégels
» se succèdent fréquemment, quoique le froid soit
» moins àpre, parce que les plantes pénétrées d'eau
» sont exposées plusieurs fois de suite à tous les in-
» convénients de la gelée. La dilatation de l'eau qui
» se gèle dans la terre soulève alors diversement les
» plantes, les arrache quand elles sont petites, brise
» le chevelu des grandes, les sépare du terrain et les
» expose davantage à la violence du froid....

» Le froid attaque les plantes ligneuses de deux ma-
» nières, comme on le remarque en débitant le bois

» des arbres qui ont éprouvé ses effets; on y remar-
» que le *faux aubier*, les *gélivures* et les *fentes*.

» L'aubier est cette partie de l'écorce qui com-
» mence à se lignifier. Dans les bois où l'on trouve
» le *faux aubier*, on observe une couche d'aubier
» entre deux couches de bois : ce qui montre une
» cause particulière qui a empêché cet aubier de se
» perfectionner, puisqu'elle n'a point été un obstacle
» à la formation d'une nouvelle couche d'aubier qui
» s'est changée en bois, en finissant son développe-
» ment plus heureusement que la première; il paraît
» donc que cette partie de l'aubier est la seule qui ait
» souffert : le bois qu'elle recouvre, celui dont elle
» est recouverte, sont parfaitement sains, l'écorce
» est vigoureuse; de sorte que cet aubier emprisonné
» est le seul qui n'ait pas rempli sa destinée. Duha-
» mel l'a trouvé plus léger, plus tendre, plus faible
» que celui qui est en pleine santé; le nombre des
» couches recouvrant le *faux aubier* fit augurer à ce
» grand physicien qu'il s'était peut-être formé pen-
» dant l'hiver de 1709....

» *La gélivure entrelardée* est une portion plus ou
» moins grande d'aubier et d'écorce désorganisés,
» placée entre deux couches de bois vif; elle diffère
» du *faux aubier* parce que celui-ci enveloppe tout le
» bois de l'arbre, tandis que la *gélivure* n'en recouvre
» qu'une partie, où elle semble un corps étranger, re-
» couvert par un aubier et une écorce, sans altération.

» Les grands froids occasionnent des *fentes* dans
» les arbres, suivant la direction de leurs fibres : on
» voit ordinairement sur ces arbres une arête, for-
» mée par une cicatrice, qui recouvre ces *fentes* et qui

» est produite par l'écorce ; mais quoique ces *fentes*
» restent cachées dans l'intérieur des arbres, elles y
» subsistent toujours sans réunion, parce que les plaies
» du bois ne se cicatrisent jamais....

» Les fortes gelées tuent pourtant quelquefois les
» grands arbres dans nos climats ; quelquefois elles
» n'attaquent que leurs branches et rarement elles nui-
» sent à leurs racines (1).

» Toutes les plantes succulentes et celles qui sont
» annuelles périssent par la gelée. Les plantes her-
» bacées vivaces perdent leurs tiges ; mais leurs ra-
» cines conservent leur vigueur. L'extrémité des tiges
» et des branches, qui est tout à fait herbacée et
» pleine de sucs, souffre beaucoup plus par le gel
» que les autres parties dont le bois est parfait. Les
» plantes tendres sont altérées comme les tiges des
» plantes vivaces : l'expansion de l'eau, comme dans
» tous les autres cas, est la cause de leur désorgani-
» sation ; elle déchire quelquefois les jeunes feuilles.

» Les pétales des fleurs gèlent moins facilement que
» les fruits dans leur jeunesse ; quoiqu'ils soient assez
» succulents, leurs sucs ne se ressemblent pas. J'ai vu
» des fleurs de fèves résister, à la fin de l'automne, à un
» froid de — 5 degrés. J'ai observé, au printemps, des
» fleurs du *Tussilago farfara* épanouies depuis quelques
» jours, qui supportèrent un froid de —2°,8 et qui s'ou-
» vrirent au soleil dans la matinée d'un jour où elles
» avaient éprouvé, au lever de cet astre, un froid
» de — 2 degrés.

---

(1) Les racines, comme je l'ai établi, sont protégées par la chaleur
souterraine.   B.

» L'Héritier remarque que l'organe des fleurs le
» plus sensible à la gelée est le pistil ; que le gel atta-
» que d'abord le stigmate, puis le style et enfin le
» germe, quoique les étamines en aient été respectées.
» Le thermomètre étant à — 6 degrés, des fleurs se
» sont épanouies, mais elles ont été stériles. Les fruits
» sont fort altérés par le gel, surtout à leur naissance ;
» ils résistent mieux quand ils sont plus avancés,
» mais ils souffrent encore beaucoup....

» Les parties gelées des végétaux noircissent, de-
» viennent flasques et pendantes : ces phénomènes ne
» sont jamais plus sensibles que lorsque le soleil
» donne vivement sur les plantes gelées. Cet effet
» n'est pourtant pas général. J'ai vu souvent, au prin-
» temps, les feuilles et les tiges des *couronnes impé-*
» *riales* et des *hyacinthes* durcies par le gel, fanées par
» le dégel, se relever ensuite et paraître aussi saines
» que si elles n'avaient pas été gelées ; tandis que les
» *narcisses* périssant à côté d'elles, avaient leurs feuilles
» éclatées et humides après un gel assez faible ; ce-
» pendant les *couronnes impériales* et les *hyacinthes*
» semblent aussi succulentes que les *narcisses ;* il faut
» pourtant observer que lorsque les *hyacinthes* ont été
» gelées à fond, elles ne se relèvent plus.

» Si l'on considère l'action du froid sur les plantes,
» comme celle qu'il exerce sur les solides et les
» fluides, elle se bornerait à changer leurs dimen-
» sions ; mais, si l'on voit dans les végétaux des êtres
» organisés, composés de fluides et de solides, alors
» les fluides en se gelant occasionnent des altérations
» dans les solides qui les contiennent, et par consé-
» quent dans les organes formés par ces solides ; mais

» ces altérations seront plus ou moins funestes, sui-
» vant la nature de ces organes et de leurs parties :
» ainsi, par exemple, si ces organes ou leurs fibres
» étaient susceptibles d'une grande expansibilité,
» s'ils étaient en même temps fort élastiques, et qu'ils
» pussent reprendre leur premier état aussitôt que
» l'eau serait dégelée, alors la dilatation de l'eau
» changée en glace dilaterait les organes des plantes
» sans les rompre, et ils reprendraient leur première
» forme sans avoir conservé aucune trace apparente
» d'altération. C'est de cette manière que de Saussure
» explique le phénomène des *couronnes impériales* et
» des *hyacinthes*.

» Le soleil noircit les jeunes pousses des plantes
» gelées, par l'action rapide de l'oxygène sur leurs
» éléments réunis, mais il les réduit encore en pous-
» sière au bout de quelques heures, comme on le
» voit quelquefois dans les boutons de vigne qui
» commencent à s'épanouir. Ce phénomène n'avait
» pas été expliqué. La désorganisation d'une plante
» gelée peut être complète, ou bien la partie qui a
» souffert du gel est seule privée de toute commu-
» nication avec la partie saine qui ne saurait plus la
» nourrir ; alors le soleil hâtant l'évaporation dans
» cette partie mince, délicate, crevassée, la dessèche
» entièrement, parce qu'elle ne peut plus remplacer
» l'eau perdue par l'évaporation : aussi le tendre bou-
» ton, abandonné de sa nourrice, tombe en poussière
» par le dessèchement subit et complet qu'il éprouve.
» On l'a déjà vu, quand le gel ne tue pas une plante
» ou quelques-unes de ses parties, le soleil ne lui fait
» aucun mal, il met seulement plus au large les fibres

» que la glace gênait, et il permet aux parties de
» l'organe de reprendre leur premier état ; mais il
» faut encore que les plantes puissent se contracter
» pour revenir comme elles étaient avant la dilata—
» tion qui les a si fort changées.

» On peut croire qu'il y a un mécanisme semblable
» dans quelques plantes, ou que leurs sucs sont très-
» différents, de même que leur enveloppe, quand on
» en voit plusieurs supporter des froids très-rigou—
» reux sans inconvénients, comme les sapins, les
» bouleaux et surtout les mousses et les lichens de la
» Laponie....

» Si l'on compare les plantes qui supportent le gel
» avec celles qu'il tue, on voit que le tissu des pre-
» mières est plus serré, qu'elles contiennent moins de
» fluides. Les plantes méridionales se distinguent
» par un parenchyme épais et des sucs abondants.
» Ces sucs sont la cause de leur mort quand ils gè-
» lent, parce qu'ils détruisent leur organisation. Ainsi
» la *capucine*, qui est vivace au Pérou, est annuelle
» dans nos jardins. Ainsi les gelées d'hiver tuent les
» arbres et les arbustes des pays méridionaux, quand
» les étés ne sont ni assez longs ni assez chauds pour
» aoûter et mûrir les pousses. En Italie, l'oranger qui
» n'est pas enté résiste à un froid de 5 à 6 degrés au-
» dessous de zéro ; mais le froid de nos climats le tue
» quand il ne serait pas plus vif, parce que les bran-
» ches ne sont pas assez endurcies pour supporter sa
» dilatation produite par la gelée.

» L'état des plantes gelées annonce leur désorga-
» nisation ; on les trouve flasques ; leurs feuilles sont
» pendantes après le dégel ; elles ressemblent aux

» plantes fanées qui ont perdu leurs sucs ; elles les
» perdent véritablement, elles sont éclatées en mille
» endroits, couvertes d'humidité : il paraît donc que
» la séve, en se gelant, a occupé un espace plus grand
» que celui qui lui était destiné, que les vaisseaux se
» sont brisés et que leurs sucs se sont extravasés ;
» aussi lorsqu'ils s'évaporent, les plantes se dessèchent
» parce qu'elles ne peuvent plus les remplacer, et elles
» tombent en poussière.

» L'expansion seule de l'eau changée en glace pro-
» duira cet effet. La force seule du tissu de toutes les
» plantes ne les mettrait pas en état de résister à l'expan-
» sion de l'eau changée en glace, comme il arrive aux
» *couronnes impériales;* il faut donc que la ductilité
» particulière de ce tissu contribue encore à sa con-
» servation, en se prêtant aux efforts de la dilatation
» de l'eau glacée ; il faut encore une élasticité suffi-
» sante dans les vaisseaux de cette plante, pour re-
» prendre après le dégel leurs premières dimensions
» et leurs premières formes. Lorsqu'une *couronne*
» *impériale* dégèle, les feuilles sont flasques parce que
» leurs vaisseaux sont devenus variqueux ; mais
» bientôt après les feuilles se relèvent et reprennent
» de la force ; les fibres distendues se contrac-
» tent de nouveau, et la plante reparaît précisé-
» ment ce qu'elle était auparavant. C'est sans doute
» ainsi qu'on voit les mousses et les gramens sup-
» porter les froids les plus vifs. Le blé, quoique
» très-tendre, brave les hivers rigoureux. Linné a
» vu des racines enveloppées de glace qui n'avaient
» point souffert....

» Il est important de remarquer que l'eau ne gèle pas

III   4

» avec la même facilité dans toutes les circonstances ;
» elle supporte un froid qui fait descendre le ther-
» momètre jusqu'à 9 $\frac{1}{2}$ degrés au-dessous de zéro sans
» se geler, quand elle est dans un parfait état. Je n'ai
» pu voir se changer en glace l'eau renfermée dans
» les tubes capillaires, fermés par les deux bouts,
» quoique le thermomètre fût descendu à — 7 degrés,
» et quoique je leur imprimasse un mouvement assez
» fort ; on peut donc croire aisément que la séve des
» plantes renfermée dans des vaisseaux encore plus
» capillaires que ceux de l'expérience, et recevant
» continuellement quelques atomes de chaleur ou
» quelques bulles de séve moins froides par les ra-
» cines, suivant l'opinion du comte de Rumford,
» peut résister à des froids rigoureux pendant l'hiver
» en conservant sa fluidité.... »

Aux causes signalées par Sennebier, comme pro-
tégeant l'organisme végétal contre les effets de la gelée, la capillarité, l'élasticité des tissus, il convient, je
crois, d'en ajouter une autre tout aussi efficace, je
veux parler de l'obstacle apporté par les substances
solubles à la congélation de l'eau qui les tient en dissolution. Quelques centièmes de sel marin ajoutés à
l'eau font qu'elle supporte un froid assez intense sans
se solidifier. Les sucs végétaux ne sont pas de l'eau
pure, ils renferment des sels alcalins, des acides organiques, des principes immédiats qui, sans aucun doute,
retardent la congélation du dissolvant. C'est à cette
circonstance que les feuilles, les fruits, les racines, les
tubercules doivent, alors qu'ils sont séparés de la
plante, extraits du sol, la propriété de résister à un
froid de quelques degrés au-dessous de zéro, qui les

désorganiserait s'ils étaient imbibés d'eau pure. Les fruits sucrés, la pomme de terre, supportent — 1 degré à —2 degrés et même — 3 degrés, sans geler. On assure que les topinambours échappent à la gelée, même pendant des hivers très-froids. Or, le suc de ces tubercules contient 0,10 à 0,12 de matières saccharines.

L'action d'une basse température sur les racines et les tubercules a pour résultat de déchirer les cellules; ce qui arrive à la pomme de terre en est la preuve.

La pomme de terre gelée éprouve dans son tissu une altération assez profonde pour qu'il devienne difficile, après le dégel, d'en retirer la fécule; en outre elle contracte un goût extrêmement désagréable. Sa composition chimique est bien la même avant et après la congélation, mais sa constitution physique est changée. Au microscope l'amidon d'un tubercule gelé offre des grains réunis en paquets arrondis, ayant, suivant M. Payen, un diamètre quatre et cinq fois plus grand que celui des grains d'amidon de la plus forte dimension. Quand on la râpe et qu'on la lave, la pulpe restée sur le tamis est une réunion de cellules remplies de fécule pour la plupart. Ainsi, par l'effet des changements de volumes dans le liquide successivement congelé et liquéfié, l'adhérence, la solidarité entre les cellules est détruite; elles se séparent sans opposer de résistance à la dent de la râpe, sans se laisser déchirer; le plus grand nombre reste intact et garde l'amidon qu'elles contiennent. Aussi le seul moyen d'extraire la fécule (amidon) des pommes de terre gelées, c'est de les râper avant le dégel, parce que les cellules, bien que rompues, étant scellées par la glace, présen-

tent une résistance assez grande pour être complète-
ment divisées par la râpe. Ordinairement les tubercules qui ont été gelés sont peu farineux en même
temps qu'ils ont une saveur sucrée très-prononcée.
On a dit que la gelée opère une sorte de saccharifica-
tion, mais cela tient sans doute à ce que la germination était déjà développée avant la gelée, et l'on sait
qu'elle détermine toujours une formation de glucose
aux dépens de la fécule.

Par le dégel, les pommes de terre gelées acquièrent
promptement une odeur vireuse des plus désagréables,
à ce point que les animaux ne voulant plus les manger, on les jette au fumier. C'est que par la congélation les sucs sont mis en liberté, et par le fait de la
température plus élevée, ces sucs liquides se compor-
tent comme tous les sucs végétaux ; mis en contact
avec l'air, ils se putréfient. C'est là un genre d'altération commun à tous les tubercules, à toutes les racines qui ont subi l'action de la gelée ; et si pour la
pomme de terre l'odeur putride est plus marquée en
même temps qu'elle est accompagnée d'une saveur
brûlante, cela tient à ce que, sous l'épisperme, il y a
un tissu brun-rougeâtre, dépourvu de fécule et pénétré de substances âcres et nauséabondes.

La gelée occasionne fréquemment des pertes aux
cultivateurs, par la raison que les racines, les tubercules qui en sont atteints doivent être utilisés
avant le dégel ; or, dans l'industrie, et surtout dans
l'étable, on n'a pas toujours le temps d'en agir ainsi.
Que la température vienne à s'élever, les tissus désa-
grégés laissent écouler leurs sucs qui entrent bientôt
en putréfaction. C'est donc à l'impossibilité dans la-

quelle on est de conserver les racines après le dégel qu'il convient d'attribuer les résultats fâcheux de la congélation. On fait souvent consommer les navets gelés dans les champs, sans le moindre inconvénient pour le bétail; un séjour de quelques heures dans l'étable suffit pour les dégeler.

Dans les fermes, on abrite les racines récoltées en automne ou au commencement de l'hiver, en les plaçant dans des caves, des celliers. Dans les exploitations agricoles d'une certaine importance, ces emplacements souterrains, dispendieux à établir, sont souvent insuffisants; alors la conservation des pommes de terre, des navets, des betteraves, a lieu en *silos* ou excavations faites dans le sol jusqu'à une profondeur de $0^m,50$; les racines y sont déposées en tas sur un lit de paille; on recouvre de terre, sur une épaisseur de $0^m,25$ à $0^m,30$, en garnissant de paille l'espace compris entre cette terre et les racines. Avant de clore le *silo*, on laisse une ouverture à la partie supérieure. La clôture définitive a lieu lors des premières gelées.

Ces silos sont établis en pleine campagne, ou dans le voisinage des étables; ils ont une capacité en relation avec la consommation journalière, de manière à ne pas les laisser en vidange.

Les caves, si elles ne sont pas trop humides, conviennent certainement pour conserver les racines. Pendant les hivers les plus rigoureux, leur température, qui, dans notre climat, est rarement inférieure à 8 degrés, n'est nullement indispensable pour la conservation d'un approvisionnement de betteraves ou de pommes de terre; il suffit qu'elle ne descende pas au-dessous de zéro : or, pour arriver à ce résultat, il n'est pas indispensable d'avoir recours à la chaleur souterraine. Des magasins placés au rez-de-chaussée peuvent être aisément et à peu de frais maintenus à o ou à 1 degré, même par les plus grands froids, au moyen de poêle, ou encore de *brasiers* ne fonctionnant que par les temps de gelée. Ce moyen de préserver les racines de la gelée a été appliqué avec succès par un agronome très-distingué, M. Dailly, dans son importante exploitation de Trappes, où l'on conserve, pendant l'hiver, des quantités considérables de pommes de terre destinées à la féculerie. C'est un *silo*, une tranchée pratiquée dans le sol sur une longueur de 5o mètres, une largeur de 6^m, 5o, une profondeur de 1^m, 3 et recouvert d'un toit en paille. On y emmagasine 12 000 hectolitres de pommes de terre. On chauffe, en temps de gelée, avec des poêles placés soit aux deux extrémités, soit avec un seul poêle placé au milieu du *silo*, suivant l'intensité du froid. Par ces dispositions, on maintient facilement la température à zéro, à laquelle les tubercules ne gèlent pas encore. La construction du silo de Trappes a coûté 6665 francs (1). Il serait difficile d'imaginer un moyen plus convenable, plus économique pour conserver, sans altération, une masse aussi considérable de matières.

(1) Voici les renseignements que je dois à mon confrère, M. Dailly fils, sur le silo de Trappes : « Ce silo a une capacité de 225 mètres » cubes. Mais, en réalité, on ne peut y disposer de plus de 120 mè- » tres cubes à cause de l'espace qu'on doit réserver pour introduire » et extraire les pommes de terre, pour leur faire subir, pendant » l'emmagasinage, des passages à la claie ayant pour objet d'en déta- » cher la terre adhérente et contrarier leur germination. » (*Voir* la description du silo.)

Depuis l'établissement des lignes de chemins de fer, les denrées agricoles sont transportées sur des marchés fort éloignés du lieu de production ; c'est là une circonstance des plus favorables à l'agriculture ; chaque année l'Alsace, la Lorraine envoient des pommes de terre à Paris. Ces transports sont effectués à la fin de l'automne, au commencement de l'hiver, quand le temps est favorable ; mais si, pendant le trajet qui exige plusieurs jours, il survient un froid intense, les pommes de terre arrivent gelées à leur destination, on ne les accepte pas comme aliments, il en résulte une perte sérieuse pour l'expéditeur. C'est en cet état que plusieurs wagons de tubercules, partis de Strasbourg, entrèrent dans la gare de Paris en 1857. On fut obligé de les livrer à vil prix aux fabricants de fécule, car la livraison en dut être faite immédiatement, dans la crainte du dégel qui les aurait fait refuser même par les féculeries. Un accident de cette nature, constamment à redouter à l'époque où les expéditions sont réalisables, est nuisible au producteur qui perd sa marchandise, nuisible au consommateur, en ce qu'il tend à faire hausser le prix d'une matière qui, aujourd'hui, entre pour une forte proportion dans la nourriture des populations ; et lorsque l'on sait qu'il suffirait d'entretenir dans les wagons une température de 1 à 2 degrés au-dessus de zéro, on se demande si l'autorité supérieure ne devrait pas engager les compagnies de chemins de fer à prendre des mesures pour, pendant le transport, préserver de la gelée un aliment dont la perte, toujours regrettable, est une véritable calamité publique, lorsque la cherté des subsistances rend la vie si difficile aux classes laborieuses.

DEUXIÈME PARTIE.

De l'ensemble des faits exposés précédemment, il résulte que les plantes, suivant les espèces, vivent à une température dont le minimum est de quelques degrés au-dessus de zéro, le maximum de 45 à 48 degrés. Ce sont là, d'ailleurs, les limites extrêmes et, par cela même, peu favorables à leur existence. Les semences, ou plutôt les germes dont elles sont pourvues, supportent un froid et une chaleur beaucoup plus forts quand, par l'effet d'une dessiccation lente opérée sous l'influence d'une température modérée, ils ont perdu l'eau enfermée dans leurs vaisseaux, à l'époque de la maturité ; c'est que, comme je l'ai fait remarquer, d'un côté leurs cellules ne sont plus exposées à être déchirées par la congélation, et de l'autre l'albumine constitutionnelle une fois desséchée n'est plus coagulable. Au reste, ce qui arrive pour les graines a lieu aussi pour les mêmes raisons pour des animaux d'un ordre inférieur ; par une dessiccation ménagée, ils éprouvent une mort apparente suivie d'une apparente résurrection quand on restitue à leur frêle organisme l'eau qu'il avait abandonnée. Les feuilles semblent se comporter comme les semences ; une fois sèches, elles résistent à des températures qui les détruiraient infailliblement si leurs cellules étaient gorgées de liquide albumineux. Ainsi, j'ai eu plusieurs fois l'occasion de constater qu'une feuille fraîche ment cueillie perd sa vitalité lorsqu'elle est plongée pendant quelques instants dans l'eau bouillante ; elle ne fonctionne plus dans l'atmosphère, mais si on la dessèche, elle conserve pendant longtemps, peut-être indéfiniment, cette vitalité. Par exemple, des feuilles de rosier retirées d'un herbier, où elles étaient depuis une dizaine d'années, émirent du gaz oxygène quand elles furent submergées dans de l'eau chargée d'acide carbonique, et exposées au soleil.

La température la plus salutaire à l'existence des plantes est entre les extrêmes que j'ai signalés. Elle varie considérablement pour les diverses espèces, et seule elle ne satisferait pas d'une manière absolue à l'*habitat* reconnu comme le plus favorable, par ce motif que si la température est un élément important du climat, elle n'en est pas l'élément unique. L'état hygrométrique, la diaphanéité, la densité, le calme ou l'agitation de l'atmosphère ; la configuration, la constitution chimique et physique du sol, concourent puissamment à cet ensemble de circonstances qui caractérisent le climat. Pour s'en convaincre, il suffit de considérer une contrée intertropicale traversée par d'importants cours d'eau, limitée par un massif de montagnes élevées. Tels sont les steppes sillonnés par l'Orénoque, le Méta, le Guaviare, bornés par la Cordillère orientale des Andes. Dans ces plaines, on est vivement frappé de la diversité qui règne dans la distribution des formes végétales. Près du fleuve, ce sont des forêts impénétrables d'arbres gigantesques ; plus loin d'interminables prairies ; çà et là des marécages recouverts de plantes aquatiques, puis apparaissent comme des taches, sur cette immense surface de verdure, des espaces sablonneux, arides comme le désert, où végètent avec peine quelques mimosas rabougris. Cependant la température moyenne est partout à peu pres la même, mais elle n'intervient pas seule dans la répartition des plantes, ce sont en outre : l'abondance, la permanence de la vapeur aqueuse, la constance des vents, la profondeur, la perméabilité, la nature de la terre végétale. En s'emparant des steppes pour utiliser à son profit les forces naturelles qui régissent cette végétation primitive, l'homme tient compte de toutes les conditions climatériques. Les plantations de cacao sont établies dans la zone forestière, là où l'air est presque constamment saturé d'humidité. La prairie nourrit le bétail et fournit la terre où se développent les plantes alimentaires ; le bananier, le maïs, le manioc ; les rizières sont prises sur les marais. A chaque culture la *situation* qui lui convient indépendamment de la température qui est sensiblement la même pour toutes. L'ensemble des circonstances climatériques et telluriques convenables au développement d'une espèce est généralement determiné par une longue expérience faite dans la contrée. Il n'y a de difficultés réelles que dans le cas où il s'agit d'introduire une plante originaire d'une contrée lointaine ; c'est alors une série d'épreuves par laquelle il faut nécessairement passer, puisque la seule donnée de la chaleur du cycle de végétation est souvent insuffisante : j'en citerai un exemple curieux.

Dans la Nouvelle-Grenade, on trouve à côté de la pomme de terre, par conséquent sous le même climat, dans le même terrain, une plante des plus robustes, l'arracacha (1), dont la racine entre pour une forte proportion dans l'alimentation indienne. On en voit de belles plantations dans les localités dont la température moyenne et constante est comprise entre 15 et 22 degrés. A Bogotá la plante donne des graines au bout de huit à neuf mois. A Ibagué, où M. Goudot en a suivi la culture avec beaucoup d'attention, la maturité s'accomplit en six mois (2), mais on en récolte assez rarement la graine, parce qu'on la reproduit par *bouture en talon ;* on coupe le collet de la racine de manière à ce que la partie charnue devienne la base d'une touffe de pétioles. Cette base circulaire est divisée en segments que l'on met en terre en les espaçant à 6 décimètres. Les bourgeons pétiolaires apparaissent au bout de quelques jours, leur croissance est rapide, le sol est promptement garni. La récolte a lieu avant la floraison, et, comme pour la carotte, la racine est d'autant plus délicate, plus savoureuse, qu'elle est plus jeune. A Caracas, où l'arracacha a été introduite, on l'arrache à l'âge de trois mois (3). C'est au volume des touffes, à une légère chlorose que prennent les feuilles extérieures que l'on reconnaît la période où la plante tend à monter en graine, c'est alors que l'on fait la récolte ; les racines pivotantes, plus ou moins bifurquées, pèsent de 2 à 3 kilogram-

---

(1) Arracacha *esculenta*, de la famille des ombellifères. Sa ressemblance avec l'ache lui a fait donner par les Espagnols le nom d'apio.

(2) Ibagué : température. 21°,8. Bogotá : température, 14°,6.

(3) Caracas : température. 22 degrés ; altitude. 916 mètres.

mes. A Ibagué, M. Goudot en obtenait 410 quintaux par hectare (1).

Un végétal que l'on reproduit par bouture, que l'on cultive sous l'influence d'une température de 14 à 22 degrés, sans qu'il soit nécessaire de lui laisser atteindre la maturité, paraissait offrir toutes les chances possibles d'une facile acclimatation en Europe. Il n'en a rien été cependant, toutes les tentatives ont échoué. En France, en Angleterre, en Suisse, l'arracacha, qui, dans la Nouvelle-Grenade, est un aliment des plus importants, s'abaisse en Europe au rôle insignifiant d'une plante rare. La plante n'a donc pas rencontré dans l'ancien continent toutes les conditions climatériques indispensables à son organisme, et puisque celles dépendant de la température du sol semblent suffisantes, on n'aperçoit réellement de différence entre les *situations* d'Amérique et d'Europe que celle de la pression asmosphérique. Mais comment admettre que cette circonstance exerce autant d'influence sur le développement de l'arracacha, quand elle n'en a absolument aucune sur celui de la pomme de terre qui, dans les Andes, habite aussi à des altitudes considérables (2). Quoi qu'il en soit, si, au milieu du

----

(1) Boussingault, Rapport sur l'arracacha, *Comptes rendus de l'Académie des Sciences*, t. XXI.

(2) M. Goudot, qui connaissait tous les essais infructueux sur la culture de l'arracacha, pensait qu'on devait les attribuer à ce qu'on avait ignoré la méthode de propagation pratiquée en Amérique, et qui consiste à planter les bourgeons pétiolaires du sommet de la racine ; que c'était bien à tort qu'on s'était attaché à faire produire des graines, production très-difficile à réaliser et le plus souvent impossible. même dans le pays de l'arracacha.

xixe siècle, l'arracacha n'est pas entré dans nos assolements, il est à craindre qu'elle n'y entre jamais, car c'est un sujet d'étonnement que la rapidité avec laquelle les végétaux et les animaux utiles à l'homme se sont répandus partout à la surface du globe, après la découverte de l'Amérique. Les continents ont échangé alors ce qui manquait au bien-être de leurs habitants, et si l'agriculture de l'ancien monde doit, sans aucun doute, une partie de ses progrès à l'introduction de quelques plantes venues des régions tempérées des Andes, en retour l'Amérique en a reçu le froment et les animaux domestiques. Le lama était l'unique animal capable de servir aux transports, espèce d'ailleurs fort peu intéressante à cause de sa faiblesse et de la qualité inférieure de sa chair. Aussi a-t-il disparu devant le mouton amené d'Europe.

L'énergie, la persévérance à former des établissements qui caractérisaient les envahisseurs de l'Amérique, contribuèrent puissamment à cette prompte propagation. J'en trouve une preuve dans un épisode de la conquête du Chili. En 1539, Pizarre étant à Lima, chargea un de ses plus intrépides lieutenants, Valdivia, d'avancer résolûment vers le sud, malgré le terrible revers essuyé récemment par Almagro. Pedro de Valdivia avait fait la guerre d'Italie, il avait assisté à la prise de Milan, à la bataille de Pavie ; telle fut l'heureuse influence de la discipline, que l'expédition réduite aux plus affreuses extrémités, alors qu'elle traversait le désert d'Atacama, sut néanmoins conserver la plupart des animaux qu'elle traînait à sa suite comme moyen de colonisation. En 1541, l'année même de sa fondation, la ville de Santiago fut assiégée et brûlée par les Indiens. En rendant compte de ce cruel événement à l'empereur Charles-Quint, Pedro de Valdivia terminait sa lettre par ces mots: « Il nous reste trois petits porcs, une poule, un coq et quelques mesures de froment. » Tels furent les tristes commencements de cette agriculture chilienne fondée par des soldats et qui, trois siècles plus tard, devait nourrir les populations du littoral de l'océan Pacifique.

Un des sentiments les plus doux qu'éprouve l'homme jeté loin de la patrie, c'est de retrouver les plantes qu'il a connues dans son enfance. Aussi en allant tenter la fortune dans leurs expéditions aventureuses, les Espagnols n'oubliaient jamais d'emporter des graines pour les confier à la terre qu'ils allaient envahir. En étudiant l'histoire de la conquête, dit Humboldt, on admire l'activité avec laquelle les Castillans du XVIe siècle ont répandu la culture des végétaux européens sur le dos des Cordillères, d'une extrémité du continent à l'autre. Les ecclésiastiques, les religieux missionnaires, ont surtout contribué à ces progrès rapides de l'industrie. Les jardins des couvents et des curés ont été autant de pépinières d'où sont sortis les végétaux utiles récemment acclimatés. Les *conquistadores* mêmes, que l'on ne doit pas regarder tous que comme des guerriers barbares, s'adonnaient, dans leur vieillesse, à la vie des champs. Ces hommes simples, entourés d'Indiens dont ils ignoraient la langue, cultivaient de préférence, comme pour se consoler de leur isolement, les plantes qui leur rappelaient le sol de l'Estramadure et des Castilles. L'époque à laquelle un fruit d'Europe mûrissait pour la première fois était signalée par une fête de famille. On ne saurait lire sans intérêt ce que l'Inca Garcilasso rapporte sur la manière de vivre de ces premiers colons. Il raconte, avec une naïveté touchante, comment son père, le valeureux Andrès de la Vega, réunissait tous ses vieux compagnons d'armes pour partager avec eux trois asperges, les premières qui fussent venues sur le plateau de Cusco (1).

La vigilance des conquérants était sans cesse en éveil. Le blé fut donné au Mexique par un nègre, esclave de Cortez, qui en trouva trois ou quatre grains parmi le riz destiné à la nourriture des troupes : ces grains semés vers 1530 (2) ont été l'origine de ces riches moissons que l'on admire aujourd'hui

---

(1) HUMBOLDT, *Essai sur le royaume de la Nouvelle-Espagne*, t. III, p. 143, 1ʳᵉ édition.

(2) HUMBOLDT, *Essai sur la Nouvelle-Espagne*, t. III, p. 67. On lira, je crois, avec intérêt, ce que l'illustre voyageur rapporte sur la culture du froment au Mexique : « Dans les fermes (*hacienda de trigo*) où le » système d'irrigation est bien établi, par exemple, près de Léon, » Silao et Irapuanto, on arrose le froment à deux époques : la première » fois, dès que la jeune plante sort de terre, au mois de janvier ; et » la seconde, au commencement de mars, lorsque l'épi est près de se » former ; quelquefois même avant de semer on inonde le champ en- » tier. On observe qu'en y laissant séjourner les eaux pendant plu- » sieurs semaines, le sol s'imprègne tellement d'humidité, que le » froment résiste plus facilement à de longues sécheresses. On sème » à la volée au moment même où l'on fait écouler les eaux en ou- » vrant les rigoles. Cette méthode rappelle la culture du froment dans » la basse Égypte, et ces inondations prolongées diminuent en même » temps l'abondance des herbes parasites qui se mêlent à la récolte » et dont une portion a malheureusement passé en Amérique avec le » blé d'Europe.

» La richesse des récoltes est surprenante dans les terrains culti- » vés avec soin, surtout dans ceux que l'on arrose, ou qui sont ameu- » blis par plusieurs labours. La partie la plus fertile du plateau est

en parcourant les champs irrigables depuis Queretaro
jusqu'à la ville de Léon, depuis le village de Santiago
jusqu'à Yurirapundaro, dans l'intendance de Valla-

» celle qui s'étend de Quézutarero à la ville de Léon. Ces plaines ont
» 30 lieues de long sur 8 à 10 de large. On y récolte en froment 35
» à 45 fois la semence ; plusieurs grandes fermes peuvent compter
» sur 50 ou 60 grains. J'ai trouvé la même fertilité dans les champs
» qui s'étendent de Santiago à Valladolid. Dans les environs de Puebla,
» d'Artisco de Zelaya, dans une grande partie des évêchés de Mechoa-
» can et de Guadalaxara, le produit est de 20 à 30 grains pour un.
» Un champ est considéré comme peu fertile, lorsqu'une fanega de
» froment ne rend, année moyenne, que 16 fanegas. A Cholula, la ré-
» colte commune est de 30 à 40 grains ; mais elle excède souvent 70
» à 80. Dans la vallée de Mexico, on compte 200 grains pour le maïs, -
» et 18 ou 20 pour le froment.
» M. Abad, chanoine de l'église métropolitaine de Valladolid de
» Mechoacan, m'a assuré que, d'après ses résultats, le produit moyen
» du froment mexicain est probablement de 25 à 30 grains ; ce qui,
» d'après Lavoisier et de Necker, excéderait cinq à six fois le pro-
» duit moyen de la France.
» Près de Zelaya, les agriculteurs m'ont fait voir la différence énorme
» de produit qu'il y a entre les terres arrosées artificiellement et celles
» qui ne le sont pas. Les premières, qui reçoivent les eaux du Rio-
» Grande, distribuées par des saignées pratiquées dans plusieurs
» étangs, donnent 40 à 50 fois le grain semé ; tandis que les champs
» qui ne jouissent pas du bienfait de l'irrigation n'en rendent que
» 15 à 20.
» A l'extrémité la plus septentrionale du royaume, sur les côtes de
» la Nouvelle-Californie, le produit du froment est de 16 à 17 grains
» pour un, en prenant le terme moyen entre les récoltes de dix-huit
» villages pendant deux ans. »
Après avoir signalé les déserts sans eau qui séparent la Nouvelle-
Biscaye du Nouveau-Mexique, Humboldt fait remarquer qu'à cause de
son extrême sécheresse, une partie considérable de la Nouvelle-Espagne, située au nord du tropique, n'est pas susceptible d'une grande
population et il ajoute, faisant particulièrement allusion à la production des céréales : « Quel contraste frappant entre la physionomie de
» deux pays voisins, entre le Mexique et les États-Unis de l'Amérique
» septentrionale ! Dans ces derniers, le sol n'est qu'une vaste forêt

dolid, où la culture rend de 35 à 40 fois la semence.
Cette tendance à favoriser l'acclimatation se manifes-
tait dans toutes les classes de la société. Les soucis de

» sillonnée par un grand nombre de rivières qui débouchent dans des
» golfes spacieux. Le Mexique, au contraire, offre à l'est et à l'ouest
» un littoral boisé, et dans son centre un massif énorme de monta-
» gnes colossales, sur le dos desquelles se prolongent des plaines dé-
» pourvues d'arbres, et d'autant plus arides, que la température de
» l'air ambiant y est augmentée par la réverbération des rayons so-
» laires. Dans le nord de la Nouvelle-Espagne, comme au Thibet, en
» Perse, et dans toutes les régions montagneuses, une partie du pays
» ne sera rendue propre à la culture des céréales que lorsqu'une po-
» pulation concentrée et parvenue à un haut degré de civilisation aura
» vaincu les obstacles que la nature oppose au progrès de l'économie
» rurale. » Que le rendement moyen en froment des terres du
Mexique soit supérieur à celui que l'on obtient en Europe, cela est très-
vraisemblable ; cependant la différence n'est peut-être pas aussi grande
qu'on serait porté à l'admettre d'après les renseignements recueillis
par Humboldt, par cette raison que j'ai déjà eu l'occasion d'exposer dans
mon *Économie rurale* (t. I, p. 409), qu'il n'est pas possible de comparer la production des céréales dans diverses contrées sans tenir
compte de la surface de terrain assignée au grain que l'on prend pour
l'unité de la comparaison. Il faudrait, pour arriver à un résultat exact,
que, de part et d'autre, on eût répandu sur des surfaces égales la
même quantité de grains. Tout cultivateur sait, en effet, que moins
on sème dru, plus le rendement rapporté à l'unité de semence augmente. En France, la production du froment est réellement compara-
ble, parce qu'on prend pour unité de semence l'hectolitre, et pour
unité de surface l'hectare. Chaque grain a donc individuellement à
peu près le même volume de terre ; si, la surface restant la même, on
sème plus clair, chaque grain, ayant pour puiser les agents de fertilité
un volume de sol plus considérable, fournira un pied plus vigoureux
et plus chargé de grains, bien que la récolte faite sur un hectare ainsi
clair-semé puisse être notablement inférieure à celle que l'on aurait
retirée en semant plus serré.

Les raisons qui doivent déterminer dans la dose des grains à semer
sont nombreuses et très-complexes ; elles se déduisent évidemment de
la valeur : du fonds en culture, de la céréale, des pailles, de la main-
d'œuvre, des engrais. Ainsi, là où la terre est à très-bas prix, où le

Fernand Cortez, au milieu d'une guerre sanglante, ne l'empêchaient pas d'écrire à son souverain, le 15 octobre 1524, peu après la prise de Ténochtitlan : « Tou-
» tes les plantes d'Espagne viennent admirablement
» bien dans cette terre. Nous ne ferons point ici ce
» que nous avons fait aux îles, où nous avons né-
» gligé la culture et détruit les habitants. Une triste
» expérience doit nous rendre plus prudents. Je
» supplie Votre Majesté d'ordonner à la *Casa de con-*
» *tratacion* de Séville qu'aucun bâtiment ne puisse
» mettre à la voile pour ce pays, sans charger une
» certaine quantité de graines (1). »

L'Inca Garcilasso nous a transmis le nom d'une femme, Maria Escobar, qui la première apporta quelques grains de blé à Lima, alors Rimac. Le produit des récoltes fut distribué pendant trois ans entre

---

travail est cher, il est peut-être profitable de répandre peu de semence sur une grande surface et d'épargner les façons à donner au sol. « Un
» fermier anglais, écrivait Washington à Arthur Young, doit avoir
» une opinion extrêmement désavantageuse de notre sol, s'il apprend
» qu'une acre ne produit chez nous que 8 à 10 bushels de froment
» (8 hectolitres par hectare) ; mais il ne doit pas oublier que dans
» tous les pays où les terres sont à bon marché, et où la main-d'œu-
» vre est chère, on aime mieux cultiver beaucoup que cultiver bien. »
Ce sont là des conditions fort analogues à celles où l'on se trouve au Mexique ; on sème clair un certain nombre de *fanegas* et l'on compte combien de fanegas on récolte sans beaucoup se préoccuper de l'étendue du sol sur laquelle on agit. Aussi, comme le dit Humboldt, « le
» froment talle énormément dans les champs mexicains ; un seul
» grain y pousse un grand nombre de chaumes, et chaque plant a des
» racines extrêmement longues et touffues. Les colons espagnols ap-
» pellent cet effet de la vigueur de la végétation : *el macollar del*
» *trigo*. »

(1) Lettre à l'empereur Charles-Quint, datée de Temixtitlan.

les colons, de manière que chacun d'eux reçût vingt à trente grains (1). Ceci se passait vers 1547, de sorte que la culture du froment serait moins ancienne au Pérou qu'au Mexique et au Chili. A Quito, le premier blé a été semé près du couvent de Saint-François, par un Flamand, le P. José Rixi. Les moines m'ont montré, en 1831, le vase dans lequel ce froment avait été apporté d'Europe.

Le froment est l'unique plante alimentaire véritablement importante que l'Amérique ait reçue de l'ancien monde; mais elle lui doit aussi plusieurs végétaux précieux pour son industrie et son commerce, puisque, en les adoptant, elle s'est substituée à l'Asie et à l'Afrique comme producteur vis-à-vis de l'Europe. Ce sont, pour ne citer que les principaux, la canne à sucre, le café, la vigne (2).

La *canne à sucre*, comme en Chine dès la plus haute

---

(1) HUMBOLDT. *Essai sur la Nouvelle-Espagne*, t. III. p. 68.

(2) Le bananier, dont le fruit abondant et savoureux est la base de l'alimentation des régions chaudes de la zone torride, devrait être placé parmi les plantes importées d'Amérique, si l'on adoptait l'opinion de botanistes du plus grand mérite: George Forster, R. Brown, Alphonse de Candolle, que les bananiers sont originaires de l'Asie méridionale et dérivent d'une espèce unique, le *Musa paradisiaca*. Les premiers bananiers, d'après Oviedo, auraient été transportés des îles Canaries à Saint-Domingue en 1516 par le P. Thomas de Berlangas, religieux de l'ordre des Frères prêcheurs, et de là sur la *terre ferme*. D'un autre côté, Humboldt dit que c'est une tradition constante au Mexique, sur tout le continent, que le *Platano arton* et le *dominico* y étaient cultivés avant l'arrivée des Espagnols, et que d'ailleurs Garcilasso de la Vega, qui dans ses *Commentarios reales* a indiqué avec le plus de soin les différentes époques auxquelles l'Amérique s'est enrichie de produits étrangers, rapporte expressément que du temps des Incas, le maïs, le quinoa, la pomme de terre, et dans les régions chaudes et

5.

antiquité, cultivée ensuite par les Arabes, qui l'intro-
duisirent en Égypte, puis en Sicile et dans le midi de
l'Espagne, a été transportée à Madère en 1420. Saint-
Domingue la reçut des Canaries en 1513; de là elle
passa successivement à Cuba et au Mexique vers 1535.
Sa culture ne fut établie sur le littoral de Venezuela
et dans les vallées d'Aragua que vers la fin du
XVIe siècle. La variété dite canne d'Otahiti, originaire des îles de la mer du Sud, est maintenant cellè
que l'on plante le plus généralement comme la plus
productive; elle a pénétré en Amérique depuis les
voyages de Bougainville (1).

Le *caféier* croît spontanément en Abyssinie et dans
le Soudan. Chez les Abyssins, l'usage du café, comme

---

tempérées les bananes, faisaient la base de la nourriture des indigènes. Garcilasso distingue même la variété la plus rare à fruit petit,
sucré, aromatique, le *dominico*, de la variété la plus commune, la ba-
nane *arton*. Humboldt ajoute, d'après ses seules observations, que sur
les rives de l'Orénoque, du Cassiquiare ou du Beni, entre les montagnes de l'Esmeralda et le fleuve Carony, au milieu des forêts les plus
épaisses, presque partout où l'on trouve des peuplades indiennes
n'ayant aucune relation avec les établissements européens, on rencontre des plantations de manioc et de bananiers. C'est ce que j'ai eu aussi
mainte fois l'occasion de constater dans mes excursions; mais j'ai vu que
lorsque les habitants s'étaient déplacés, le bananier disparaissait complétement. Humboldt pense qu'on a confondu plusieurs variétés con-
stantes du *musa*, dont quelques-unes lui paraissent originaires du
nouveau monde. Enfin, comme venant à l'appui de cette assertion,
l'illustre historien Prescott a lu dans d'anciens manuscrits que lorsque
Pizarre aborda les côtes du Pérou, les habitants de Tumbes lui appor-
tèrent des bananes, et il cite, en y ajoutant foi, que l'on aurait rencontré
des feuilles de bananiers dans les *huacas* ou *tumulus* des anciens Péruviens.

(1) ALPHONSE DE CANDOLLE, *Géographie botanique*, t. II, p. 837;
HUMBOLDT, *Voyage aux régions équinoxiales*, t. V, p. 217. Paris, 1820.

boisson, est très-ancien. Après avoir été acclimaté à Batavia, le caféier fut envoyé au Jardin botanique d'Amsterdam. De Hollande il arriva en France, où on le multiplia dans les serres du Jardin du Roi. En Amérique, les premiers caféiers furent importés à Surinam, en 1718, par les colons hollandais. Un officier de marine, de Clieux, le propagea à la Martinique en 1723; en 1730 on le cultivait à la Guadeloupe. Déjà, en 1718, la Compagnie française des Indes avait envoyé des plants de Moka à l'île Bourbon (1). Ce n'est réellement qu'après la destruction des plantations de Saint-Domingue, en 1804, que la culture du caféier a pris une grande extension dans l'île de Cuba et sur le continent américain (2); on peut juger de son importance pour l'Amérique, par le fait qu'en 1788 l'île de Saint-Domingue exportait annuellement 762 865 quintaux de café (3).

La *vigne* n'est pas généralement cultivée dans l'Amérique méridionale, et lorsque l'on considère la grande variété de climats que présentent les Cordillères intertropicales dans le sens vertical, c'est-à-dire depuis le niveau de l'Océan jusqu'à la limite inférieure des neiges perpétuelles, on s'étonnerait d'une semblable lacune si l'on ne savait que l'Espagne fut toujours hostile à la production du vin dans ses possessions d'outre-mer. En effet, la culture de la vigne, comme celle de l'olivier, avait été tentée avec

---

(1) ALPHONSE DE CANDOLLE, *Géographie botanique*, t. II, p. 971.

(2) HUMBOLDT. *Essai sur la Nouvelle-Espagne*, t. III, p. 192, 1re édition.

(3) En 1788, le prix du quintal de café était de 94 francs.

succès dès le commencement de la conquête; ainsi,
au Mexique, à l'ouest de Saltillo, à *Parras* qui doit
son nom à une espèce de vigne sauvage trouvée dans
cette localité, les conquérants transplantèrent la *Vitis
vinifera* qui y réussit parfaitement malgré la haine que
les monopolistes de Cadix lui avaient jurée ainsi qu'à
l'olivier et au mûrier. La cour de Madrid, dit Humboldt, « a toujours vu d'un mauvais œil la culture
» de ces plantes utiles dans le nouveau continent. Si
» au Chili et au Pérou elle a toléré la production des
» vins et des huiles indigènes, c'est parce que les co-
» lonies situées au delà du cap de Horn sont souvent
» mal approvisionnées par l'Europe, et qu'on craint
» l'effet de mesures vexatoires dans des provinces aussi
» éloignées. Le système prohibitif le plus odieux a
» été suivi avec ténacité dans toutes les colonies dont
» les côtes sont baignées par l'océan Atlantique. Le
» vice-roi, pendant mon séjour à Mexico, reçut l'or-
» dre de la cour de faire arracher les vignes dans les
» provinces septentrionales, parce que le commerce
» de Cadix se plaignait d'une diminution dans la con-
» sommation des vins d'Espagne. Heureusement cet
» ordre, comme beaucoup d'autres donnés par les
» ministres, ne fut point exécuté. On sentit que, mal-
» gré l'extrême patience du peuple mexicain, il pou-
» vait être dangereux de le réduire au désespoir en
» dévastant ses propriétés, et en le forçant d'acheter
» aux monopolistes de l'Europe ce que la nature
» bienfaisante produit sur le sol natal (1). » Après

____

(1) Humboldt. *Essai sur la Nouvelle-Espagne*, t. III. p. 149.
1ʳᵉ édition.

l'émancipation des colonies espagnoles, lorsque la liberté eut renversé toutes les entraves imposées aux transactions commerciales, la culture de la vigne a pris au Pérou, et surtout au Chili, une extension considérable. Dans la province d'Arequipa, des vins soumis à la distillation on retire de grandes quantités d'eau-de-vie, et certains vignobles du Chili rivalisent par l'abondance et la qualité de leur produit avec les vignobles les plus renommés de l'Espagne.

En échange des végétaux que je viens de mentionner, l'Amérique a donné aux cultures de l'ancien monde : le maïs, la pomme de terre, le topinambour, le tabac. Deux animaux de basse-cour seulement sont d'origine américaine : le plus gros des gallinacés domestiques, le dindon, et le canard musqué (1).

Le *maïs*, à l'époque de la découverte de l'Amérique, était cultivé depuis la partie la plus méridionale du Chili jusqu'en Pensylvanie, et ce qui est plus remarquable, dans la zone intertropicale, depuis le niveau

---

(1) Le dindon existait à l'état sauvage dans les Cordillères, depuis l'isthme de Panama jusqu'à la Nouvelle-Angleterre. Cortez raconte que plusieurs milliers de ces oiseaux étaient nourris dans les basses-cours des châteaux de Montezuma. Du Mexique les Espagnols les portèrent au Pérou et aux Antilles. Les dindons se retirèrent vers le nord à mesure que la population augmenta : il y en a en grand nombre dans les forêts du Kentucky. Lorsque les Anglais abordèrent en Virginie, en 1584, les dindons se trouvaient déjà depuis cinquante ans en Espagne, en Italie et en Angleterre.

Le canard musqué est à l'état sauvage sur les bords de la Magdalena où le mâle acquiert une grandeur extraordinaire. Les anciens Mexicains avaient des canards domestiques auxquels ils arrachaient tous les ans les plumes, objet d'un commerce important. Ces canards paraissent s'être mêlés à l'espèce introduite d'Europe (HUMBOLDT. *Essai politique sur la Nouvelle-Espagne*. t. III. p 235).

de la mer jusqu'aux plateaux atteignant une altitude de 2900 mètres (Quito). Des *situations* aussi diverses tiennent aux nombreuses variétés qu'offre cette plante, variétés que distinguent le volume, la forme, la couleur du grain; la longueur, la largeur des feuilles; la grossseur, la hauteur des tiges. Sur l'esplanade tempérée de Bogotá, il est des plants qui ne s'élèvent pas au-dessus de 0ᵐ,8, tandis que dans les vallées chaudes de la Magdalena des tiges chargées de quatre à cinq gros épis (*masorcas*) atteignent jusqu'à 3 mètres de hauteur. Le maïs, malgré l'introduction du blé, est resté la nourriture principale des Indiens; sa culture est d'autant plus productive, qu'elle a lieu dans un climat plus chaud ; quand à la chaleur est réunie une fertilité exceptionnelle du sol, elle rend de 300 à 400 pour 1 de graines semées. Au Mexique les récoltes ordinaires donnent 150 pour 1, rendement qui n'est pas supérieur à celui de l'Alsace, lorsque, d'après Schwertz, les plants sont suffisamment espacés et la terre fortement fumée. Il est vrai que l'est de la France a déjà un climat excessif (1).

Avant l'arrivée des Espagnols, les Mexicains extrayaient des tiges de maïs une matière sucrée que Cortez nomme expressément du sucre, en décrivant à l'empereur Charles-Quint la plupart des denrées que l'on vendait sur le grand marché de Tlatelolco, lors de son entrée à Ténochtitlan. « On vend, écrit-il, » du miel et de la cire d'abeilles, du miel des tiges de » maïs qui sont aussi douces que les cannes à sucre, » et du miel d'un arbuste que le peuple appelle

---

(1) BOUSSINGAULT, *Économie rurale*, t. I, p. 453, 2ᵉ édition.

» *maguey*. Les naturels font du sucre de ces plantes,
» et ce sucre ils le vendent aussi (1). » Je me suis assuré, à Mariquita, que le traitement des tiges de maïs,
pour en extraire le sucre, n'offre pas plus de difficultés
que celui de la canne.

Le maïs est parvenu en Espagne très-peu de temps
après la conquête; en 1525, on le connaissait déjà en
Andalousie (2).

La *pomme de terre* est originaire du Chili. D'après
M. Claude Gay, elle croîtrait spontanément près Valdivia, à Juan-Fernandez, à Chiloe. Les Espagnols la
trouvèrent cultivée au Pérou, à Quito, dans la Nouvelle-Grenade; cependant elle était inconnue au Mexique sous le règne de Montezuma. C'est un marchand
d'esclaves, John Hawkins, qui en gratifia l'Irlande en
1545; de là elle passa en Belgique en 1590. En Angleterre sa culture date du commencement du XVIIe siècle.

C'est à partir de 1710 que la pomme de terre se
répandit en Allemagne où elle resta pendant assez
longtemps dans les potagers; sa diffusion comme
plante agricole fut extrêmement lente, et il ne fallut
rien moins que les famines de 1771 et 1772 pour vaincre les préjugés qui s'opposaient à son adoption.

Le *topinambour* (*Helianthus tuberosus*), que Columna
nomme *Aster peruanus tuberosus*, était en Italie en 1616.
On ignore absolument de quelle partie de l'Amérique
il provient: on ne le cultive ni au Mexique, ni au
Pérou, ni au Brésil; je ne l'ai jamais rencontré à Ve-

_____

(1) Humboldt, *Essai politique sur la Nouvelle-Espagne*, t. III, p. 63,
1re édition.

(2) Humboldt, d'après le *Rerum medicarum Novæ Hispaniæ The-
saurus* d'Oviedo.

nezuela, pas davantage dans la Nouvelle-Grenade. Dans l'est de la France, le topinambour est cultivé avec succès, et, bien qu'il y fleurisse presque tous les ans, je n'ai pas encore vu mûrir sa graine. On le laisse généralement occuper la même sole indéfiniment, et c'est un exemple de plus à citer pour montrer que des plantes à racines charnues ou tuberculeuses viennent dans des situations où il ne fait cependant pas assez chaud pour qu'elles y atteignent leur développement normal. C'est ainsi que sur des points très-élevés des Andes, trop froids pour que la semence mûrisse, la pomme de terre, l'oxalis, l'arracacha sont néanmoins des cultures avantageuses, bien qu'elles aient pour origine des tubercules, des racines apportées de *stations* plus favorisées sous le rapport de la chaleur. C'est par le même moyen que l'on forme des prairies artificielles avec des graines provenant de localités souvent fort éloignées. Il n'y a pas le moindre doute sur la possibilité de *faire du vert* pour l'étable en semant, en Europe, des graines que l'on ferait venir d'Afrique ou d'Amérique. J'ai eu de magnifiques tiges, d'une ampleur de feuilles exceptionnelle, avec une variété de maïs que l'on m'avait envoyée de la province d'Arequipa au Pérou. Le sorgho, comme plante verte, pourrait offrir des avantages là où, sa graine ne se formant plus, on la tirerait d'une contrée plus méridionale. La betterave cultivée dans le Nord a certainement des racines plus volumineuses, plus riches en sucre que sous un climat plus chaud et plus sec, où elle tend à monter ; et si le topinambour n'est pas cultivé dans l'Amérique du Sud, c'est peut-être parce qu'en raison d'une croissance trop rapide, il ne se garnit pas des abondants tubercules qui le font si justement apprécier dans notre climat.

La culture des fourrages n'entraîne donc pas l'obligation absolue de faire de la semence si l'on peut s'en procurer par la voie du commerce ; l'essentiel, c'est de tirer le meilleur parti du sol et de la fumure, en en obtenant de fortes quantités de matières nutritives pendant toute la durée de la végétation ; sous ce rapport il y a d'importantes recherches agricoles à entreprendre, en se plaçant au point de vue de la production du bétail.

Le *tabac* a été importé des Antilles. Il s'est répandu si rapidement, qu'en 1559 on le connaissait en Portugal. Au commencement du XVIIe siècle, on le plantait aux Indes orientales. L'extension vraiment prodigieuse de sa culture est due, d'un côté à ce qu'elle est réalisable, avec plus ou moins de succès, à peu près partout, et de l'autre à ce que l'usage du narcotique qu'elle produit s'est propagé chez tous les peuples avec une sorte de frénésie. On suppute que, dans le monde entier, la consommation annuelle du tabac, sous toutes les formes, est de deux millions de tonnes.

Dans l'échange de végétaux utiles entre l'ancien et le nouveau monde, il dut y avoir, au début, bien des tentatives infructueuses, bien des mécomptes. La plante importée ne trouva pas tout de suite la *situation* qui lui aurait convenu. Les Espagnols eurent lieu d'être étonnés quand ils s'aperçurent que du blé récolté dans les plaines de l'Andalousie ne réussissait pas plus à la Vera-Cruz qu'à Cumana ; il y végétait cependant avec vigueur, tallait considérablement, mais il épiait mal et portait à peine du grain : ce fut

dans les montagnes que la céréale donna des récoltes satisfaisantes, grâce à l'influence d'un climat
plus en harmonie avec celui d'où elle provenait. Au
reste, la notion du refroidissement de l'atmosphère
par l'effet de l'altitude devint bientôt familière aux
conquistadores. En dépit d'une opinion alors très-
accréditée de certains philosophes, affirmant que la
zone torride devait être inhabitable à cause de l'ex-
cessive chaleur, plus d'un soldat des bandes de
Pizarre mourut de froid, sous l'équateur même, en
traversant les *paramos*, ces landes aériennes qui servent de base aux neiges éternelles accumulées sur les
sommités des Andes. Plus tard, le blé descendit des Cordillères pour s'installer dans les terres basses du Chili
et de la Californie, continuant ainsi à suivre l'homme
dans toutes ses migrations, par suite de cette grande
flexibilité d'organisation et surtout par cette faculté que
possèdent les céréales de naître, croître et mûrir à peu
près à la même température. C'est parce que les arbres
fruitiers n'ont pas cette faculté au même degré, qu'ils
réussissent rarement dans la région équatoriale. Le
pommier est, à ma connaissance, le seul qui s'accom-
mode du climat tempéré et uniforme des stations élevées
dans les montagnes équatoriales; à Tchia, près Bogotá, j'en ai vu de belles plantations rapporter d'excellents fruits. C'est que le pommier, en Europe, se
plaît dans les climats marins qui ne sont pas sans
avoir une certaine analogie avec les climats peu variables des pays équinoxiaux. Nul doute que les arbres
fruitiers de l'Angleterre, des côtes de la France, ne
soient les plus aptes à s'établir dans les stations tempérées des Cordillères; mais, il faut bien le reconnaî-

tre, ces arbres, comme la vigne, ne prospèrent réelle-
.ment qu'en dehors des tropiques, là où les saisons
sont déjà caractérisées Au Chili, suivant M. Claude
Gay, le pommier s'est acclimaté avec une telle facilité,
qu'il y forme de véritables forêts.

L'introduction des animaux domestiques a complétement changé l'aspect des prairies du nouveau
continent, en répandant à profusion la vie dans ces
vastes solitudes où, avant la conquête, erraient çà et
là le cerf tacheté, le daim (*matacani*), le cabiai, le pécari,
pâtures habituelles du lion sans crinière et du jaguar.

L'alpaca, le lama, que les montagnards du Pérou et
du Chili utilisaient en leur faisant porter de légers
fardeaux, disparurent presque partout devant le cheval, l'âne, le mulet, possédant à un bien plus haut
degré la force et l'agilité. Les lamas n'avaient pas
dépassé l'équateur; aussi, au Mexique ainsi que dans
le Cundinamarca, une classe nombreuse de la population fonctionnait comme des bêtes de somme. La
seule viande de boucherie qu'on y consommait provenait du chien, dont il existait plusieurs variétés
dans les Andes (1).

---

(1) Les Mexicains n'avaient pas songé à réduire à l'état de domes-
ticité les deux bœufs propres à la partie septentrionale du nouveau
continent (*Bos americanus, Bos moschatus*); ils n'avaient pas davantage tiré parti des brebis sauvages de la Californie, ni des chèvres de
Monterey. Parmi les variétés de chiens qui appartiennent au Mexique,
une seule, le *techichi*, servait à la nourriture de l'homme; on le châ-
trait pour l'engraisser, avant de l'envoyer au marché. Sans doute, le
besoin d'animaux domestiques se faisait moins sentir à une époque où
chaque famille ne cultivait qu'une petite étendue de terrain, et où
une grande partie du peuple se nourrissait presque exclusivement de
végétaux (HUMBOLDT. *Essai politique sur la Nouvelle-Espagne*, t. III.
p. 223, 1re édition).

C'est un phénomène très-surprenant, dit Humboldt, « qu'un côté de notre planète soit habité par
» des peuples auxquels le laitage et la farine de tou-
» tes les graminées à épis étroits, telles que les hor-
» dacées, les avénacées, ont été de tout temps complé-
» tement inconnus; tandis que dans l'autre hémi-
» sphère, presque toutes les nations cultivent les cé-
» réales et élèvent des animaux qui donnent du lait. »

A partir du milieu du XVIe siècle, les animaux les plus utiles se sont multipliés d'une manière surprenante dans les provinces internes de la Nouvelle-Espagne, sur les plateaux tempérés des Cordillères, dans les plaines brûlantes situées à l'est des montagnes de la Nouvelle-Grenade. Le cheval, d'origine arabe, ce puissant auxiliaire des *conquistadores*, commença l'invasion ; vint ensuite le bétail, dont la valeur durant la première période de la colonisation atteignit des proportions incroyables (1).

---

(1) Au Pérou l'on paya : deux porcs, 8000 livres tournois ; un chameau, 35000 ; un âne, 7700 ; une vache, 1200 ; un mouton, 200 livres (Pedro de Cieça et Garcilasso). Le capitaine Belalcazar, dont j'ai eu entre les mains la formidable lance que l'on conserve dans l'église d'Ibagué, avait acheté, à Buga, une truie pour 4000 livres tournois ; malgré ce prix exorbitant, il ne put résister à la tentation de la manger dans un festin.

On jugera, par ce qui s'est passé dans les *llanos* de Venezuela où les premières bêtes à cornes furent envoyées de Tocuyo par Christoval Rodriguez, en 1548, de la multiplication des troupeaux, par les prix d'achat au commencement de ce siècle :

Un cheval non dressé valait 10 à 15 francs ; un mulet de cinq ans, 70 à 90 ; un taureau de deux à trois ans, 5 ; un bœuf, 25 à 30 ; un cuir de bœuf séché au soleil, 5. Dans les montagnes de la Nouvelle-Grenade : une poule, 1^f,35 ; un mouton, 2. En 1832, à Riobamba, près Quito, j'ai payé un mouton 2^f,50.

La vie pastorale, inconnue jusque-là dans le nouveau monde, se développa dans les *llanos*. On vit alors
s'élever de nombreux *hatos* habités par des hommes dont l'unique occupation est l'élève ou plutôt
la surveillance du bétail, qui, pâturant en pleine liberté,
a de la tendance à passer à l'état sauvage. Une marque imprimée avec un fer chauffé est encore aujour-
d'hui le seul titre de possession pour faire reconnaître
des animaux élevés dans un pâturage qui n'appartient
à personne. On cite des familles créoles qui ont pos-
sédé des *hatos* où l'on surveillait comme propriété, en
bétail et en chevaux, jusqu'à 30 000 têtes, ce qui ne
surprend aucunement quand on sait que dans les
pacages des environs de la ville de Calabozo, le nombre des bestiaux s'élève à 98 000 têtes (1), et qu'en
1804 l'on admettait 1 200 000 bœufs, 180 000 chevaux et 90 000 mulets dans les plaines comprises entre
la Guyane et le lac de Maracaybo (2). Enfin, d'après
Azzara, il y aurait, dans les pampas de Buenos-Ayres,
12 millions de bêtes à cornes, 3 millions de chevaux,
sans comprendre dans cette évaluation les troupeaux
devenus sauvages (3). Ces nombres n'ont rien d'éton-
nant si l'on se rappelle que ces pampas ont trois fois
la surface des llanos de Venezuela auxquels Humboldt
accorde une superficie de 44 000 lieues carrées.

Les llanos ou steppes qui nourrissent aujourd'hui
un nombre si prodigieux d'animaux appartenant aux
races du monde ancien ne sont ni des déserts, ni des

---

(1) Humboldt. *Voyage aux régions équinoxiales*, t. VI. p. 96.

(2) Depons. *Voyage à la Terre ferme*, t. I. p. 10.

(3) Azzara. *Voyage au Paraguay*, t. I. p. 30.

bruyères ; ils font partie de ces immenses plaines du nouveau continent, que l'égalité apparente du sol a fait nommer *llanos* (plans) par les Espagnols ; l'horizon sans bornes que l'on y découvre leur donne l'aspect de l'Océan. On s'en ferait néanmoins une idée peu exacte, si on les considérait comme ayant partout un même niveau. Les steppes ont des plateaux, des protubérances de quelques mètres de hauteur et par cela même à peine visibles, quoique d'une grande étendue : ce sont les *mesas* (tables), les *bancos* (bancs). Ces faibles inégalités du terrain deviennent un lieu de refuge pour les êtres vivants aux époques périodiques des inondations, en même temps qu'une utile réserve d'humidité, car dans les steppes, bien qu'ils soient sillonnés par les fleuves, on est alternativement en présence de deux très-graves inconvénients, l'envahissement des eaux et l'extrême sécheresse.

La nature géologique des *mesas* diffère à plusieurs égards de celle de la plaine et explique leurs effets salutaires. Elles sont généralement formées d'une roche arénacée faiblement agrégée, en couches horizontales plus ou moins fracturées, peu épaisses, reposant sur un conglomérat analogue au grès rouge. Ces strates, d'une contexture poreuse, fortement imbibées durant la saison des pluies qui est aussi celle des grandes crues, laissent suinter lentement l'eau qu'elles ont absorbée, et, lorsque les rivières rentrent dans leurs lits, il sort des *mesas* des sources nombreuses, faibles d'abord, mais déja navigables, par leur réunion, à douze ou quinze lieues de leur origine. C'est ainsi que le large plateau de Guanita donne naissance à quarante cours d'eau qui se rendent à l'Orénoque, au golfe de Paria ou directement à la mer. C'est certainement à ces accidents de terrain que les llanos doivent de ne pas être frappés de stérilité pendant une partie de l'année.

Une ferme dans les llanos (*hato de ganado*) est un campement dans la savane, un groupe de quelques cabanes, le centre d'un pacage de plusieurs lieues carrées où errent en pleine liberté les bœufs et les chevaux. Les llaneros, qui en ont la surveillance, sont des hommes de couleur, mulâtres ou zambos (1), à peine vêtus, armés d'une lance, munis d'un lacet (*lazo*) qui dans leurs mains devient un terrible instrument de guerre ; ils parcourent continuellement la plaine pour panser les plaies des animaux dont les insectes (*zancudos*) ont attaqué la peau, pour ramener (*rodear*) ceux qui s'éloignent trop, pour marquer d'un fer incandescent la nouvelle génération, pour châtrer les jeunes taureaux ; ils passent à cheval la plus grande partie de leur existence ; ils se tiennent toujours prêts à poursuivre le tigre ; ce sont à la fois les bergers attentifs et les gardiens vigilants du troupeau. Avec cette vie active, sous un soleil ardent, le llanero reçoit pour toute nourriture de la viande desséchée légèrement salée et de la *yuca* (manioc); il se désaltère avec l'eau trouble et chaude d'une rivière ou avec l'eau croupie d'une mare (2).

Dans ces parages, l'inondation est la conséquence

---

(1) Le zambo est fils d'un nègre et d'une Indienne.

(2) Dans la campagne des llanos du Meta, en 1824, j'ai trouvé pour la température de l'eau que buvaient les hommes de cette expédition : dans les mares. 32 degrés ; dans les rivières, 27 à 29 degrés.

du débordement de l'Orénoque. Bientôt les llanos n'offrent plus à l'œil qu'une suite de grands lacs. Les troupeaux se sont retirés sur de larges monticules apparaissant comme des îlots. Les communications sont interrompues ; seuls, les llaneros les plus expérimentés osent parcourir à cheval ce terrain submergé (1).

Après le retrait des eaux, les steppes se couvrent d'une riche verdure ; ce sont des graminées, des légumineuses, des malvacées, des mimosas herbacées à feuilles irritables, des sensitives, comparables, comme fourrage, au trèfle et à la luzerne (2).

Ce n'est pas uniquement dans les régions chaudes de l'Amérique méridionale que l'on rencontre d'abondants pâturages, on en trouve aussi sur les plateaux élevés, dans les environs de Bogotá, de Pasto, de Quito, moins étendus sans doute, mais plus favorables à la race bovine à cause de la fraîcheur du climat. Aussi les destine-t-on à l'engraissement des bêtes à cornes qu'on y amène des terres basses où l'élevage proprement dit rencontre plus de facilités. Nulle part je n'ai vu des taureaux plus vigoureux, des bœufs mieux en chair et en graisse que dans les herbages toujours verts de la métairie d'Antisana, à une hauteur presque égale à celle du mont Blanc.

---

(1) BOUSSINGAULT, Rapport sur la géographie de Venezuela. *Comptes rendus de l'Académie des Sciences*, t. XII. p. 462.

(2) Voici, d'après Humboldt, les espèces les plus communes dans les llanos de Venezuela : *Killingia monocephala, odorata ; Cenchrus pilosus ; Vilfa tenacissima ; Andropogon plumosus ; Panicum micranthum ; Poa reptans ; Paspalum leptostachrum, conjugatum ; Aristida recurvata ; Turnera Gujanensis ; Mimosa pigra, dormiens ; Cypura graminea.*

Les steppes de la zone torride, les pampas de Buénos-Ayres, les savanes de l'Amérique du Nord, n'ont d'utilité réelle que par le bétail qu'ils entretiennent. C'est en y portant les animaux domestiques, que les Espagnols les ont véritablement transformés en ces immenses pâturages, objet de notre admiration, et dont l'origine comme le développement appartiennent à l'histoire de l'introduction des plantes alimentaires sur le nouveau continent. Ces steppes, ces pampas, ces savanes, sans les nombreux troupeaux qui les occupent, seraient encore aussi déserts qu'avant la conquête; l'homme ne pourrait y vivre, parce que, pour se nourrir des principes élaborés par la végétation herbacée, il lui faut un auxiliaire : un herbivore qui, après les avoir assimilés, les lui restitue à l'état de chair, de graisse, de lait, et même à l'état de sang, s'il est vrai que des peuplades apprivoisent des bisons, non pas pour les traire, mais pour en sucer le sang à la manière des vampires (1). C'est par le concours de cet intermédiaire placé entre l'homme et la plante, de ce transformateur de l'herbe du steppe en laitage, que les peuples pasteurs ont pu, sans s'arrêter, entreprendre ces longs voyages que les hordes guerrières, sorties de l'intérieur de l'Asie, n'accomplissaient qu'en allant de station en station, s'y fixant pour cultiver la terre afin d'amasser des provisions pour continuer leur marche. Au sein des forêts de l'Amérique, en parcourant péniblement les bois marécageux du Choco, j'ai fait plus d'une fois cette réflexion inquiétante : que si, par un incident imprévu, les vivres que l'on transporte

---

(1) Prescott, *Conquest of Mexico*, t. III. p. 116.

6.

à grand'peine dans ces solitudes venaient à manquer, le retour serait impossible ; qu'infailliblement on mourrait de faim entouré de la végétation la plus vigoureuse, la plus riche que l'on puisse imaginer, bien qu'il s'y trouve à profusion tous les matériaux nécessaires à l'existence.

Pendant la glorieuse époque de la conquête, deux courants dirigés en sens contraire portaient à l'ancien et au nouveau monde des plantes destinées à accroître la prospérité des populations. Les céréales étaient à peine fixées sur le sol de l'Amérique, que déjà le maïs et la pomme de terre prenaient place en Europe où ils devaient si puissamment contribuer au progrès de l'agriculture. En effet, ce fut une bien précieuse acquisition que celle de végétaux permettant de faire entrer dans une rotation une sole donnant à volonté un fourrage pour l'étable et un aliment pour l'homme. C'est ce qui a lieu lorsque, dans un assolement comprenant : betterave, froment, trèfle, froment, on substitue, suivant le climat, la pomme de terre ou le maïs à la betterave.

Les deux nouvelles plantes, une fois introduites dans l'ancien monde, se portèrent naturellement vers les *situations* le plus en harmonie avec leurs habitudes : le maïs choisit généralement la région favorable à la vigne ; la pomme de terre, moins exigeante sous le rapport de la température, peut-être aussi mieux appréciée dans des contrées où l'on possédait déjà de nombreuses espèces à grains farineux, prit une importance et par suite une extension beaucoup plus grande, que Humboldt a caractérisée avec cette justesse d'expression que l'on trouve dans tous ses écrits : « De toutes les

« plantes utiles que les migrations des peuples et les
« navigations lointaines ont fait connaitre, a-t-il dit,
» il n'en est aucune depuis la découverte des céréales,
» c'est-à-dire depuis un temps immémorial, qui ait
» exercé une influence aussi prononcée sur le bien-
» être des hommes. En moins de deux siècles, elle a
» pénétré dans la Nouvelle-Zélande, au Japon, à Java,
» dans le Boutan et au Bengale. Aujourd'hui sa cul-
» ture s'étend depuis l'extrémité de l'Afrique jusqu'en
» Islande et en Laponie ; c'est un spectacle intéressant
» que de voir une plante descendre des montagnes si-
» tuées sous l'équateur, s'avancer vers le pôle et résis-
» ter plus que les graminées à tous les frimas du
» Nord (1). »

Cependant les végétaux échangés n'avaient pas tous
au même degré la facilité d'acclimatation particulière
à la pomme de terre ; elles ne furent pas toujours placées dans la *situation* qu'exigeait leur organisation ; le
plus ordinairement le hasard présidait à leur instal-
lation, pressé qu'on était de confier à la terre les arbustes, les graines qui avaient eu à souffrir d'une
longue traversée. Nous avons vu comment le froment
fut d'abord semé sans succès sur la côte du Mexique,
tandis que celui apporté par le père Rixi couvrit en peu
d'années les champs tempérés de l'ancien royaume de
Quito.

La vigne donna du raisin lorsqu'elle fut plantée
sous la ligne équinoxiale, dans des stations peu élevées et chaudes. Cependant on ne tarda pas à s'aper-

---

(1) Humboldt. *Essai politique sur la Nouvelle-Espagne.* t. II.
p. 163. 2ᵉ édition.

cevoir combien la maturation était inégale, non-seulement pour les grappes venues sur le même cep, mais
aussi pour les grains d'une même grappe, mélange d'où
il résulte un produit fermenté de détestable qualité,
ainsi que je m'en suis assuré en buvant le vin de Lam-
bayèque, sur la côte de l'océan Pacifique. La vigne
n'a trouvé réellement une situation tolérable que bien
au delà de l'équateur, dans les vignobles du Pérou et
du Chili.

Aujourd'hui l'échange des végétaux les plus utiles
est accompli entre les deux mondes : c'est là un fait
considérable, un des bienfaits de la découverte de
l'Amérique ; toutefois il reste encore à perfectionner
l'œuvre. Dans les Andes tropicales on n'a pas fixé les
minima et les maxima de hauteur, ou, si l'on veut,
la zone prise dans le sens vertical où la culture du
froment serait la plus productive ; on ne connaît pas
les nombreuses variétés de cette céréale, dont les unes,
comme les blés durs, cornés de l'Afrique, convien-
draient mieux aux vallées chaudes, et les autres,
comme les blés tendres du Nord, réussiraient plus sû-
rement sur les plateaux tempérés de Bogotá, de Pasto
et de Quito. Au Chili, où la vigne que l'on y cultive
donne déjà des vins potables, il y aurait lieu d'essayer
les cépages si divers de la France et de l'Espagne. En
Europe, où la pomme de terre est presque partout un
aliment de première nécessité, on ne possède pas, à
beaucoup près, toutes les variétés que l'on récolte
depuis les froids plateaux du Cusco jusqu'aux vallées
d'Aragua. J'en puis dire autant du maïs dont il impor-
terait tant de se procurer les variétés les plus hâtives.
Pour ces deux plantes, on n'a pas déterminé les

situations qu'il faudrait assigner aux variétés d'ailleurs fort limitées dont on est en possession. Au reste, le plus souvent, lorsqu'il s'agit d'introduire une plante nouvelle, on procède par engouement ; la mode intervient, elle prône une espèce qu'elle fait abandonner bientôt après pour en recommander une autre. On ne sait réellement à quoi s'en tenir, parce que les observations manquent d'ensemble et surtout de précision.

Depuis longtemps, en Europe du moins, on a formé des pépinières, des cultures-écoles où l'on rassemble des arbres fruitiers et forestiers, des plantes alimentaires ; ce sont, comme collections, des établissements d'une incontestable utilité, en ce qu'ils conservent et propagent les essences les plus convenables pour la forêt, les arbustes destinés aux vergers, les plantes usuelles pour le potager et la culture ; mais la question la plus importante au point de vue pratique reste tout entière, celle de désigner la *situation* climatérique la mieux appropriée aux espèces et aux variétés que l'on conserve dans la pépinière. En ce qui concerne les plantes agricoles, une expérience séculaire semble l'avoir résolue ; toutefois c'est là une présomption, car de ce qu'on a rencontré une variété donnant des résultats satisfaisants, il n'en ressort pas qu'on n'en trouverait pas une autre plus avantageuse à cultiver. En me renfermant dans le cercle de mes observations personnelles, j'ai vu échouer, jusqu'à ce jour, deux tentatives pour substituer des blés de plus belle apparence dans leur grain, rendant de la farine plus blanche, des pailles plus fortes, au blé rouge que nous possédons et qui, par la nature de son organisme, sup-

porte des hivers où le thermomètre descend fréquemment à — 10, assez souvent à — 15, et exception-
nellement à — 20 degrés; mais l'expérience n'a pas
été assez étendue pour admettre qu'il n'existe pas un
blé aussi apte à résister aux hivers rigoureux, tout en
possédant d'autres qualités de nature à le faire pré-
férer à celui que l'on cultive actuellement. On ne
connaîtra les espèces ou les variétés qu'il conviendrait
d'adopter dans une situation climatérique et tellu-
rique donnée, que par des cultures locales comparées et longtemps prolongées. C'est tout un pro-
gramme qu'un simple cultivateur ne saurait remplir
par sa seule initiative; des recherches d'un intérêt
aussi général ne peuvent être entreprises et menées à
bonne fin que par l'État.

Dans les régions équinoxiales de l'Amérique, la
question concernant uniquement le froment serait
aisément résolue; il suffirait de cultiver une série de
variétés dans quatre stations comprises entre 600 et
2900 mètres d'altitude, limites de la culture rémunératrice de cette céréale; les phénomènes météorologiques ont une telle régularité entre les tropiques,
que l'on saurait promptement la *situation* qu'il conviendrait d'assigner à chacune des variétés.

Dans les contrées placées à des latitudes déjà élevées, où par cela même les saisons sont accentuées,
la France par exemple, offrant par son étendue des
climats fort différents, on diviserait le territoire en
plusieurs régions au centre desquelles serait établie
une ferme expérimentale ayant pour objet principal
la culture comparée des plantes rurales faite par les
moyens ordinaires. Chaque sole de la rotation étant

fractionnée en autant de divisions qu'il y aurait
d'espèces ou de variétés à comparer, si l'on suppose
une rotation de quatre ans pratiquée sur 40 hectares de terre arable, avec une annexe de prairies
permanentes, la sole de 10 hectares pourrait certainement porter vingt et même trente plantes ou variétés de plantes différentes, $\frac{1}{3}$ d'hectare formant déjà
un champ d'expérience suffisant pour apprécier un
rendement avec exactitude. Si j'ai dit que les cultures
comparées devraient être exécutées par les moyens
ordinaires, c'est que j'entends que l'on fumerait le sol
avec le fumier fourni par trente à quarante pièces de
gros bétail, ou par l'équivalent en bêtes ovines entre-
tenues sur le domaine, sans exclure toutefois le marnage, le chaulage, le plâtrage, le phosphatage, si ces
opérations étaient pratiquées dans le pays, mais en
s'abstenant d'appliquer le guano, la poudrette, les
engrais dits industriels, par la raison que si ce sont
des agents efficaces, la plupart des cultivateurs n'en
ont pas toujours à leur disposition. Une série d'expériences continuée pendant dix années durant lesquelles on pèserait le fumier donné à la terre, les semences employées et les récoltes, fournirait, pour la
localité, des renseignements positifs sur la valeur
agricole des végétaux que l'on aurait cultivés comparativement sous le même climat, dans le même terrain
amendé avec le même engrais. Dans ces conditions,
on connaîtrait avec certitude l'espèce ou la variété
de l'espèce qu'il conviendrait d'accepter, soit comme
plante sarclée, soit comme céréales, soit comme prairie artificielle intercalée dans la rotation. L'ensemble
décennal de ces documents, réuni et publié par

l'État, formerait le « Livre de la culture française », que les agronomes intelligents, et ils sont nombreux, consulteraient avec d'autant plus d'empressement, qu'ils seraient sûrs d'y trouver des données importantes et complètes sur un sujet qui les intéresse au plus haut degré, « la constitution de l'assolement ». Les résultats de la ferme rayonneraient dans toute la région ; la diffusion des espèces, des variétés, aurait lieu par la voie des comices. On saurait où trouver de bonnes semences et de sages conseils. Les propriétaires-cultivateurs adopteraient les plantes sorties victorieuses des épreuves, et les paysans les imiteraient. Le progrès ne s'accomplit jamais autrement ; dans la vie des champs, on s'instruit les uns par les autres, le succès d'un seul tourne rapidement au profit de tous, car il n'y a pas d'enseignement plus mutuel que celui de l'agriculture.

SUR LE SILO

DESTINÉ

A LA CONSERVATION DES POMMES DE TERRE.

LETTRE DE M. AD. DAILLY A M. BOUSSINGAULT.

Je vous adresse une coupe du silo que vous avez vu à Trappes ; j'y joins la copie du marché qu'avait passé mon père.

Ce silo a une longueur de $50^m,60$; on trouve que son cube s'élève à 2251 mètres cubes, mais on ne peut en réalité y renfermer plus de 12000 hectolitres ou 1200 mètres cubes, par suite de la place que fait perdre la nécessité où l'on est de réserver de l'espace pour introduire et extraire les pommes de terre et pour leur faire subir pendant leur emmagasinage des passages à la claie ayant pour objet d'en extraire la terre et de contrarier leur germination. Nous plaçons dans les grands froids deux poêles à chaque extrémité du silo, et dans les froids ordinaires un seul poêle au milieu. Nous chauffons ces poêles avec de la houille dont la fumée sort dans l'intérieur même du silo.

Nous arrivons ainsi facilement à pouvoir empêcher la température du silo de descendre à un degré au-dessous de zéro, température à laquelle on n'a pas encore à craindre de voir geler les tubercules.

Pour mettre les pommes de terre à l'abri de la gelée dans un silo, nous les couvrions autrefois de paille dont nous faisions varier l'épaisseur suivant que le froid était plus ou moins intense. C'est à notre confrère M. Pasquier que nous devons l'idée de l'emploi des poêles, qu'il a le premier appliquée chez lui, qui nous permet de protéger maintenant nos pommes de terre contre la gelée d'une manière beaucoup plus commode et beaucoup plus sûre que nous n'arrivions à le faire autrefois.

La profondeur du silo de Trappes à partir du terrain naturel est de 1ᵐ,10, le cube complet mis à couvert par le silo est de 2251 mètres cubes. Je vous adresse une coupe du silo (1) qui vous en indiquera la disposition et le mode de calcul employé pour trouver sa capacité absolue totale.

Le silo est couvert en roseaux.

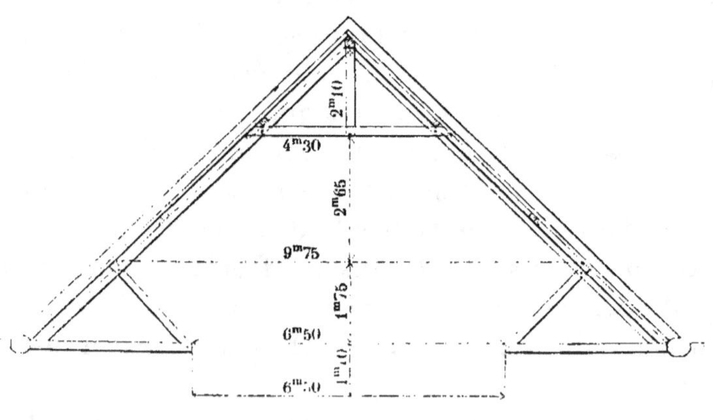

(1) Échelle de 0ᵐ.006 pour mètre.

Frais de construction d'un silo.

Charpente	2216f 50c
Maçonnerie	502 70
Fournitures de matériaux.	
1° Plâtre, 250 sacs à 55 centimes	137 50
2° Chaux, 22h 50l, à 4 francs	90 »
3° Pavés, 4000 à 30 francs le mille	120 »
4° Ciment, 18 hectolitres à 3 francs	54 »
5° Tuiles, 740 à 55 francs le mille	40 70
Menuiserie	220 »
Serrurerie	409 40
Peinture	54 35
Pavage	85 50
Couverture.	
1° Couverture de 1116mq,80 à 0f,394	399 45
2° Évaluation en roseau, 2430 bottes à 50 c.	1215 »
3° Lattes, 66 bottes à 1f,50	89 68
4° Clous d'épingles, 17 kilogrammes à 1f,40	83 80
5° 50 châssis aux 50 œils-de-bœuf	45 20
Terrasse.	
1° Fouille	285 30
2° Mise de la terre en berges et battage de 26 travées à 10 francs	235 50
	6224f 58c

SUR

LES GISEMENTS DU GUANO

DANS LES ILOTS ET SUR LES COTES

DE L'OCÉAN PACIFIQUE.

Les gisements de guano (*huano de pajaro*) sont répartis sur le littoral du Pérou entre le deuxième et le vingt et unième degré de latitude australe. J'ai vu les premiers dépôts dans la baie de Payta. En avançant vers le sud, on en trouve de distance en distance jusqu'à l'embouchure du rio Loa. En dehors de ces limites, le guano se rencontre encore, quelquefois même très-abondamment, mais alors il est à peu près dépourvu des sels ammoniacaux et des principes organiques auxquels il doit une grande partie de ses qualités.

On distingue au Pérou deux espèces de *guano* : 1° le *huano blanco*, consistant en déjections rendues depuis peu de temps : sa couleur claire est due à l'acide urique ; 2° le *huano pardo*, *guano* ancien qui offre toutes les teintes intermédiaires comprises entre le gris sale et le brun foncé. Un passage de Garcilazo de la Vega, d'anciens documents font présumer que dans leurs cultures les Péruviens utilisaient surtout le *huano blanco*. En effet, les ordonnances édictées par les Incas avaient particuliérement pour objet de protéger les oiseaux producteurs. Ainsi la défense, sous les peines les plus sévères, de tuer les *guanaes* même en dehors des *huaneras*; l'interdiction d'aborder les îlots aux époques de la ponte pour ne pas effrayer les couveuses, montrent qu'il s'agissait uniquement de favoriser la production du *huano blanco*, et que ces mesures n'avaient pas été prises pour protéger ces immenses amas de guano que l'antiquité péruvienne a laissés intacts, comme si elle eût voulu les réserver pour les conquérants du nouveau monde (1).

En allant du sud vers l'équateur, les *huaneras* principales sont celles de *Chipana*, *Huanillos*, *Punta de lobos*, *Pabellon de Pica*, *Puerto-Ingles*, *Islas patillos*, *Punta grande*, *Isla de Iquique*, *Pisagua*, *Ilo*, *Jesus y cocotea*, les îles de la baie d'*Islay*.

Entre *Islay* et un point situé à quelques lieues de *Pisco* on ne connaît pas de *guano de pajaro* (*guano d'oiseau*), ces plages ayant été fréquentées par des amphibies, tels que les lions, les loups, les veaux ma-

---

(1) « Sur la côte, depuis Arequipa jusqu'à Taracapa, c'est-à-dire » sur une étendue de plus de 200 lieues, la terre est fumée avec les » déjections des oiseaux de mer, grands et petits, qui fréquentent, en » nombre prodigieux, la côte du Pérou. Ils pondent dans plusieurs » ilots déserts, où ils laissent des quantités incroyables d'excréments. » De loin, les sommets de ces ilots paraissent couverts de neige. Du » temps des rois Incas, on prenait de telles précautions pour pro- » téger ces oiseaux, qu'aux époques de la ponte il était défendu, sous » peine de mort, d'aborder dans ces iles, afin de ne pas effrayer les » couveuses. La chasse des oiseaux de mer était prohibée en tout » temps, avec la même rigueur, même en dehors des iles. » (Garcilazo de la Vega, t. I, p. 134.)

rins, mammifères appartenant au genre *phoca*. Aussi les amas de guano, d'ailleurs fort restreints dans ces parages, sont-ils presque entièrement formés des excréments et des squelettes de ces animaux.

Le *guano* est déposé sur de petits promontoires, sur des falaises, il remplit des anfractuosités; en général il est là où les oiseaux trouvent un abri contre les fortes brises du sud.

Les roches de cette partie de la côte consistent en granit, en protogyne, en gneiss, en syénite et syénite porphyrique; le *guano* qu'elles supportent est le plus souvent en couches horizontales, quelquefois cependant elles sont fortement inclinées, comme à *Chipana* où elles deviennent presque verticales. Dans certaines *huaneras* on rencontre un mélange d'excréments de phoques (*lobos*). M. Francisco de Rivero signale particulièrement ce mélange à *Punta-lobos*, où, sur des strates d'un *guano* d'un gris obscur, on trouve superposées d'autres strates presque noires, d'une épaisseur de deux pieds, recouvertes à leur tour par de nouvelles couches de couleurs variées. La strate noire est remplie de petites pierres de porphyre luisantes, elliptiques, que les loups et les veaux marins ont l'habitude d'avaler. Les dépôts de guano sont ordinairement au-dessous d'un agglomérat de sable et de substances salines, le *caliche*, que les ouvriers enlèvent pour commencer une exploitation. Sur quelques points, comme à *Pabellon de Pica* et à *Punta grande*, le gîte est sous du sable descendu des montagnes voisines, et rien n'établit mieux son ancienneté dans cette localité qu'une observation faite par M. F. de Rivero. Sur la roche qui leur sert de base, on voit des couches horizontales de *guano* supportant un dépôt de 3 mètres de puissance, appartenant à l'alluvion ancienne, renfermant des empreintes de coquilles marines ; et sur cette alluvion, contrairement à ce qui a lieu ordinairement, sont placées plusieurs strates de guano recouvertes par le sable de l'alluvion actuelle. Le plus ordinairement, l'extraction du guano a lieu à ciel ouvert ; cependant la *huanera de Chipana* est exploitée par des travaux souterrains poussés au-dessous de l'agglomérat salin et arénacé (*caliche*).

Dans la *huanera de Punta de lobos*, le *guano de pajaro* en strates horizontales légèrement ondulées est d'un brun très-foncé ; il renferme du *guano de lobo* comme l'indiquent des ossements de marsouins, de phoques (*lobos*), et les pierres polies elliptiques qui caractérisent les déjections de ces animaux. On attaque la masse au pic et à la poudre. Le guano mis en sac est glissé sur des radeaux (*balsas*) qui le transbordent ensuite sur de petits bâtiments (*guaneros*). Les ouvriers reçoivent une piastre (5 francs 40 centimes) par jour, la nourriture et de l'eau douce que l'on est obligé d'aller chercher au rio Loa quand les navires en chargement n'en apportent pas.

La *huanera de Pabellon de Pica* prend son nom du village de *Pica* placé à 30 lieues dans l'intérieur. C'est une montagne conique de 325 mètres d'altitude ; la roche cristalline, que l'on suit jusqu'à 160 mètres de hauteur, est recouverte par un grès peu ancien parfaitement caractérisé. La puissance des strates de guano superposées au grès est de 15 à 20 *varas* (1). Le pro-

______

(1) La vara = 0^m.816.

III.

duit le plus estimé provient d'un escarpement de plus
de 200 *varas* de largeur que recouvre un amas de
sable. Dans la zone inférieure, les strates sont séparées
par une alluvion ancienne de 2 à 3 *varas* d'épaisseur
et d'une grande dureté. Une soixantaine d'ouvriers
sont établis sur la *huanera*, dont la rade est assez profonde pour que les bâtiments *guaneros* y jettent l'ancre
à 25 *varas* de l'embarcadère.

La *huanera del Puerto-Ingles* est un petit promontoire à moins d'un mille de distance de *Puerto pabellon;* on en tire tout le *guano* nécessaire aux cultures
de *Taracapa*. Comme à *Chipana*, les travaux sont exécutés sous le *caliche*.

La *huanera de Iquique y patillos*, située au nord de
Pabellon, est un îlot dans la rade d'*Iquique:* ce gisement est à peu près épuisé; on en extrait du *huano
blanco* que les oiseaux y déposent journellement.

La *huanera de Punta grande* est un promontoire à
4 lieues au nord d'*Iquique*. Le *guano* remplit plusieurs
ravins (*quebradas*) ouverts dans une roche quartzeuse
feldspathique, en relation avec un calcaire; il est
comme enseveli sous du sable venant du *cerro de Tara-
paca* qui domine la localité; aussi est-on obligé d'ex-
ploiter par des travaux souterrains.

Plus au nord, on connaît encore des gîtes de *guano*
peu importants et d'un accès fort difficile; tels sont
ceux que l'on aperçoit entre les morros de *Vigas y
Carreta*, ou bien encore ceux des îles de *Ballista*, à
l'ouest de *Pisco;* mais c'est dans cette zone que sont
les trois îles de *Chincha*, les plus riches en guano ammoniacal et qui alimentent l'exportation pour l'Europe. Elles sont par 14 $\frac{1}{2}$ degrés de latitude australe,

et 78° 47′ de longitude occidentale, à environ 12 milles à l'ouest-nord-ouest de Pisco, à 3 lieues du continent, et alignées dans une direction nord-sud, séparées par deux passes, l'une de 500 varas, l'autre de 800 varas de largeur; les côtes qu'elles présentent vers le sud et vers l'ouest sont coupées à pic. Le guano en occupe toute la superficie, formant une protubérance qui s'affaisse en talus jusqu'au bord des escarpements. C'est sous le vent de l'île la plus septentrionale que la plupart des navires viennent charger. Les sommets les plus élevés des îles de *Chincha* ne dépassent pas 86 varas (1); leur base de granit talqueux (*protogyne*) est entourée de récifs, d'autant plus périlleux qu'il règne presque constamment une très-forte brise, la *paracá*, depuis 10 heures à 11 heures du matin jusqu'au coucher du soleil; la réverbération du sol, la poussière en suspension dans l'air élèvent singulièrement la température, aussi les ouvriers ne travaillent-ils que pendant la nuit. Le guano est en strates horizontales, assez souvent ondulées, contournées vers leurs extrémités; elles sont rougeâtres vers le haut, d'un gris plus ou moins clair vers le bas. Le guano y est partout excellent, excepté dans les assises inférieures où il est mêlé de *huano de lobo*. On exploite à ciel ouvert. Dans les *tailles* on rencontre des fissures remplies de cristaux de sels ammoniacaux; on trouve aussi dans ces *hua-*

---

(1) Les sommets les plus élevés sont, d'après les officiers de la marine française :

Iles du nord......	64 mètres.
— du centre.....	70 —
— du sud.......	61 —

7.

neras des œufs pétrifiés, des plumes, des ossements et même des oiseaux momifiés.

A 30 ou 40 mètres au-dessus de la mer, M. Bland a vu, çà et là, le sol jonché de blocs de granit analogues aux roches alpines erratiques dispersées sur les pentes du Jura. Ces blocs reposent sur le guano, et ils sont comme encaissés dans des squelettes de *guanaes.* Sur des points assez nombreux, le guano n'est pas immédiatement en contact avec la roche granitique; ses strates reposent sur un dépôt de sable, fragment de protogyne désagrégée, semblable par sa nature et son aspect à l'alluvion que l'on rencontre sur la côte du Pérou.

Les premières notions sur la nature du guano sont dues à Fourcroy et Vauquelin; dans un échantillon rapporté par Humboldt des îles de *Chincha,* ils ont trouvé (1) :

« 1° De l'acide urique en partie saturé par de l'ammoniaque et par de la chaux ;

» 2° De l'acide oxalique combiné à de l'ammoniaque et à de la potasse ;

» 3° De l'acide phosphorique uni aux mêmes bases et à de la chaux ;

» 4° De petites quantités de sulfate de potasse, de chlorure de potassium et de chlorhydrate d'ammoniaque ;

» 5° Un peu de matière grasse ;

» 6° Du sable en partie quartzeux, en partie ferrugineux. »

La composition du guano ammoniacal était défini-

---

(1) *Annales de Chimie,* 1re série, t. LVI, p. 258.

tivement fixée ; Fourcroy et Vauquelin n'hésitèrent pas à le considérer comme des excréments d'oiseaux. Depuis on y a reconnu de faibles proportions de xanthine, de guanine ; toutes les analyses ayant d'ailleurs été faites au point de vue des applications agricoles, on s'est généralement borné à doser l'azote, l'ammoniaque, les phosphates et la matière organique.

Guano d'Angamos, sur la côte de la Bolivie.

C'est un *guano blanco* d'un jaune pâle, remplissant des nids accolés les uns aux autres, formant ainsi des groupes du poids de plusieurs quintaux, fixés aux parois ou intercalés dans les fissures de rochers inaccessibles pour tout autre qu'un Indien *volteador* qui, en se tenant suspendu par une corde au-dessus de l'abîme, parvient à les détacher.

Matière organique	70,21	52,92
Phosphate de chaux	5,75	18,60
Acide phosphorique uni à d'autres bases que la chaux	3,48	1,08
Sels alcalins	9,37	8,99
Silice, sable	3,55	7,08
Eau	7,64	11,33
	100,00	100,10
Phosphate soluble	7,55	2,35
Phosphate insoluble (de chaux)	5,75	18,60
Phosphate total	13,30	20,95
Azote dosé	20,09	14,38
Équivalant à ammoniaque	24,36	17,44

Une analyse faite sur un autre échantillon d'un *guano d'Angamos* a donné :

Matières organiques et sels ammoniacaux..	56,03 (1)
Acide phosphorique.....................	7,14
Phosphates de fer et d'alumine..........	0,85
Acide sulfurique.....	0,39
Chaux............................	3,67
Magnésie..........................	0,50
Potasse...........................	2,51
Soude	1,62
Chlorure de sodium..................	3,56
Silice et sable..	1,46
Eau..............................	22,28
	100,00
Azote dosé........................	17,41
Représentant ammoniaque.............	21,12

De 100 parties d'un guano des îles de Chincha, M. Ure a obtenu :

Matières solubles dans l'eau :

Sulfate de potasse............	6,00 (2)		
Chlorhydrate d'ammoniaque....	3,00 = ammoniaque	0,95
Phosphate d'ammoniaque......	14,32		4,62
Sesquicarbonate d'ammoniaque..	1,00		0,34
Sulfate d'ammoniaque.........	2,00		0,50
Oxalate d'ammoniaque........	3,23		0,89
Matière organique.....	17,45		
	47,00		

---

(1) L'acide urique, l'acide oxalique sont compris dans les matières organiques. (Analyse de **M. Nesbit**.)

(2) Avec traces de sulfate de soude.

Matières insolubles dans l'eau :

Urate d'ammoniaque.........	14,73 = ammoniaque	1,23
Phosphate ammoniaco-magnésien	4,50	0,32
Phosphate de chaux tribasique..	22,00	
Oxalate de chaux.	1,00	
Silice et sable..	1,25	
Matières organiques indétermi-nées.....	9,52	
	53,00	8,85

De quinze analyses faites par **M**. Nesbit sur des échantillons provenant des îles de *Chincha*, on a pour composition moyenne :

Matières organiques et sels ammoniacaux.	52,52 (1)
Phosphate de chaux....	19,52
Acide phosphorique................	3,12
Sels alcalins...........	7,56
Silice et sable.....	1,46
Eau..........................	15,82
	100,00
Phosphate de chaux soluble (neutre)....	6,76
Phosphate de chaux insoluble (basique).	19,52
Phosphate total............	26,28
Azote dosé.....................	14,29
Répondant à ammoniaque	17,32

(1) Ces matières organiques comprennent l'acide urique et l'acide oxalique.

Examens de guanos péruviens faits au laboratoire de chimie agricole du Conservatoire des Arts et Métiers.

D'un guano du Pérou, de qualité exceptionnelle et supposé sec, probablement un *huano blanco* bien conservé, on a retiré :

Acide urique et oxalate d'ammoniaque. ..	66,2
Carbonate d'ammoniaque..............	traces
Phosphate de chaux et de magnésie.....	29,02
Phosphates et chlorures alcalins........	4,06
Sulfates alcalins	traces
	100,00

Deux échantillons de guano du Pérou ont donné, sur 100 parties :

	I.	II.
Acide phosphorique.........	12,80	17,11
Soit phosphate de chaux basique.	27,74	37,08
Eau.....................	22,39	8,92
Azote total...............	7,70	12,05

Un échantillon de *huano blanco* des îles de Chincha exposé depuis plusieurs années à l'air libre, dans une armoire, était couvert d'une multitude de petits cristaux de sel ammoniac, il n'émettait presque plus d'odeur. De 100 parties on a obtenu :

Acide phosphorique..............	11,35
Soit en phosphate de chaux tribasique.	24,60
Sels autres que le phosphate de chaux.	9,90
Sable......................	2,00
Ammoniaque toute formée..........	7,00
Azote total....................	8,05

Comme 7 d'ammoniaque équivalent à 5,76 d'azote, on voit qu'il y avait dans ce guano 2,29 d'azote qui constituait probablement de l'acide urique.

De 100 parties d'un guano des îles de Chincha considéré comme de première qualité, on a retiré :

Acide phosphorique....	15,24
Acide sulfurique........	1,41
Acide nitrique.........	0,19
Chlore..............	0,30
Ammoniaque........	7,82
Potasse.......	2,56
Soude............	0,26
Chaux...............	13,33
Silice et sable	1,47
Eau.....	10,10
	52,68

On a dosé :

Azote total............	13,40
Cendres	35,60

Comme les 13,33 de chaux, pour constituer du phosphate tribasique, n'exigeraient que 11,42 d'acide, 3,82 d'acide phosphorique étaient unis à d'autres bases.

7,82 d'ammoniaque contiennent..	6,44 d'azote.
L'azote total dosé étant.........	13,40
Il reste.....................	6,96

d'azote formant, pour la plus grande partie, de l'acide urique, c'est-à-dire près de 21 pour 100. — Un guano examiné par Fourcroy et Vauquelin en renfermait 25 pour 100.

Dans 100 parties d'un guano brun des îles de Chincha, conservé aussi depuis plusieurs années à l'air libre, nous avons trouvé :

Acide phosphorique.	12,5

Soit en phosphate de chaux tribasique...	27,40
Sels autres que les phosphates.	18,15
Sable.	1,20
Ammoniaque toute formée.	8,90
Azote total.	8,62

8,90 d'ammoniaque représentant 7,43 d'azote, il y avait dans ce guano 1,29 d'azote entrant probablement dans la constitution de l'acide urique.

	Guanos de			
	Lobos.	Pabellon de Pica (1).	Ile de Los Patos (2).	de Bolivie (3).
Matières organiques et sels ammoniacaux..	46,10	33,50	32,45	23,00
Phosphate de chaux basique.	19,30	28,80	27,45	41,78
Acide phosphorique..	3,71	2,70	3,37	3,17
Sels alcalins, etc.	11,54	14,45	7,38	11,71
Silice et sable.	2,55	5,05	2,55	7,34
Eau.	16,80	15,50	26,80	13,00
	100,00	100,00	100,00	100,00
Phosphate de chaux soluble.	8,03	5,85	7,30	7,20
Azote dosé.	10,80	6,13	5,92	3,38
Représentant ammoniaque.	11,88	7,44	7,18	4,10

(1) Par 21 degrés de latitude sud, sur la côte péruvienne (Nesbit).

(2) Près de la côte de la Californie.

(3) Gisement plus au sud que l'embouchure du rio Loa.

Voici les analyses de guanos provenant de deux points extrêmes de la côte orientale de l'océan Pacifique, de la Patagonie et de la Californie.

Guano de l'île Elide, près de la côte de Californie (1).

	I.	II.	III
Matières organiques, etc.........	34,50	33,00	27,37
Phosphate de chaux tribasique...	24,05	25,97	14,35
Acide phosphorique..........	2,19	2,0	»
Phosphate de fer et d'alumine...	»	»	13,80
Sels alcalins, etc.............	7,16	10,18	»
Sulfate de chaux hydraté.......	»	»	9,46
Carbonate de chaux..........	»	»	3,12
Silice et sable.............	3,60	3,80	25,90
Eau....................	28,50	25,00	6,00
	100,00	100,00	100,00
Phosphate de chaux soluble duobasique.................	4,75	4,45	»
Azote dosé................	6,98	5,71	1,34
Représentant ammoniaque......	8,46	6,93	1,62

Guano des îles Falkland.

	I	II	III
Matières organiques...........	28,68	18,00	17,35
Phosphate de chaux tribasique..	20,28	20,12	16,61
Acide phosphorique..........	»	»	»
Phosphate de fer et d'alumine...	3,76	5,50	4,85
Sels alcalins.................	4,90	9,31	»
Sulfate de chaux hydraté.......	4,45	9,87	29,14
Silice et sable.............	23,93	26,60	28,65
Eau	19,00	10,60	3,40
	100,00	100,00	100,00
Azote dosé................	2,26	0,56	0,63
Représentant ammoniaque......	2,74	0,68	0,77

(1) Analyses de M. Nesbit.

Dans la mer Caraïbe, dans le golfe du Mexique, on a découvert plusieurs gisements assez importants de guano.

	Ilot de Pedro-Key, côte de Cuba.	Côtes du Mexique (1) I.	II.
Matières organiques............	6,16	17,96	13,56
Phosphate de chaux tribasique...	48,52	8,01	25,60
Sels alcalins................	0,90	6,89	»
Chaux.....................	0,85	»	»
Magnésie...................	1,09	»	»
Sulfate de chaux hydraté.......	1,92	9,51	10,86
Carbonate de chaux..........	21,71	1,82	46,14
Oxyde de fer et alumine........	1,00	5,09	»
Silice et sable..............	0,45	38,38	0,60
Eau......................	17,40	12,34	3,24
	100,00	100,00	100,00
Azote dosé	0,28	3,45	0,21
Représentant ammoniaque......	0,34	4,19	0,26

	Swan (Islande).	Ile de Navasa entre la Jamaïque et St-Domingue (2).
Matières organiques, etc......	11,74	8,77
Phosphate de chaux tribasique.	31,70	40,75
Phosphate de fer et d'alumine..	2,25	27,71
Oxyde de fer et d'alumine....	16,12	9,59
Sels alcalins, etc..........	2,82	»
Sulfate de chaux hydraté.....	1,33	2,06
Carbonate de chaux........	2,79	2,27
Silice et sable.............	22,15	5,85
Eau.....................	9,00	3,00
	100,00	100,00
Azote dosé.	0,25	0,21
Représentant ammoniaque....	0,30	0,26

Comme termes de comparaison, je présenterai la composition de quelques guanos venus d'Afrique.

(1) Analyses de M. Nesbit.
(2) Analyses de M. Nesbit.

L'île d'*Ichaboe* dans la proximité de la côte ouest d'Afrique, à 400 milles au nord du cap de Bonne-Espérance, par 26 degrés de latitude sud et 14 degrés de longitude orientale, comptés de Greenwich, est habitée par une multitude de pingouins et de *gannets*.

Lors de la découverte du guano à *Ichaboe* on en estimait la quantité à plusieurs centaines de mille tonnes. Au commencement de son exploitation cette matière était d'excellente qualité, mais les importations postérieures ont consisté en excréments d'oiseaux récemment déposés et mêlés à des substances terreuses.

On a aussi importé en Europe des *guanos* de quelques autres points des côtes d'Afrique, des baies de *Saldanha* et d'*Algoa*.

Dans le guano d'Ichaboe de bonne qualité, importé en Angleterre immédiatement après la découverte du gisement, M. Nesbit a trouvé :

Matières organiques, etc.	41,52
Phosphate de chaux tribasique	20,08
Phosphate de magnésie	1,83
Phosphate de potasse	4,71
Potasse	1,05
Soude	0,34
Chlorure de sodium	1,61
Sulfate de chaux hydraté	2,38
Oxyde de fer et alumine	0,48
Silice et sable	0,44
Matières indéterminées	0,16
Eau	25,50
	100,00
Azote dosé	7,92
Représentant ammoniaque	9,60

Dans le guano importé en 1858, on a dosé :

	I	II
Matières organiques.........	17,50	17,49
Phosphate de chaux tribasique.	21,97	20,45
Chaux..................	»	1,06
Magnésie..............	»	2,43
Sels alcalins.............	12,55	3,75
Sulfate de chaux hydraté....	»	5,17
Carbonate de chaux.......	13,35	»
Oxyde de fer et alumine.....	5,53	traces
Silice et sable...........	15,60	33,65
Eau..................	13,50	16,00
	100,00	100,00
Azote dosé.............	2,89	3,07
Représentant ammoniaque...	3,51	3,72

	Guano de Saldanha.	Algoa.
Matières organiques........	10,30	3,22
Phosphate de chaux tribasique.	13,96	10,10
Phosphate de magnésie......	1,41	»
Phosphate de fer et alumine..	6,17	»
Sels alcalins.............	0,90	»
Oxyde de fer et alumine.....	1,47	»
Sulfate de chaux hydraté....	7,99	71,13
Silice et sable...........	48,80	1,55
Eau..................	9,00	14,00
	100,00	100,00
Azote dosé..............	1,69	0,42
Représentant ammoniaque...	2,05	0,51

Les caractères des guanos dont les gisements sont éloignés des côtes du Pérou sont, comme l'analyse l'a constaté : une grande richesse en acide phosphorique et l'absence presque complète de matières azolées. Ce sont ces guanos qui, ayant été importés en Angleterre, comme étant d'origine péruvienne, causèrent une certaine perturbation dans les transactions ; car, quoi qu'on ait dit en leur faveur, l'unique élément utile qu'ils contiennent, le phosphate, ne saurait avoir la qualité, et par conséquent la valeur d'un guano ammoniacal dans lequel il entre, indépendamment de l'acide phosphorique, de l'azote immédiatement assimilable par les plantes. Je ne conteste pas néanmoins leur faculté fertilisante ; ils agissent comme phosphate, et leur emploi dans certaines circonstances pourra être très-avantageux. Je crois, d'ailleurs, qu'il serait facile de les rendre ammoniacaux en procédant comme je l'ai fait sur quelques échantillons, en mettant à profit la propriété qu'ils possèdent, quand ils sont secs et en poudre, d'absorber une proportion d'eau qui va à 0,10, à 0,15 sans qu'ils cessent d'être pulvérulents.

J'ai commencé par déterminer, à l'aide d'un essai préliminaire, combien d'eau absorbaient 100 de guano terreux. J'ai trouvé 12. Alors j'ai incorporé 12 d'une dissolution saturée, soit de nitrate de soude, soit de sulfate d'ammoniaque. Ce guano terreux, devenu *azoté*, pourrait être épandu sur le sol avec autant de facilité qu'un engrais pulvérulent quelconque. La mixture préparée avec le sulfate émettait une faible odeur ammoniacale à cause de l'humidité et de la présence du carbonate de chaux. Quand je considère le bas prix des sels employés, je ne doute pas que l'on puisse avantageusement *animaliser* les guanos terreux et leur communiquer à un certain degré les qualités des guanos du Pérou.

Il y a quelques années, je reçus du gouvernement de la république de l'Équateur un guano découvert dans une des îles Galapagos. Un essai donna pour 100 parties :

Phosphate de chaux tribasique...... 60,3
Azote 0,7
Sable et argile 19,0

C'était une substance pulvérulente d'un jaune pâle, à peu près privée de substances azotées. Cependant, comme, d'après un Rapport que l'on m'avait adressé, son action comme engrais était bien plus favorable qu'on n'aurait dû l'attendre du phosphate seul, j'eus l'idée d'y rechercher l'acide nitrique, et j'y trouvai, en nitrates, l'équivalent de 3 de nitrate de potasse pour 100. Or, il n'est pas douteux que 60 kilogrammes de phosphate, additionnés de 3 kilogrammes de salpêtre, n'aient sur la terre un effet bien autrement avantageux que le même phosphate exempt d'azote assimilable. Ainsi étaient expliqués les effets qu'avait produits le guano terreux des îles Galapagos.

On n'avait pas encore signalé les nitrates dans les guanos; depuis j'ai rencontré l'acide nitrique dans tous ceux que j'ai pu examiner, dans les guanos ammoniacaux du Pérou comme dans les guanos terreux. Voici le procédé suivi pour constater la présence de cet acide :

La matière pulvérisée est mise en digestion à froid pendant vingt-quatre heures dans de l'alcool à 80 degrés centésimaux. La liqueur alcoolique est évaporée au bain-marie; le résidu est repris par un peu d'eau dans laquelle il est facile de reconnaître les nitrates, soit par le cuivre et l'acide sulfurique, soit par l'indigo (1).

Nitrates exprimés en nitrate de potasse dans 1 kilogramme de guano :

Guano du Pérou	4,70	grammes.
— des îles de Chincha. .	3,80	—
— des îles de Chincha. .	1,10	—
— blanco	2,75	—
— du Chili	6,0	—
— terreux des îles Jervis.	5,0	—
— des îles Baker	3,2	—
— du golfe du Mexique. .	0,1	—
— de chauves - souris d'une grotte des Pyrénées	20,0	—

On voit que dorénavant, dans l'examen chimique des guanos et particulièrement des guanos terreux, il conviendra de rechercher les nitrates, puisque dans l'acide de ces sels il entre de l'azote assimilable que l'on n'y soupçonnait même pas.

J'ajouterai que le guano de Galapagos, dénué de matières organiques, présente l'association du phosphate de chaux avec du nitrate, et que les bons effets de ce mélange sur la végétation justifient pleinement les vues que j'ai présentées sur l'association des phosphates naturels, des coprolithes avec le nitrate de soude du Pérou, comme moyen de constituer un engrais

---

(1) *Comptes rendus de l'Académie des Sciences*, 1er semestre, année 1859.

III.   8

énergique qui renfermerait deux des éléments les plus importants des engrais, l'acide phosphorique et l'azote assimilable.

Les guanos terreux que je viens de mentionner à l'occasion des nitrates qu'ils renferment appartiennent à ces matières phosphatées que depuis quelques années la marine des États-Unis va chercher dans les îles de l'océan Pacifique. Les îles Baker et Jervis, dans lesquelles on a surtout trouvé des gisements fort importants de ces guanos, sont situées sous l'équateur (latitude sud, 0°03′) et à 155 et 180 degrés à l'ouest du méridien de Greenwich. Elles sont formées de coraux, sans eau douce, sans végétation ; leur sol ne s'élève pas au delà de quelques mètres au-dessus du niveau de la mer. Leur superficie est peu étendue; elles sont fréquentées par des oiseaux qui s'y reposent pendant la nuit. Aux excréments déposés par les *guanaes*, s'ajoutent les débris de poissons, de tortues, apportés pour la nourriture des petits, les restes des oiseaux qui viennent y mourir. Dans l'île Jervis, les détritus sont recouverts par une croûte de 1 centimètre d'épaisseur. Dans l'île Baker, entourée de récifs d'un mille carré, le dépôt est pulvérulent, et il est vraisemblable qu'il serait beaucoup plus abondant si, en raison de sa ténuité, le vent n'avait pas d'action sur lui ; son épaisseur, de 0^m,15 sur la limite, atteint 1 mètre vers le centre. Je n'ai pas trouvé d'acique urique dans ces matières, mais des nitrates, comme je l'ai dit, et des débris d'herbes marines. Dans le guano de l'île Baker, il y a des masses aussi dures que de la pierre, dont M. Bobierre a déterminé la proportion en même temps qu'il en a donné la composition.

Dans 258 kilogrammes de ce guano expédié à Nantes, il y avait :

Matière pulvérulente.........	157 kilog.
En fragments..............	96 —
Perte pendant l'opération.....	5 —
	258 kilog.

M. Bobierre a trouvé pour 100 :

	Dans la matière pulvérulente.	Dans les morceaux
Phosphate de chaux......	43,2	73,0
Sulfate de chaux........	30,0	5,0
Sable................	2,0	1,0
Eau et matière organique..	20,8	18,5
Complément et perte......	4,0	2,5
	100,0	100,0

M. Barral a obtenu d'un échantillon de ce même guano :

Acide phosphorique.....	37,97
Acide sulfurique........	1,02
Chlore..............	0,24
Chaux..............	39,43
Sable et argile.........	0,20
Matières organiques.....	9,53
Magnésie et perte......	1,18
	100,00

Le guano terreux de l'île Jervis contiendrait :

	I (1).	II (2).
Phosphate de chaux.....	60,0	69,00
Sulfate de chaux........	10,5	3,25
Matières organiques.....	15,0	20,25
Sable	1,5	0,25
Sels alcalins	»	2,25
Eau................	13,0	6,00
	100,0	100,00

(1) Analyse de M. Bobierre.
(2) Analyse de MM. Tesmacher et Smith.

8.

Depuis, M. Liebig a fait un examen très-approfondi des guanos de ces deux îles (1) : « Sous le microscope,
» ils offrent un aspect très-différent. Le guano Baker
» présente des grains arrondis, transparents, blanc-
» jaunâtre et brunâtre ; on y distingue de très-petites
» verrues parmi lesquelles on reconnaît des cristaux
» de phosphate ammoniaco-magnésien. La poudre
» du guano Jervis apparaît poreuse et à vives arêtes
» comme de la pierre ponce pulvérisée, et d'une cou-
» leur blanc-jaunâtre. La partie principale du guano
» Baker est du phosphate de chaux mélangé d'un peu
» de plâtre ; le guano Jervis contient près de la moitié
» de plâtre. »

Cette forte proportion de sulfate de chaux provient des circonstances particulières où est placé ce guano. L'île Jervis, formée de corail, est entourée d'une sorte de muraille circulaire de 6 à 9 mètres de hauteur, qui s'abaisse graduellement, d'un côté vers les récifs, de l'autre vers l'intérieur, élevé de 2 à 3 mètres seulement au-dessus de la mer. Près du rivage, le sol est un mélange de sable et de guano ; la végétation, peu abondante, consiste en une herbe rude au toucher (*Mesembryanthemum, Portulaca*) qui disparaît au centre de l'île ; là le corail est recouvert d'une couche de chaux sulfatée, tantôt compacte, tantôt cristalline, sur laquelle repose le guano. Sur quelques points, la chaux sulfatée cristallisée est mélangée de sel marin. Le guano est en plaques blanches, dures, translucides comme la porcelaine ; mais généralement elles sont colorées par des matières organiques. A l'état de pu-

____

(1) Munich, juillet 1860.

reté, il possède une composition remarquable en ce qu'elle répond à celle du biphosphate de chaux PO^5, $2\,CaO$, HO.

Eau éliminable à 100 degrés..........	0,1
Eau de constitution............. ...	9,6
Chaux...........................	38,3
Acide phosphorique...............	50,1
Acide sulfurique	1,6
Matières non déterminées; perte.......	0,3
	100,0 (1).

Comme moyenne de plusieurs analyses, M. Liebig adopte pour la composition des deux guanos :

	Guano Baker.	Guano Jervis.
Acide phosphorique................	40,270	17,601
Magnésie.....................	2,207	0,638
Phosphate de fer	0,126	0,160
Chaux......................	43,379	34,839
Acide sulfurique................	0,941	37,021
Chlore.....................	0,132	0,203
Potasse....................	0,171	0,456
Soude.....................	0,676	0,232
Ammoniaque (AzHO)............	0,068	0,039
Acide nitrique	0,451	0,313
Substances organiques { Azote........	0,862	0,534
Carbone......	3,096	2,458
Hydrogène....	3,800	3,000
Sable	0,009	0,617
Eau volatilisable à 100 degrés........	3,945	12,118
	100,133	100,259

____

(1) Hague. *Silliman Journal*, septembre 1862.

ou, pour le guano Baker :

Phosphate de chaux tribasique (PO⁵, 3 CaO)........	78,798
Phosphate de magnésie......................	6,125
Phosphate de fer......................	0,126
Sulfate de chaux..........................	0,134
Acide sulfurique, potasse, soude, chlore, matières organiques et eau......................	14,950
	100,133

pour le guano Jervis :

Phosphate de chaux tribasique (PO⁵, 3 CaO). 17,397 ⎫ 33,43	
Phosphate de chaux duobasique (PO⁵, 2 CaO). 16,026 ⎭	
Phosphate de magnésie.................	1,241
Phosphate de fer......................	0,160
Sulfate de chaux......................	44,549
Acide sulfurique, potasse, soude, chlore, matières organiques et eau.................	20,886
	102,259

L'îlot de *Howland*, dont la superficie n'atteint pas 1 mille carré, ressemble beaucoup à l'île *Baker* : c'est une terre basse (son nom l'indique), surélevée de 3 à 4 mètres au-dessus de l'Océan ; au couchant, elle est couverte de végétation ; au centre, on y trouve des broussailles où perchent des oiseaux. Le guano est déposé comme une traînée du nord au sud. D'après M. Hague, on y rencontre deux variétés de guano : l'une, ayant la nuance la plus claire, formant la couche inférieure, contient peu de débris de végétaux ; l'autre, d'une couleur plus foncée, est mêlée d'une multitude de fibrilles de racines. L'analyse de ces deux variétés a donné :

	I.	II.
Eau dégagée à 100 degrés....	1,8	4,1
Perte par la calcination...................	8,7	22,6
Matières insolubles dans l'acide chlorhydrique.	2,0	2,0
Chaux..............................	42,0	36,9
Magnésie..........................	2,6	1,2
Acide sulfurique.....................	1,3	0,6
Acide phosphorique....................	39,7	30,8
Acide carbonique, chlore, alcalis et substances non dosées.....................	1,9	1,8
	100,0	100,0

Comme pseudomorphes intéressants trouvés dans ce guano, M. Hague cite des fragments de corail enfouis depuis longtemps, dont presque tout l'acide carbonique a été remplacé par l'acide phosphorique. Quelques-uns de ces coraux renferment jusqu'à 0,70 de phosphate de chaux.

Toutes ces matières dérivent, à n'en pas douter, des déjections des oiseaux de mer. Ainsi, dans l'île Baker, les excréments récemment rendus par le *Pelecanus aquilus,* que les navigateurs nomment la *Frégate,* sont convertis graduellement en une substance brune, friable, d'une odeur ammoniacale, ayant tous les caractères du guano ordinaire :

Eau éliminée à 100 degrés.......................	10,4
Matières organiques détruites par l'incinération........	36,9
Substances insolubles dans l'acide chlorhydrique.......	0,8
Chaux	22,4
Magnésie	1,5
Acide phosphorique...........................	21,3
Acide sulfurique	2,4
Acide carbonique, chlore, alcalis non dosés et perte......	4,3
	100,0

Le guano phosphaté de la même localité ne diffère des déjections du *Pelecanus aquilus* que par une moindre proportion de matières organiques :

		Guano de l'île Baker.
Eau éliminée à 100 degrés	2,9	1,8
Matières organiques détruites par l'incinération.	8,3	8,5
Chaux	42,7	42,3
Magnésie	2,5	2,8
Acide phosphorique	39,7	40,1
Acide sulfurique	1,3	1,2
Acide carbonique, chlore, alcalis non dosés et perte	2,6	3,3
	100,0	100,0

La grande différence qui existe entre la constitution du guano ammoniacal des îles de Chincha, par exemple, et celles des guanos terreux des îles Baker, Jervis et Howland est d'autant plus étonnante que l'on sait que, même dans les régions équinoxiales, il pleut très-peu en mer, à une grande distance des côtes. Un navigateur, qui a fréquenté ces parages, m'a assuré que la pluie est en effet très-rare. Serait-ce par un effet des lames de mer déferlant dans les gros temps sur ces îlots, que, dans certaines huaneras, s'altèrent si profondément les guanos du Pérou ? Mais alors pourquoi y a-t-il si peu de chlorure de sodium dans les guanos Baker et Jervis ?

Je ne sais s'il convient de ranger parmi les guanos des matières extrêmement riches en acide phosphorique, recueillies principalement dans le golfe du Mexique, introduites en Angleterre, aux États-Unis sous la dénomination de *phosphatics guanos*, et qu'on exploite principalement dans l'île de Sombrero, par 18° 35′ de latitude nord et 63° 28′ à l'ouest de Greenwich, non loin de l'île Saint-Thomas. Le gisement consiste en une falaise de 10 à 12 mètres de hauteur, qui s'étend sur toute la longueur de la côte. En moins de deux années, on en a extrait plus de 70 000 tonnes. La surface de l'île, de 1 mille carré, est recouverte d'un tuf siliceux sur une profondeur de 1 mètre, au milieu duquel on trouve le phosphate dans lequel j'ai dosé des nitrates en faible proportion. Dans ce dépôt, on rencontre des troncs d'arbres pétrifiés, des empreintes de coquilles marines, des débris de mammifères.

M. Nesbit donne pour la composition de ce produit :

Matières organiques	6,90
Acide phosphorique	36,35
Chaux	32,30
Magnésie	0,29
Sulfate de chaux hydraté	0,51
Carbonate de chaux	4,58
Oxydes de fer et alumine	13,37
Sels alcalins	0,20
Silice	1,00
	100,00
Représentant phosphate de chaux	78,76
Azote dosé	0,14
Représentant ammoniaque	0,17

Le guano ammoniacal du Pérou, choisi dans les meilleures qualités, pris dans le même dépôt, présente néanmoins des différences dans sa composition, dans sa teneur en azote ou en ammoniaque. Cependant il est hors de doute que, pour les échantillons analysés en Europe, ces différences tiennent souvent à une altération de la matière, même en faisant abstraction des falsifications. Le guano exposé à l'air perd continuellement du carbonate d'ammoniaque, et quand, par suite d'avaries subies pendant la navigation, il a été mouillé, cette perte devient très-forte. Aussi la Compagnie, commise à Londres pour la vente de ce produit, a-t-elle soin de trier les parties plus ou moins avariées de ceux qui ont échappé aux éventualités résultant d'un transport par mer, en les classant sous trois dénominations : *altérée, très-altérée, mouillée*, et en les considérant comme guanos de qualités inférieures dans lesquels la proportion d'azote est amoindrie, soit par le fait de la volatilisation de l'ammoniaque, soit par un accroissement d'humidité. Dans un même chargement, M. Nesbit a dosé, dans 100 parties de guano :

	Non altéré.	Altéré.	Très-altéré.	Mouillé.
Azote.....	14,3	11,3	9,9	8,4

J'ajouterai que l'élimination de l'ammoniaque a certainement lieu par une exposition prolongée à l'air libre. Ainsi, deux échantillons de guano des îles de Chincha d'excellente qualité, après être restés pendant plusieurs années sur la tablette d'une armoire, ne contenaient plus, pour 100, que 8,05 et 8,65 d'azote. Quand il n'a pas subi d'avarie et qu'il a été conservé en vase clos, on peut admettre en moyenne que le guano ammoniacal renferme de 13 à 15 d'azote pour 100.

Voici un relevé des dosages d'azote dans le guano ammoniacal parvenus à ma connaissance :

Origines.	Azote dans 100 parties.	Autorités.
Angamos	17,2	Nesbit, moyenne de 8 dosages.
Iles de Chincha.	14,3	Nesbit, moyenne de 15 dosages.
Iles de Chincha	14,0	Boussingault.
Iles de Chincha.	13,1	Boussingault.
Pérou, sans autre désignation..	13,4	Payen et Boussingault.
Pérou, sans autre désignation..	13,3	Girardin.
Pérou, guano blanco.	16,9	Girardin.
Huanera de l'abellon de Pica..	6,0	Nesbit, moyenne de 3 dosages.
Ile de Lobos, Pérou	7,5	Nesbit, moyenne de 2 dosages.
Bolivie.	3,7	Nesbit, moyenne de 15 dosages.
Chili.	5,2	Nesbit.
Chili.	3,3	Girardin, moyenne de 4 dosages.
Patagonie.	2,2	Girardin, moyenne de 4 dosages.
Patagonie : îles Falkland.	1,9	Nesbit, moyenne de 10 dosages.
Californie.	4,4	Nesbit, moyenne de 4 dosages.
Afrique : îles d'Ichaboe.	4,0	Nesbit, moyenne de 6 dosages.
Afrique : baie de Saldanha.	1,0	Nesbit, moyenne de 5 dosages.
Océan Pacifique : île Baker	0,6	Nesbit.
Océan Pacifique : île Jervis	0,3	Barral.
Océan Pacifique : île Jervis	0,4	Nesbit.
Océan Pacifique : île Galapagos.	0,7	Boussingault.
Antilles.	0,2	Nesbit, moyenne de 12 dosages.
Australie: baie de Schark.	0,6	Nesbit, moyenne de 3 dosages.

En considérant ces résultats dans leur ensemble, on voit ressortir ce fait, que les huaneras fournissent deux sortes de produits : le guano ammoniacal, mélange de phosphates terreux, d'urates, de sels à base d'ammoniaque, et le guano terreux formé essentiellement de phosphate de chaux et à peu près dénué de matières organiques azotées.

Dans les deux espèces, il y a un élément de fertilité commun, les phosphates, particulièrement le phosphate de chaux, dont la moindre partie est à l'état de phosphate soluble qui explique bien sa faculté fertili-

sante ; l'autre, qui domine, le phosphate de chaux tribasique, complétement insoluble dans l'eau pure,
dont l'effet, en raison même de cette insolubilité, serait nul sur la végétation si, par suite de réactions ac-
complies dans le sol, il ne passait pas à l'état de phosphate soluble. Or, des observations intéressantes, dues
à M. Malaguti, établissent qu'un guano riche en matières organiques et en composés ammoniacaux,
comme l'est celui des îles de *Chincha,* porte en soi les
réactifs nécessaires pour, au contact de l'eau, par
conséquent dans une terre humide, opérer la transformation du phosphate tribasique en phosphate soluble assimilable par les plantes. Ces expériences sont
si intéressantes au point de vue de la théorie générale
des engrais, que je crois devoir les reproduire.

» S'il est vrai que les engrais sont d'autant plus ac-
» tifs que leurs principes fertilisants sont plus solu-
» bles, dit M. Malaguti, les agriculteurs appren-
» dront, non sans quelque intérêt, comment on peut
» augmenter la solubilité des phosphates du guano
» des îles de Chincha, et partant leur faculté fertili-
» sante. Il suffit, pour cela, de délayer le guano dans
» l'eau et de le laisser en contact avec le liquide pen-
» dant quelque temps.

» Voici les faits qui le prouvent : 1 kilogramme de
» guano du Pérou (à 14 pour 100 d'azote et 26 pour
» 100 de phosphate tribasique de chaux), après être
» resté en contact avec 4 kilogrammes d'eau pendant
» vingt-quatre heures, et à la température ordinaire
» (15 à 17 degrés), a abandonné à ce liquide une
» quantité d'acide phosphorique correspondant à
» 15 grammes de phosphate tribasique de chaux.

» On a répété la même expérience dans les mêmes
» conditions, à cela près que le contact de l'eau et
» du guano a duré dix jours. L'acide phosphorique
» qu'on a trouvé en dissolution équivalait à 21 gram-
» mes de phosphate tribasique.

» Enfin une troisième expérience a été prolongée
» pendant vingt-cinq jours. Cette fois, on a constaté
» dans l'eau assez d'acide phosphorique pour repré-
» senter 76 grammes de phosphate tribasique.

» Ainsi, à la température ordinaire, 1 kilogramme
» de bon guano du Pérou a abandonné à l'eau :

» En vingt-quatre heures, l'acide phosphorique de
» 15 grammes de phosphate tribasique de chaux ; en
» dix jours, de 21 grammes ; en vingt-cinq jours, de
» 76 grammes.

» Avant d'aller plus loin, qu'il me soit permis de
» rapprocher cette expérience de laboratoire de ce
» qui se passe en grand lorsqu'on emploie le guano
» comme engrais.

» On sait que le guano produit peu d'effet dans les
» années très-sèches, et que la condition la plus favo-
» rable au développement de l'action fertilisante de
» cet engrais, c'est une légère pluie succédant à son
» épandage. N'est-il pas évident que cette pluie con-
» tribue non-seulement à faire pénétrer dans le sol
» les principes naturellement solubles du guano, mais
» à rendre solubles d'autres principes qui ne le sont
» pas par eux-mêmes ?

» D'anciennes expériences, dues à plusieurs chi-
» mistes, et entre autres à MM. Dumas et Boussin-
» gault, ont montré que les phosphates insolubles, et
» notamment celui à la base de chaux, passent en

» partie à l'état de phosphate acide soluble, par l'ac-
» tion prolongée des matières organiques. Pour ma
» part, il ne m'est jamais arrivé d'examiner un phos-
» phate renfermant des substances organiques, sans
» que j'y aie trouvé des quantités plus ou moins sen-
» sibles de phosphate acide. Ce qui se passe donc
» pour le guano du Pérou, sous l'influence de l'eau,
» aurait pu être prévu, puisque cet engrais renferme
» des substances organiques en forte proportion.

» Je doute cependant que telle soit la cause prin-
» cipale du phénomène ; car s'il est certain que les
» substances organiques tendent à rendre solubles les
» phosphates, il est également certain que leur action
» dissolvante est très-lente.

» J'ai lavé avec soin 1 kilogramme du même guano
» du Pérou qui a servi aux précédentes expériences,
» et ensuite je l'ai délayé dans 4 kilogrammes d'eau
» distillée, dans laquelle j'ai introduit 40 grammes de
» chair musculaire en poudre, 50 grammes de tourbe
» et 10 grammes d'excréments de serpent boa. En
» faisant ce mélange, je me suis proposé de soumettre
» le guano à l'action des matières organiques, tout en
» le mettant à l'abri de l'action des sels solubles qui lui
» sont propres, et qu'un lavage préalable avait enlevés.

» Après vingt-cinq jours de contact et après avoir
» agité le mélange plusieurs fois par jour, j'ai filtré
» et cherché l'acide phosphorique à l'état de dissolu-
» tion dans le liquide. Je n'en ai trouvé qu'une quan-
» tité correspondant à 10^{gr},50 de phosphate triba-
» sique de chaux, c'est-à-dire sept fois moins que
» celui donné par le même poids de guano non lavé.

» Ou je me trompe fort, ou cette expérience prouve

» que, toutes choses égales d'ailleurs, les substances
» organiques contribuent dans une faible mesure à
» donner de la solubilité au phosphate de chaux in-
» soluble du guano du Pérou, et que probablement
» les sels propres à cet engrais sont la cause principale
» de ce résultat.

» Mais quels sont ces sels, quelle est leur proportion
» et comment peuvent-ils rendre soluble le phosphate
» de chaux?

» Les analyses les plus rigoureuses ont montré que
» les sels solubles contenus dans le guano du Pérou
» des îles de Chincha s'élèvent à 14 ou 15 pour 100,
» et que, parmi eux, on trouve des chlorures et des
» oxalates alcalins et ammoniacaux. Or, on sait, à la
» suite de nombreuses expériences faites par diffé-
» rents chimistes, et notamment par M. Liebig et par
» M. Bobierre, que plusieurs sels alcalins ont la pro-
» priété de dissoudre sensiblement le phosphate de
» chaux, et moi j'ajouterai qu'il y en a qui le décom-
» posent et qui font entrer son acide phosphorique
» en une nouvelle combinaison soluble; tels sont les
» oxalates ammoniacaux. Effectivement, si l'on fait
» bouillir ensemble des proportions convenables de
» phosphate tribasique de chaux et d'un oxalate alca-
» lin acide, la chaux du phosphate passe presque
» entièrement à l'état d'oxalate, tandis que l'alcali de
» l'oxalate passe à l'état de phosphate soluble. Si l'on
» répète l'expérience avec un oxalate alcalin neutre,
» tel que celui de potasse, par exemple, la décompo-
» sition aura encore lieu, mais dans des proportions
» plus restreintes.

» On peut affirmer, sans crainte d'erreur, que si le

» contact prolongé du guano du Pérou avec l'eau
» donne une certaine solubilité à cet engrais, c'est
» par suite de l'action dissolvante des sels qu'il ren-
» ferme, et que tout engrais de ce genre, ne contenant
» pas de sels solubles, serait très-peu sensible à l'ac-
» tion de l'eau. En effet, 1 kilogramme de guano du
» Pérou, après avoir été appauvri de toute sorte de sels
» solubles, au moyen du lavage, a été laissé en contact
» avec 4 kilogrammes d'eau pendant vingt-cinq jours.
» Dans le liquide filtré on a trouvé une quantité d'a-
» cide phosphorique correspondant à 3 grammes de
» phosphate tribasique, ou $\frac{3}{1000}$ du guano employé.
» Il importe de remarquer que ce guano, quoique
» lavé, ne contenait pas moins des matières organiques
» azotées, qui ont donné naissance à du carbonate
» d'ammoniaque, sel qui agit pour son compte sur le
» phosphate de l'engrais, en rendant soluble une cer-
» taine proportion. Il est inutile de dire qu'un guano
» qui serait dépourvu de sels solubles et de substances
» organiques serait à peine sensible à l'action de l'eau.
» On peut s'en assurer en abandonnant pendant
» vingt-cinq jours au contact de l'eau du guano Ba-
» ker préalablement lavé et privé, par conséquent, de
» tout le phosphate soluble qu'il renferme. C'est à
» peine si, après ce laps de temps, on trouve en dis-
» solution dans l'eau assez d'acide phosphorique pour
» correspondre à $\frac{1}{1000}$ du guano. On sait que le guano
» Baker ne renferme guère de substances organiques.
» En résumé, si le guano est de bonne qualité, s'il
» renferme des sels solubles alcalins et ammoniacaux
» et des substances organiques azotées, son contact
» assez prolongé avec l'eau, préalablement à son in-

« troduction dans le sol, augmentera sa puissance
» fertilisante.

» Si le guano ne renferme ni sels solubles ni sub-
» stances azotées, l'action préalable de l'eau sera sans
» effet, et, pour qu'il en soit autrement, il faudra (sui-
» vant les conseils de M. Liebig) lui ajouter des sub-
» stances salines solubles, telles que quelques mil-
» lièmes de sel marin. L'addition de cette substance
» sera d'ailleurs fort utile, quelles que soient la qua-
» lité et la provenance du guano. »

M. Liebig avait déjà constaté cette transformation
du phosphate basique de chaux du guano en phosphate de chaux soluble, et il n'avait pas hésité à l'expliquer par l'action des oxalates.

M. Liebig admet que le guano doit surtout ses propriétés fertilisantes aux phosphates terreux et alcalins,
et que c'est la présence de ces sels qui lui donne une
supériorité incontestable sur les autres engrais azotés.
Le phosphate de chaux est, avec les sels ammoniacaux, l'élément prépondérant; et cependant, si l'on
introduit dans le sol une quantité de ce phosphate
venant d'une autre source, des os par exemple, quatre
à cinq fois plus forte que celle contenue dans le
guano, en y ajoutant des sels d'ammoniaque, on en
augmentera sans doute l'action fertilisante, mais l'effet
produit sur la récolte est incomparablement moindre.
Cette différence dépend de l'action de l'acide oxalique
renfermé dans les guanos de bonne qualité sur le phosphate de chaux.

D'abord, il ne faut pas perdre de vue que la constitution des guanos est assez variable, et qu'ils contiennent des quantités fort différentes d'oxalates.

III.   9

Si l'on traite du guano par l'eau, que l'on filtre immédiatement, le liquide fournit par l'évaporation des cristaux d'oxalate neutre d'ammoniaque: dans l'eau mère on trouve du sulfate et du phosphate de la même base ; mais si, au lieu de filtrer, on laisse digérer le mélange pendant quelque temps, tout se passe différemment : l'acide oxalique diminue de plus en plus dans le liquide à mesure que l'on prolonge la digestion, et à sa place on a de l'acide phosphorique ; après vingt-quatre heures, l'acide phosphorique uni à l'ammoniaque est en proportion suffisante dans le liquide pour former un abondant précipité de phosphate ammoniaco-magnésien quand on y verse une solution de sulfate de magnésie. L'apparition du phosphate d'ammoniaque est due à ce que l'oxalate, une fois dissous, réagit sur le phosphate de chaux, et que, d'une double décomposition, il en résulte du phosphate d'ammoniaque soluble et de l'oxalate de chaux insoluble.

Cependant il y a un fait qui semble contredire cette explication, c'est que le phosphate de chaux tribasique et même le phosphate bibasique sont à peine modifiés en séjournant dans une dissolution d'oxalate d'ammoniaque. D'après M. Liebig, la réaction serait déterminée par la présence du sulfate d'ammoniaque qui dissout un peu de phosphate calcaire. Ce sel est alors décomposé à mesure qu'il entre en dissolution : la chaux est précipitée par l'acide oxalique de l'oxalate d'ammoniaque ; l'acide phosphorique constitue des phosphates solubles, et la réaction continue aussi longtemps que le sulfate d'ammoniaque la favorise en dissolvant le phosphate de chaux.

Dans le guano mis en contact avec l'eau, la transformation de l'oxalate d'ammoniaque en phosphate a lieu d'abord assez rapidement, puis elle se ralentit singulièrement, à ce point qu'elle n'est pas complète, même après plusieurs jours ; mais si l'eau avec laquelle on a humecté le guano est acidulée par de l'acide sulfurique, la décomposition est terminée en quelques heures : on ne trouve plus d'acide oxalique dans le liquide, mais bien son équivalent en acide phosphorique. C'est un moyen que le cultivateur pourrait employer pour assurer la transformation du phosphate de chaux insoluble en phosphate soluble.

Dans cet ordre d'idées, il est évident que l'acide oxalique a dans le guano une utilité méconnue jusqu'à présent.

Il semble d'ailleurs hors de doute que les guanos terreux et les guanos ammoniacaux ont une même origine : les déjections et les dépouilles des oiseaux de mer. La disparition de l'ammoniaque est due probablement à des circonstances locales, telles que l'abondance et la fréquence des pluies qui favorisent naturellement la décomposition des substances organiques et la dissolution des sels à base d'ammoniaque.

La partie du littoral de la mer du Sud où gît le guano ammoniacal offre en effet cette particularité, que sur une étendue considérable, depuis Tumbes jusqu'au désert d'Atacama, la pluie est pour ainsi dire inconnue, tandis qu'en dehors de ces limites, au nord de Tumbes, dans les forêts impénétrables et marécageuses du Choco, il pleut presque sans interruption. A Payta, placé au sud de cette province, lorsque je m'y trouvai, il y avait dix-sept ans qu'il n'avait plu. Plus au sud encore, à Chocopé (latitude, 7° 46′ sud on citait comme un événement mémorable la pluie de 1726 ; il est vrai qu'elle dura pendant quarante nuits, car elle cessait pendant le jour.

La rareté des pluies dans ces contrées est attribuée à la permanence et à l'intensité des vents sud-sud-est. C'est en mai et juin qu'ils soufflent avec le plus de force. Le ciel est alors d'une admirable pureté ; la température baisse par l'effet de ces courants d'air venus des régions polaires australes, qui annoncent la fin de l'été (*verano*).

Il n'y a pas d'orage sur cette côte péruvienne. Un habitant de Piura, de Séchura, s'il n'a pas voyagé, n'a jamais entendu le bruit du tonnerre. Cependant, on se tromperait singulièrement si l'on s'imaginait que la sécheresse est permanente sur le littoral. Pendant plusieurs mois la terre est abreuvée sans recevoir de pluie ; les vallées, les coteaux se couvrent de verdure. C'est qu'il arrive une époque où le vent des régions australes est remplacé par un vent du nord à peine perceptible, si faible, qu'il a tout juste la force nécessaire pour faire mouvoir une girouette, pour agiter les banderoles des navires ; c'est une légère agitation de l'air, un calme indécis indiquant que la brise sud-sud-est a cessé. A partir de ce changement, de juillet à novembre, l'atmosphère prend un aspect tout différent, que le vent, en reprenant peu à peu, avec mollesse, la direction normale sud-sud-est, ne modifie qu'avec lenteur. On est alors en plein hiver (*invierno*). A la vive lumière dont le pays était inondé a succédé un demi-jour qui attriste l'esprit. Le ciel est voilé par un épais brouillard ; ce n'est plus que rarement, pendant quelques éclaircies, que l'on aperçoit le soleil ; régulière-

ment, entre 10 heures et midi, de la vapeur vésicu-
laire s'élève et se maintient à une certaine hauteur où
elle devient un nuage. Pendant ce mouvement ascen-
sionnel, une partie du brouillard se résout en bruine,
en *garua* qui mouille la terre à la manière de la rosée.
Les *garuas,* c'est l'expression indienne, ne sont jamais
assez abondantes pour rendre les chemins impratica-
bles, pour pénétrer les vêtements les plus légers ; mais
par leur persistance, elles introduisent dans le sol
assez d'eau pour le rendre fertile, pour le maintenir
dans un état convenable d'humectation quand le vent
du sud, reprenant son impétuosité, les chasse et s'oppose à leur apparition. D'ailleurs, sur des points heureusement assez nombreux du littoral, l'aridité est
seulement à la surface ; à une certaine profondeur,
on rencontre une nappe aquifère dont l'origine est
dans la Cordillère. Les eaux pluviales que reçoivent
les montagnes des Andes, à moins d'être extrèmement
abondantes, ne parviennent pas toujours jusqu'à la
mer; durant un parcours de vingt à trente lieues,
elles sont absorbées par le sable, et, comme cela a
lieu à Piura, à Séchura, pour les trouver, il faut creu-
ser le lit des torrents desséchés. C'est à la fois à cette
imbibition d'un sol arénacé et à la fréquence des
bruines ou *garuas* que le pays compris entre Tumbes
et le Chili doit de ne pas être un désert sur toute son
étendue.

C'est précisément dans cette zone où la pluie est
assez rare pour être considérée comme un événement,
entre Payta et le rio Loa, que sont situés les gîtes de
guano ammoniacal. Au delà, plus au nord, comme
plus au sud de ces points extrêmes, le guano exposé

aux pluies tropicales est généralement dépourvu d'ammoniaque, de sels solubles ; un sel insoluble a résisté, c'est le phosphate de chaux, la base et le caractère des guanos terreux.

Pour que le guano ait été accumulé en aussi énormes quantités dans les huaneras, il a fallu le concours de circonstances aussi favorables à sa production qu'à sa conservation : un climat d'une sécheresse exceptionnelle sous lequel les oiseaux n'aient pas à se garantir de la pluie ; des accidents de terrain offrant des crevasses, des anfractuosités, où ils pussent reposer, pondre et couver à l'abri des fortes brises du sud ; enfin une nourriture telle qu'ils la trouvent dans les eaux qui baignent la côte péruvienne. Nulle part au monde le poisson n'est plus abondant. Il arrive quelquefois, pendant la nuit, comme j'en ai été témoin, qu'il vient échouer vivant sur la plage en nombre prodigieux, comme s'il voulait échapper à la poursuite d'un ennemi (1).

Un des navigateurs espagnols qui accompagnèrent les académiciens français à l'équateur, Antonio de Ulloa, rapporte que « les anchois sont en si grande
» abondance sur cette côte, qu'il n'y a pas d'expres-
» sion qui puisse en représenter la quantité. Il suffit
» de dire qu'ils servent de nourriture à une infinité
» d'oiseaux qui leur font la guerre. Ces oiseaux sont
» communément appelés *guanaes*, parmi lesquels il y
» a beaucoup d'*alcatras*, espèce de cormoran ; mais
» tous sont compris sous le nom général de *guanaes*.
» Quelquefois, en s'élevant des îles, ils forment

----

(1) Les requins sont fort communs dans ces eaux.

» comme un nuage qui obscurcit le soleil. Ils met-
» tent une heure et demie à deux heures pour passer
» d'un endroit à un autre, sans qu'on voie diminuer
» leur multitude. Ils s'étendent au-dessus de la mer
» et occupent un grand espace ; après quoi, ils com-
» mencent leur pêche, d'une manière fort divertis-
» sante ; car, se soutenant dans l'air en tournoyant à
» une hauteur assez grande, mais proportionnée à
» leur vue, aussitôt qu'ils aperçoivent un poisson ils
» fondent dessus la tête en bas, serrant les ailes au
» corps et frappant avec tant de force, qu'on aperçoit
» le bouillonnement de l'eau d'assez loin. Ils repren-
» nent ensuite leur vol en avalant le poisson. Quel-
» quefois ils demeurent longtemps sous l'eau et en
» sortent loin de l'endroit où ils s'y sont précipités,
» sans doute parce que le poisson fait effort pour
» échapper et qu'ils le poursuivent disputant avec
» lui de légèreté à nager. Ainsi on les voit sans cesse
» dans l'endroit qu'ils fréquentent, les uns se laissant
» choir dans l'eau, les autres s'élevant ; et comme le
» nombre en est fort grand, c'est un plaisir que de
» voir cette confusion. Quand ils sont rassasiés, ils se
» reposent sur les ondes ; au coucher du soleil ils se
» réunissent, et toute cette nombreuse bande va cher-
» cher son gîte. On a observé, au *Callao*, que les oiseaux
» qui se gîtent entre les îles et les îlots situés au nord
» de ce port vont dès le matin faire leur pêche du
» côté du sud, et reviennent le soir dans les lieux d'où
» ils sont partis. Quand ils commencent à traverser le
» port, on n'en voit ni le commencement ni la fin (1). »

(1) Ulloa, t. I, p. 186.

La rareté des pluies, comme la prédominance des vents du sud, l'abondance extraordinaire du poisson et des oiseaux pêcheurs sur ces côtes, n'avaient pas échappé à l'attention des premiers Espagnols qui foulèrent le sol péruvien. Un des historiens qui fut aussi un des acteurs de la conquête, *Agustino Zarate*, écrivait au xvie siècle : « Ceux qui ont soigneusement
» examiné la chose prétendent que la cause naturelle
» de ce phénomène (le manque de pluie) est le vent
» du sud qui règne pendant toute l'année sur les côtes
» et dans la plaine, où il souffle avec tant de violence,
» qu'il emporte les vapeurs qui s'élèvent de la terre
» et de la mer sans qu'elles puissent monter assez
» haut en l'air pour s'y rassembler et former des
» gouttes de pluie. Le même vent est aussi la cause
» qui fait que les eaux de la mer du Sud courent tou-
» jours vers le nord, ce qui rend si difficile la traver-
» sée de Panama au Pérou.

» Dans la vallée où *Lima* est situé, ajoute *Zarate*,
» le séjour y est fort agréable parce que l'air y est si
» tempéré, qu'en aucune saison on n'est incommodé
» par le froid ou par la chaleur. Pendant les quatre
» mois durant lesquels on a l'été en Espagne, on
» sent à Lima un peu plus de fraîcheur qu'il n'en fait
» dans le reste de l'année, et il y tombe alors le ma-
» tin, jusque vers midi, une sorte de rosée menue, à
» peu près comme les brouillards que l'on voit à Val-
» ladolid.

» Tout le long de la côte, on y trouve des poissons
» de toute espèce, surtout des veaux marins qui
» sont la pâture des vautours. Il y a aussi des oiseaux
» nommés *alcatras*, ressemblant à nos poules ; ils sont

» fort communs, puisqu'on les observe partout sur un
» espace de plus de 200 lieues ; ces oiseaux se nour-
» rissent de poissons de mer (1). »

Sous un climat aussi constant, sur un sol que
l'action érosive des météores aqueux ne modifie
pas ; sur des plages où les marées sont à peine per-
ceptibles, où l'on ne voit nulle part des dunes en-
vahissantes, l'aspect de la nature est immuable. En
1832, sur ces rivages baignés par l'océan Pacifique,
j'assistais à ces mêmes scènes qu'avaient décrites Ulloa,
Fraiziers et, bien avant eux, Zarate. Des *alcatras,*
des *phenicopterus,* des *ardeas,* se livraient à la pêche
comme sous le règne des Incas. A Piura on trouvait
encore de l'eau en creusant dans le lit du torrent desséché. A Chocopé il n'avait pas plu depuis 88 ans. Le rio
Tumbes entrait dans la mer avec le même calme, et
peut-être qu'en cherchant bien on aurait reconnu sur
ses bords les traces laissées par cette poignée de soldats intrépides qui le franchirent en 1531, pour exécuter, avec un éclatant succès, l'entreprise la plus au-
dacieuse qu'on ait jamais tentée. Les bandes de Pizarre
et d'Almagro avaient passé par là pour aller s'emparer
du Pérou, et pas un de ces hardis compagnons ne dai-
gna jeter un regard sur ces inépuisables gisements de
salpêtre, sur ces *huaneras* dont l'importance dépasse
aujourd'hui celle des mines les plus productives du
nouveau monde.

Les intéressants travaux géodésiques que M. Francisco de Rivero a exécutés en 1844, par ordre du

---

(1) ZARATE. *Histoire de la Conquête du Pérou,* t. 1

gouvernement péruvien, ont donné pour la surface et pour le contenu des huaneras :

Huaneras du sud.	Surface en varas carrées.	Varas cubiques de guano.
Chipana........	46 767	561 204
Huanilos.......	158 242	3 825 010
Punta de lobos..	138 576	2 921 580
Pabellon de Pica.	240 801	5 950 000
Puerto-Ingles....	127 251	2 585 020
	713 637	15 842 814

Huaneras du centre.	Surface en varas carrées.	Varas cubiques de guano.
Iles de Chincha : du nord....	557 551	15 200 000
— du milieu...	531 925	12 900 000
— du sud	360 748	8 400 000
	1 450 224	36 500 000
Huaneras de viejas, carretta, balesto, estimé à...		60 000
		36 560 000
En réunissant ces nombres on a pour le guano existant en 1844........................		52 402 814
Pour le guano d'extraction impossible, ou pour le guano enlevé avant 1844..................		6 157 186
Guano ayant existé dans les huaneras..........		58 560 000

On a trouvé pour le poids de la vara cubique de guano :

1 200 livres espagnoles.
1 400   —   —
1 600   —   —

Un guano gris obscur a même pesé 1700 livres.

Si, comme il est vraisemblable, ces pesées ont été prises sur du guano extrait, elles sont certainement trop faibles, car la matière avait dû foisonner; en place, elle devait peser davantage. Quoi qu'il en soit, nous accepterons 1400 livres espagnoles pour le poids de la vara cubique de guano, soit 645 kilogrammes.

Ainsi on aurait :

Pour le guano existant en 1844..   338 millions de quint. métr.
Pour le guano ayant existé dans les huaneras..............   378   —

Dans cette évaluation ne sont pas compris les gisements au sud du rio Loa, parce qu'ils appartiennent au Chili, ni ceux que l'on connaît au nord des îles de Chincha jusqu'à Payta où je les ai vus reposer sur des schistes noirs argileux dont les sommets paraissaient couverts de neige.

Généralement les *huaneras* appartiennent à l'État. Le commerce du guano est concédé à des agents chargés de vendre le produit aux États-Unis, en Angleterre et en France, pour le compte du gouvernement. En Angleterre, depuis 1842, la consommation du guano a été en augmentant.

Années.	Quantités importées en tonnes (1).	Années.	Quantités importées en tonnes.
1842	20 400	1850	116 920
1843	30 000	1851	243 010
1844	104 250	1852	129 890
1845	283 300	1853	123 170
1846	89 200	1854	235 110
1847	82 390	1855	305 000
1848	74 414	1856	191 500
1849	83 440		

(1) *Statistic of the United Kingdom.*

Le guano importé ne provenait pas en totalité des *huaneras* du Pérou.

	1846	1847	1848	1849	1850	1851
	Tonnes.	Tonnes.	Tonnes.	Tonnes.	Tonnes.	Tonnes.
Guano du Pérou....	22410	57760	61055	73567	95080	199730
Guano d'autres prov.	66790	24630	10359	9871	21840	43280
Total......	89200	82390	74414	83438	116920	243010

En France, la consommation du guano a été bien loin d'atteindre ces chiffres. D'après le tableau du commerce général avec les colonies et les puissances étrangères, publié par l'administration des douanes dans la période décennale commençant avec l'année 1846, on a

Années : 1846.......	3 130 tonnes (1).
1847.......	1 506
1848......	5 383
1849......	3 523
1850.......	1 429
1851.......	3 801
1852......	9 244
1853......	12 405
1854.......	12 449
1855.......	19 191
	72 061

En 1844, lorsque M. F. de Rivero exécutait ses travaux topographiques, on a vu qu'il y avait dans les huaneras près de 34 millions de tonnes de matières, et comme l'exportation, de 1846 à 1851, a été de 509579 tonnes (2), ou 532000 tonnes si l'on y com-

---

(1) La tonne de 1000 kilogrammes.

(2) En adoptant pour l'année 1845 la quantité exportée en 1846.

prend l'année 1845, il restait, en 1852, dans les huaneras, plus de 33 millions de tonnes de guano. Actuellement la principale exploitation a lieu dans les îles
de Chincha, où il devait y avoir, en 1844, 36 500 000
varas cubiques, soit 23 542 500, et en 1852 à peu près
23 millions de tonnes de guano. Si, comme on l'assure, l'extraction annuelle s'est élevée dans ces derniers temps à 350 000 tonnes, les gîtes seraient épui-
sés en une soixantaine d'années. Mais il paraîtrait que
l'exportation annuelle a été bien supérieure à 350 000
tonnes, puisque, d'après le Rapport d'une commission
péruvienne instituée en 1853, le guano existant était :

Dans l'île du nord....	4 189 500	tonnes.
Dans l'île du centre...	2 506 000	
Dans l'île du sud.....	5 680 700	
	12 376 200	

Enfin, suivant des documents transmis en 1857 à la
Chambre des communes de la Grande-Bretagne, il
ne resterait plus dans les trois îles que 8 600 000 tonnes
de guano (1).

L'exploitation des îles de Chincha est affermée par
l'État à un entrepreneur auquel on alloue 10 réaux
pour chaque tonne de guano exportée. On y emploie
environ 1000 ouvriers, parmi lesquels on en compte
un grand nombre appartenant à cette race chinoise
destinée à faire librement, en Amérique, le travail des
esclaves (2). Dans l'île du nord les travaux sont exécutés par des forçats.

-----

(1) La tonne anglaise de 1016 kilogrammes.

(2) Ces hommes, soumis à un travail excessif, n'ont, pour réparer
leurs forces, qu'une nourriture insuffisante : par jour, 500 grammes

Le guano détaché de diverses *tailles* exploitées (*frentes*) est réuni en tas (*montones*) de 4 à 500 tonnes sur une esplanade établie près d'un escarpement d'où part un boyau incliné de toile à voile, ayant l'aspect et portant le nom de manche (*manga*), dont l'ouverture inférieure aboutit dans la cale du navire en chargement. Un canal clos, comme l'est une *manga*, est indispensable pour charger sans perte notable une matière légère et pulvérulente telle que le guano sec, si l'on considère surtout que le chargement a lieu pendant la *paraca* qui souffle avec une telle force, qu'elle soulève une poussière assez épaisse pour obscurcir l'atmosphère, à ce point, qu'à certains moments on n'aperçoit plus les bâtiments qui sont à l'ancre, attendant qu'ils puissent accoster l'embarcadère principal situé au nord-ouest de l'île septentrionale.

Les gisements de guano sont tellement considérables, que l'on a douté qu'ils fussent bien réellement formés par des excréments d'oiseaux appartenant à l'époque actuelle. Humboldt était très-enclin à les considérer comme antédiluviens, comme des amas de coprolithe ayant conservé leur matière organique originelle. Il reculait devant l'âge qu'il faudrait assigner à ces dépôts dont l'épaisseur atteint quelquefois 30 mètres, parce qu'il supputait qu'en trois siècles les déjec-

---

de riz cuit à l'eau et un peu de poisson fumé ou salé. L'eau, le plus souvent mauvaise, est leur unique boisson. Ils couchent sur le guano. On les engage en Chine pour se livrer en Amérique aux travaux de l'agriculture. Une fois arrivés aux îles de Chincha, ils éprouvent une profonde déception; ils deviennent nostalgiques et finissent par se laisser mourir de faim, quand ils ne se jettent pas à la mer. (Note empruntée à M. Cuzent.)

tions des oiseaux qui fréquentent les îles de Chincha ne dépasseraient pas une épaisseur de 1 centimètre.

M. F. de Rivero croit, au contraire, que cette prodigieuse accumulation de guano est tout naturellement expliquée par la multitude des *guanaes*, désignés sur les côtes du Pérou sous les noms de *piqueros*, *sarcillos*, *gaviotas*, *alcatras*, *pajaros-ñinos*, *patillos*, etc (1). Si aujourd'hui, dit-il, malgré la persécution qu'ont soufferte et que souffrent encore les *guanaes*, on en voit néanmoins des milliards sur les récifs ou sur les sommets escarpés des îlots, qu'était-ce avant l'occupation du Pérou par les Européens, lorsqu'ils étaient pour ainsi dire les seuls habitants du littoral ! Il ajoute que pour concevoir la formation du guano des îles de Chincha, évalué à 500 millions de quintaux espagnols, il suffit d'admettre, ce qui n'a rien d'exagéré, qu'un *guanaes* rend chaque nuit une once d'excrément et que toutes les vingt-quatre heures 264 000 de ces oiseaux fonctionnent dans les *huaneras*. En 6000 ans, M. F. de Rivero ne va pas au delà par égard pour la date du déluge, le guano déposé pèserait 361 millions de quintaux, et l'on ne doit pas oublier qu'aux déjections se sont ajoutées nécessairement les dépouilles des oiseaux. 264 000 *guanaes* habitant à la fois les îles de *Chincha* est un nombre que l'on ne répugne aucunement à accepter quand on a vu se mouvoir ces nuées de vola-

---

(1) D'après les naturalistes qui ont voyagé au Pérou, les oiseaux aquatiques les plus abondants parmi les *guanaes*, ou générateurs de guano, sont : les *alca* (pingouins). les *aptenodytes* (manchots). les *procellaria* (pétrels). les *sterna inca* (hirondelles de mer), les *larus catarrhactes* (cordonniers). les *pelecanus* (grands-gousiers). les *pelecanus Gaimardi* (cormorans).

tiles dont, pour employer l'expression d'Ulloa, « on » n'aperçoit ni le commencement ni la fin, » qui font naître l'obscurité, et, en rasant la surface de la mer, empêchent un navire de manœuvrer. Ce nombre peut d'ailleurs subir une sorte de contrôle. Les *guanaes* ne pêchent que pendant la journée ; la nuit ils se retirent dans les *huaneras ;* dans l'hypothèse de M. F. de Rivero, les îles de Chincha en recevaient 264000 ; la question est donc de savoir si la place ne leur manquerait pas. Or, la surface de ces îles est de 1 450 224 varas carrées ; un guanaes y pourrait donc disposer de 5 varas $\frac{6}{10}$, soit à peu près 4 mètres carrés sur lesquels il se trouverait parfaitement à l'aise.

Que le guano appartienne à l'époque actuelle ou qu'il ait été déposé à une époque antérieure, toujours est-il qu'il représente une masse énorme de substances organiques ayant appartenu aux habitants de l'Océan, et comme les déjections dérivent des aliments, les poissons détruits par les oiseaux pêcheurs en ont été la matière première ; tous les éléments enfouis dans les *huaneras* ont incontestablement fait partie de leur organisme, et il n'est pas impossible d'estimer la quantité de poisson qui a été consommée.

En négligeant ce qu'un oiseau de mer dissipe pendant la combustion respiratoire, on est autorisé à croire que la presque totalité de l'azote de la nourriture se retrouve dans les déjections et, par conséquent, dans le guano ammoniacal qui n'est autre chose que la déjection conservée par l'effet des circonstances particulières sur lesquelles j'ai insisté précédemment. L'albumine, l'acide urique ont donné lieu sans doute à une production d'ammoniaque, ou ont éprouvé d'autres modifications dans lesquelles se trouve l'azote qui entrait dans les fèces des *guanaes*, et, nécessairement, dans le poisson digéré par ces oiseaux. Un poids donné de guano ammoniacal aura donc pour équivalent un certain poids de poisson dans lequel il entrera la même quantité d'azote.

Le guano du Pérou, quand il vient d'être extrait, lorsqu'il n'est pas avarié, renferme, comme nous l'avons vu, en moyenne, environ 14 pour 100 d'azote.

Des recherches que j'ai faites il y a quelque temps m'autorisent à admettre que le poisson, à sa sortie de la mer, contient 2,3 d'azote pour 100 (1).

Ainsi 100 kilogrammes de guano contiendraient l'azote de 600 kilogrammes de poisson de mer, et puisque, dans les *huaneras*, avant qu'on eût poussé aussi activement leur exploitation, il y avait 378 millions de quintaux métriques de guano, on aurait pour équivalent 2268 millions de quintaux de poisson de mer.

Telle a dû être, en effet, l'énorme quantité de poissons dévorés, dans le cours des siècles, par une suite de générations non interrompues de *guanaes* ; et les 53 millions de quintaux d'azote qui s'y trouvaient avaient réellement appartenu à l'atmosphère, car l'azote, comme je l'ai énoncé depuis longtemps, n'a pas d'autre gisement primitif (2) ; en voici la preuve :

---

(1) Le poisson entier, non vidé, était desséché à l'étuve, pulvérisé et analysé.

(2) BOUSSINGAULT, *Annales de Chimie et de Physique*, 2e série, t. LXXI, p. 116, année 1839.

III.   10

Les êtres organisés ont dans leur constitution des sels minéraux, du carbone, les éléments de l'eau, de l'azote. Le carbone, dans les carbonates, dans le graphite, appartient aux plus anciennes formations ; le carbone pur, le diamant, accompagne l'or et le platine dans les détritus du granit, du gneiss, de la syénite. L'eau, d'après les belles expériences de Senarmont, a joué un rôle important dans le métamorphisme des terrains cristallins. Des éléments de l'organisme, l'azote est donc le seul qu'on ne trouve pas fixé dans les roches d'origine ignée ; nous le voyons apparaître dans les dépôts sédimentaires, là où il y a des vestiges d'êtres ayant végété ou respiré sur la terre, et tout nous porte à croire qu'il n'a pénétré dans les tissus des plantes, et, par suite, dans les tissus des animaux, qu'après avoir été transformé en acide nitrique ou en ammoniaque, états sous lesquels on le rencontre habituellement dans l'atmosphère.

Comme les houillères, comme les dépôts tourbeux, comme les diluvium à ossements et à coprolithes, les *huaneras* recèlent, en les tenant en quelque sorte sous le séquestre, des matériaux des anciens mondes que l'homme, dans son incessante activité, fait entrer dans le monde moderne. En fertilisant un champ avec leurs produits, on métamorphose en aliments les excréments des oiseaux de mer ; de même que, en brûlant des combustibles minéraux, on restitue à l'atmosphère du carbone, de la vapeur aqueuse, de l'azote qu'en avait soustraits la végétation propre à l'époque houillère. C'est ce qu'exprimait avec autant d'esprit que de vérité un illustre ingénieur anglais, G. Stephenson, en voyant avancer à toute vitesse un convoi sur un des nombreux chemins de fer qu'il avait créés. « Ce ne sont pas, disait-» il, ces puissantes locomotives dirigées par nos ha-» biles mécaniciens qui font marcher ce train, c'est la » lumière du soleil, la lumière qui, il y a des myriades » d'années, a dégagé le carbone de l'acide carboni-» que pour le fixer dans des plantes qu'une révolu-» tion du globe a ensuite modifiées en houille. »

Les restitutions des anciens mondes n'ont pas lieu seulement envers l'océan aérien, mais aussi envers le sol. Les *huaneras* renferment des substances minérales parmi lesquelles figurent le phosphate calcaire; dans le guano le plus ammoniacal d'Angamos ou des îles de Chincha, il n'y en a pas moins de 25 pour 100; les guanos terreux en sont presque entièrement formés, et l'on peut, sans aucune exagération, estimer le phosphate de chaux de ces gisements à 95 millions de quintaux métriques, de quoi former le système osseux de quatre billions d'hommes; et, cependant, ce n'est réellement là qu'une parcelle des phosphates répartis dans les divers étages de la série géologique. Dans le guano tout le phosphate a nécessairement pour origine le poisson consommé par les guanaes, ou, en prenant les choses de plus loin, la terre; ce qui a fait dire à M. Élie de Beaumont, avec une grande justesse de vue, que, dans les êtres organisés, « l'azote vient d'en » haut et le phosphore d'en bas. »

Les matériaux accumulés dans ces ossuaires des temps primitifs que l'on rencontre dans le calcaire jurassique, dans le calcaire néocomien, dans les grès verts, dans les cavernes anciennement habitées par des générations de carnassiers, les coprolithes n'ont offert, jusqu'en 1847, qu'un intérèt purement scientifique ; mais aussitôt que la Chimie eut signalé leur richesse en acide phosphorique, on comprit que, dans certaines limites, ils devaient agir comme le guano. Dès lors on les rechercha avec ardeur. Aujourd'hui l'agriculture européenne reçoit ces phosphates des extrémités du monde : des îles de l'océan Pacifique, de la mer Caraïbe, du golfe du Mexique, des côtes de l'Afrique et de l'Australie ; pour s'en procurer, les navigateurs abordent des bancs de coraux bordés de récifs qu'ils évitaient autrefois comme de dangereux écueils.

Qu'il me soit permis, en terminant, de constater que ce grand mouvement commercial, dont le résultat est la diffusion des matières fertilisantes, a eu pour unique impulsion une observation faite par un géologue éminent, le docteur Buckland, et les analyses si remarquables de l'un des membres les plus distingués de l'Académie des Sciences, M. Berthier.

ÉTUDE

SUR

LE CHAULAGE DES TERRES ARABLES.

En France, le *chaulage* dans la grande culture ne paraît pas remonter au delà du XVIᵉ siècle (1). Il en est fait mention dans le *Théâtre de l'Agriculture :* « La chaux » neuve est de grande efficace pour telles choses » (l'amendement des terres), laquelle meslée avec » quelques terriers, balieures, ou autres fumiers, et » jetée au champ au commencement de l'hyver, » l'engraisse très-bien, et selon son naturel chaud » tue les bestioles et les racines des herbes nuisantes. » En quoi la chèreté n'est tant considérable, quoi- » que la chaux coûte de l'argent, que le profit en » revenant est asseuré, comme ce mesnage s'est dès » longtemps pratiqué aux pays de Gueldres et de » Juilliers (2). » La chaux est déposée sur le sol dans une saison sèche, par tas de 25 à 30 décimètres cubes, distants de 5 à 7 mètres; en raison de la vapeur

---

(1) L'utilité de la chaux dans la culture était connue des anciens. Caton admettait que la chaux hâte la maturation chez certains arbres fruitiers. Au rapport de Pline, on la donnait à la vigne, aux oliviers, aux cerisiers; dans quelques parties des Gaules on en fertilisait les terres. Mais il n'est pas impossible que la substance désignée par Pline comme étant de la chaux ne fût autre chose que la marne.

(2) OLIVIER DE SERRES, t. I, p. 127.

aqueuse que contient toujours l'atmosphère, elle est transformée en un hydrate pulvérulent, dans lequel il entre, pour 100 de chaux vive, 32 d'eau. L'hydrate est répandu à la pelle à la surface du champ. Lorsque le temps est à la pluie, la chaux est recouverte avec de la terre humide. Elle fuse alors lentement, sans être délayée, comme cela ne manquerait pas d'arriver s'il survenait des averses et qu'elle ne fût pas abritée.

Dans quelques contrées, la chaux éteinte réduite en farine, soit spontanément, soit par une aspersion, est épandue immédiatement, en choisissant pour cette opération un temps calme; ce mode d'application a l'inconvénient d'augmenter les frais de transport, puisque 100 de chaux vive pèsent 132 après l'hydratation. Aussi, généralement, n'est-ce que pour le chaulage à faible dose, le saupoudrage du sol, que l'on procède ainsi. Toutefois, la farine est répandue sur la terre avec une grande régularité, et le cultivateur qui met à profit les époques où les attelages ont le moins d'occupation, pour s'approvisionner, ne peut guère conserver la chaux, si ce n'est hydratée, car elle tombe rapidement à cet état, qui permet d'ailleurs de faire l'épandage même par un temps pluvieux. Le chaulage devient alors très-facile : un chariot chargé de sacs d'hydrate parcourt la surface à chauler, tandis qu'on ouvre successivement pour en laisser tomber le contenu. La seule précaution à prendre est d'avancer en marchant contre le vent, afin d'éviter la poussière alcaline.

La chaux n'est pas toujours répandue directement sur les champs après son extinction. En Flandre, en

Belgique, en Normandie, dans l'Anjou, dans la Mayenne, elle est d'abord mélangée avec de la terre végétale, quelquefois même avec du fumier, des gazons, de la boue, des balayures. A cet effet, on la dépose dans des tranchées ouvertes à une extrémité des champs, où on la couvre de terre; ou bien elle est stratifiée avec les matières que l'on doit y mêler. Dans ces conditions, son extinction ou son hydratation a lieu en quelques jours; on mêle alors intimement les matières, opération que l'on renouvelle à des intervalles plus ou moins rapprochés. Ces mélanges, ces *composts,* que l'on dispose ordinairement sur le terrain en prismes triangulaires, ces *tombes* sont employés au chaulage.

Quels que soient les moyens adoptés, la chaux doit toujours être incorporée au sol par des labours peu profonds suivis de hersages. Sur une jachère bien ameublie, un seul labour suffit pour opérer l'incorporation. Il arrive souvent que l'enfouissement de la chaux a lieu lors de l'avant-dernière façon donnée à la terre que l'on veut ensemencer.

La quantité de chaux appliquée à 1 hectare est des plus variables, suivant la nature du sol, la profondeur de la couche entamée par le soc de la charrue, le prix de la matière.

En Angleterre, le pays du monde où l'on chaule le plus et surtout où l'on chaule le mieux, on donne de 215 à 270 hectolitres de chaux par hectare, quelquefois même jusqu'à 400 hectolitres, et, dans les terrains tourbeux, bien assainis, bien égouttés, cette dose extrême est même dépassée. Dans les sols légers, on ne répand que 130 à 170 hectolitres de chaux.

mais ces chaulages sont répétés plus fréquemment (1).

Dans l'ouest de la France, en circonstances ordinaires, la proportion de chaux est de 40 à 100 hectolitres à l'hectare; dans les Landes, dans les bois défrichés, elle s'élève jusqu'à 300 hectolitres (2). Quand la chaux est employée à saupoudrer des semailles, comme dans quelques parties de la Westphalie, on n'en met pas au delà de 8 à 10 hectolitres (3).

D'après les renseignements fort intéressants que je dois à M. Corenwinder, dans les environs de Lille, à Quesnoy-sur-Deule, on chaule tous les sept à huit ans; on opère généralement après la récolte du lin, lorsque l'on prépare la sole destinée à porter les navets; on emploie par hectare de 130 à 160 hectolitres de chaux, on fume aussitôt après avec 110 à 160 hectolitres d'engrais flamand.

Un habile cultivateur du département du Nord, M. E. Demesmay, à Templeuve, répartit chaque année 3000 à 4000 hectolitres de chaux sur 15 hectares, formant le huitième de sa culture : c'est 200 à 300 hectolitres par hectare tous les huit ans; il est vrai que, par l'usage de la fouilleuse, l'épaisseur de la couche arable a été successivement portée de 15 centimètres à 30 et même 35 centimètres, et comme le fumier n'a pas manqué pendant l'approfondissement d'un sol fortement glaiseux dont l'assainissement n'a pas été négligé, la récolte de blé s'est accrue

---

(1) JOHN SAINCLAIR.

(2) PIÉRARD. *Sur l'emploi de la chaux en agriculture*, p. 17.

(3) SCHWERTZ.

de moitié, et M. Demesmay a prouvé une fois de plus que le chaulage et le drainage sont les causes les plus influentes de la prospérité agricole d'un domaine.

M. Demesmay mêle souvent la chaux aux boues du lavoir de sa fabrique de sucre de betterave, à de la tannée. L'assolement de Templeuve est de huit ans; la rotation consiste en (1) :

1° Betteraves sur sole chaulée.
2° Blé.
3° Betteraves sur sole fumée.
4° Blé.
5° Betteraves sur sole fumée.
6° Blé.
7° Avoine.
8° Trèfle donnant une seule coupe, suivie d'un chaulage.

Dans le département du Nord, les cultivateurs chaulent aussi avec les écumes de défécation des fabriques de sucre, que par leur nature on doit considérer comme un véritable *compost;* on les applique à raison de 50 000 kilogrammes à l'hectare. En juillet, on les incorpore à des terres sur lesquelles on vient d'obtenir une culture d'hivernage, mélange de seigle et de vesce fauché en vert comme fourrage, que l'on doit faire suivre d'une sole de navets, de colza ou de betteraves. Les écumes de défécation produisent un excellent effet sur les prairies humides, en faisant disparaître les rumex, les mousses, les prêles.

La constitution des écumes, déterminée par M. Corenwinder, explique comment elles agissent aussi

---

(1) Lettre de M. Demesmay à M. Corenwinder.

favorablement ; elles contiennent, à l'état humide, prises après leur extraction des chaudières :

Matières organiques.........	13,0	} 16,5
Sucre....................	3,5	
Phosphate de chaux basique....	4,8	} 30,9
Chaux....................	26,1	
Eau...........................		52,6
		100,0
Dans 100 parties : Azote...........		0,6

J'ai examiné des écumes de défécation séchées par une longue exposition à l'air, provenant de la sucrerie dirigée par M. Corenwinder ; elles étaient en poudre très-ténue, d'un jaune pâle, sans aucune odeur. On y a trouvé pour 100 :

Chaux non combinée à l'acide carbonique...............	2,233		
Carbonate de chaux.........	60,237		
Phosphate de chaux tribasique	4,790	Acide phosphorique dosé..	2,21
Nitrates exprimés en nitrate de potasse................	0,184	Acide nitrique dosé......	0,0984
Silice et sable...............	1,680		
Matières minérales indéterminées..................	4,724		
Ammoniaque toute formée...	0,014	contenant azote 0,0115	} 0,8995
Matières organiques azotées..	5,553	id. 0,8880	
Matières organ. non azotées.	11,835	estimées par différence.	
Eau	8,750	dosée en desséchant à 110°.	
	100,000		

Au moment de leur production, ces écumes renferment beaucoup plus de chaux non combinée qu'après une longue exposition à l'air ; mais, dans l'état où elles ont été employées, on reconnaît que, indépendamment de l'élément calcaire qui y domine, elles constituent un engrais précieux. En effet, on y trouve le double de l'azote que l'on rencontre dans le fumier de ferme, une bien plus forte proportion d'acide phosphorique, et à peu près autant de nitrate que dans les meilleurs terreaux.

De nombreuses opinions ont été émises pour expliquer les effets si favorables du chaulage dans la culture ; on peut les résumer ainsi :

La chaux est aussi nécessaire aux plantes que les autres alcalis ; de plus, elle neutralise les acides développés dans certains sols et particulièrement nuisibles aux racines ; elle accélère et active la décomposition des détritus organiques disséminés dans la terre végétale ; elle leur fait subir graduellement un genre de modification qui les rend assimilables ; sous ce rapport elle communique une certaine énergie au fumier ; les détritus disparaissent par le chaulage qui, ainsi qu'on l'a reconnu, ne produit que peu d'effet sur les sols pauvres en humus.

La chaux agit sur les matières issues de l'organisme à la manière de la potasse, de la soude et dans les mêmes conditions, c'est-à-dire avec le concours de l'oxygène et de l'humidité.

Les principes dominants du terreau, tels que les acides bruns, les substances carbonacées analogues à la tourbe, sont azotés, et, lorsqu'on les chauffe avec de la chaux éteinte, ils donnent de l'ammoniaque, bien que, dans leur constitution, il n'entre pas toujours des sels ammoniacaux ; il est par conséquent permis de présumer que ce qui arrive à une température élevée, dans nos laboratoires, doit aussi arriver dans un champ chaulé à la température ordinaire, quoique beaucoup plus lentement. Enfin il est établi par des faits qu'on observe journellement dans l'industrie du salpêtrier, que les matières animales et végétales, associées à des substances terreuses et alcalines, donnent lieu à une formation de nitrates. Il y a donc tout lieu de croire que le chaulage tend à développer de l'acide nitrique dans la terre arable (1).

La chaux exerce aussi une action sur les éléments minéraux qui sont la base des terres fertiles : elle décompose les sulfates de fer, d'alumine, de magnésie, résultant de l'efflorescence des pyrites que l'on voit assez fréquemment dans les sols et surtout dans les sous-sols argileux. C'est ainsi que dans les terres émergées par suite du desséchement du lac de Harlem, certaines zones très-pyriteuses n'ont pu être cultivées qu'en faisant intervenir le chaulage (2).

En favorisant la désagrégation, la décomposition des particules de silicates ayant appartenu à des roches cristallines, telles que le granit, le gneiss, le micaschiste, le syénite, etc., silicates disséminés dans certaines terres végétales et dans lesquels il entre de la potasse, de la soude, le chaulage libère ces alcalis de leurs combinaisons, en même temps qu'il fait naître de la silice soluble, au plus grand profit des plantes. C'est ainsi que la chaux met en liberté la potasse que la plupart des argiles renferment à l'état latent (3), car toute terre fertile contient de la potasse, l'alcali par excellence de la végétation, l'alcali que l'on a d'abord découvert dans les végétaux et que l'on extrait encore des végétaux.

(1) Johnston, *Lectures on agricultural chemistry*, part. III.
(2) Renseignement communiqué par M. J. Wilson.
(3) Fuchs.

Une fois dans le sol, par l'acide carbonique de l'atmosphère, la chaux est transformée à la longue en un carbonate calcaire d'une extrême ténuité, et par cela même d'autant plus apte à pénétrer dans l'organisme. C'est principalement à cet état de division *chimique* que le carbonate de chaux doit la faculté de transformer promptement les sels fixes d'ammoniaque en carbonate volatil, fournissant à la fois à la plante du carbone, de l'azote assimilable, et de changer en carbonates de potasse les sulfates, les chlorures alcalins, sous les influences réunies de la terre végétale et de l'acide carbonique (1).

En ce qui concerne le chaulage au point de vue de son opportunité, il est reconnu par tous les cultivateurs qu'il convient : aux sols dans lesquels l'élément calcaire est insuffisant ; aux pâturages envahis par les joncs, les prêles, les mousses ; aux terres de qualité inférieure qu'il change en bonnes terres à blé et à légumineuses ; aux vieilles prairies retournées par la charrue, où il agit plus utilement que le fumier ; aux sols fortement argileux, dont il modifie avantageusement la constitution physique en atténuant leur plasticité. Enfin la chaux, employée à de très-hautes doses, donne les résultats les plus prononcés et les plus favorables sur les landes à bruyères, sur les terrains défrichés, sur les sols tourbeux.

Ainsi, dans l'opinion des agronomes, le chaulage exercerait deux genres d'action ; l'un sur la matière minérale, l'autre sur les débris organiques, sur l'hu-

____

(1) BOUSSINGAULT, *Économie rurale*, t. II, p. 16, 104 et 110; 2ᵉ édition.

mus du sol. C'est ce dernier genre d'action que j'ai étudié, afin de constater si, comme on est disposé à l'admettre en se fondant sur des analogies, la chaux, en faibles proportions, aux températures ordinaires de l'atmosphère, sous les seules influences de l'air et de l'humidité, transforme bien réellement en ammoniaque ou en acide nitrique l'azote des détritus végétaux, l'azote de l'humus, et afin de rechercher, dans le cas où la transformation aurait lieu, quelles en seraient les limites.

Dans les expériences que j'ai entreprises sur ce sujet, j'ai cherché, autant qu'il a été possible, à mettre la terre végétale dans les conditions où elle est dans le chaulage. J'ai tout d'abord été arrêté par une difficulté : dans quelle proportion la chaux vive devait-elle intervenir?

On a vu que les quantités de chaux données au sol sont des plus variables, puisque 1 hectare en reçoit de 8 à 10 hectolitres s'il s'agit d'un saupoudrage sur semailles, et de 300 à 400 hectolitres si le chaulage est appliqué sur des landes à bruyères ou sur des terrains tourbeux.

L'hectolitre de chaux vive obtenue d'une pierre de bonne qualité pesant 135 kilogrammes, 1 hectare chaulé en reçoit donc de 1080 à 54000 kilogrammes (1). Ce sont là des doses extrêmes ; dans nos départements de l'ouest, ces doses varient de 5400 à 40500 kilogrammes. En Angleterre, 1 hectare de

---

(1) Rien de plus variable que le poids de l'hectolitre de chaux. La densité de la chaux dépend de la densité de la pierre calcaire que l'on calcine. Le poids de l'hectolitre varie de 75 à 140 kilogrammes.

terre forte reçoit généralement 40 000 kilogrammes de chaux.

Pour exprimer ces quantités en fractions de la totalité du sol chaulé, il faut connaître la profondeur des labours et le poids du mètre cube de terre ; ces données sont fort incertaines. J'ai pris pour base de cette expression la couche cultivable de la terre du Liebfrauenberg, dont l'épaisseur est de 0^m,33, et le poids du mètre cube 1300 kilogrammes (1). En nombre rond, la terre végétale de 1 hectare pèserait par conséquent 4 millions de kilogrammes ; on aurait alors pour les doses de chaux mentionnées précédemment :

Chaux par hectare		Dans 1 de terre sèche	
En hectolitres.	En poids.	En volume.	En poids.
10	1 350^{kil}	0,00001	0,00034
40	5 400	0,00004	0,00135
100	13 500	0,00010	0,00337
300	40 500.	0,00030	0,01013
400	54 000	0,00040	0,01350

Après le chaulage, ces quantités seront loin d'être réparties uniformément dans les 4 millions de kilogrammes de terre, par la raison que dans un champ on ne saurait opérer un mélange intime entre deux matières dont les volumes sont aussi disproportionnés. Après un labour pénétrant à 20 centimètres, la zone inférieure de 13 centimètres, que le soc de la charrue n'atteint pas, échappe naturellement à l'action immédiate de la chaux, et un simple saupoudrage fait avec 10 hectolitres et suivi d'un hersage introduira à la surface du terrain une proportion de chaux

---

(1) La terre étant séchée à l'air.

bien plus élevée que celle qui serait apportée, par un chaulage à plus haute dose, à une tranche de terre que la charrue aurait remuée à 20 ou 25 centimètres de profondeur. Aussi, après l'incorporation de la chaux par le labourage et le hersage, doit-on considérer la couche arable comme formée de zones fortement chaulées, de zones faiblement chaulées, et de zones qui ne le sont pas du tout. Sans doute, avec le temps, par des labours subséquents, par la diffusion, l'élément calcaire pénétrera partout; mais alors, quand la chaux sera uniformément distribuée dans le sol ameubli, une grande partie sera du carbonate, et non plus de la chaux caustique, dont je me propose d'étudier les effets sur les matières organiques appartenant à la terre végétale.

Les considérations dans lesquelles je suis entré m'ont déterminé à porter généralement la proportion de chaux à $\frac{1}{100}$ du poids de la terre, dans les expériences que j'ai exécutées. Cette proportion n'a rien d'exagéré, puisqu'elle répond à un chaulage effectué à raison de 300 hectolitres par hectare.

Comme il était indispensable d'opérer sur une matière homogène, la terre végétale, séchée à l'air, a toujours été passée au tamis pour en séparer les cailloux et les pailles; ensuite, par des procédés que je ferai connaître dans un Mémoire spécial, on a déterminé la proportion d'ammoniaque *toute formée* qu'elle renfermait au moment où l'expérience commençait. On a également dosé dans la terre : l'acide nitrique, l'acide phosphorique, l'azote et le carbone appartenant l'un et l'autre, soit à des débris de plantes, soit à l'humus.

L'échantillon de terre était chaulé en y mêlant de l'hydrate de chaux, dont on connaissait exactement la teneur en alcali caustique (1). Aussitôt après on ajoutait au mélange de l'eau distillée *exempte d'ammoniaque*, de manière à lui communiquer une humectation convenable, celle que, dans la pratique, on estime être la plus favorable à la végétation, et qui est bien éloignée du maximum d'imbibition. La terre chaulée et humectée était alors introduite dans un grand ballon de verre que l'on fermait immédiatement.

Parallèlement à l'expérience dont on vient de décrire les dispositions, et pour ne pas s'exposer à attribuer à l'action de la chaux ce qui pourrait n'être dû qu'à l'action de l'air et de l'humidité, on en instituait une autre exactement semblable, quant à la nature et au poids de la terre, au volume d'eau employé à l'humectation, mais dans laquelle la chaux n'intervenait pas.

Les deux ballons, l'un contenant la terre chaulée, l'autre la terre non chaulée, étaient soumis aux mêmes influences de température et de lumière. Après un certain temps écoulé, pour apprécier les effets du chaulage, on prélevait sur chaque terre un échantillon pour y rechercher l'acide nitrique, et dans ce qui restait on dosait l'ammoniaque. Ce dernier dosage, dans la terre qui n'avait pas reçu de chaux, avait lieu par le procédé ordinaire. Mais, pour doser l'ammoniaque *toute formée* dans la terre chaulée, il fallait

---

(1) L'hydrate de chaux était conservé dans un flacon fermé; cet hydrate ne renfermait pas la moindre trace de nitrates.

commencer par saturer la chaux avec de l'acide sulfurique dilué exempt d'ammoniaque. L'acide était mis en léger excès pendant vingt-quatre heures au moins ; ensuite on extrayait l'ammoniaque de la terre au moyen de la magnésie pure et calcinée (1). En comparant les proportions d'ammoniaque et d'acide nitrique contenues dans la terre chaulée et dans celle qui ne l'avait pas été, on pouvait apprécier l'action que la chaux avait exercée sur les matières organiques azotées du sol. Pour faciliter les comparaisons, on a ramené les résultats à ce qu'ils auraient été si l'on eût opéré sur 1 kilogramme de terre séchée à l'air.

CHAULAGE DE LA TERRE VÉGÉTALE DU LIEBFRAUENBERG.

Cette terre est sablonneuse, très-riche en détritus organiques, fertile comme toutes les terres de potager.

Un litre de terre séchée à l'air pesait $1^{kil},3$ et renfermait, par kilogramme, au moment de l'expérience :

	^{gr}
Ammoniaque *toute formée*...................	0,009
Acide nitrique constituant des nitrates........	0,067
Azote appartenant à des matières organiques...	2,093
Carbone faisant partie des matières organiques..	24,000
Acide phosphorique.......................	3,120 (2)
Chaux.................................	5,516

(1) Ce procédé, qui exige deux distillations, l'une opérée avec de la magnésie pour expulser l'ammoniaque, l'autre sur le produit de la première distillation pour doser l'ammoniaque, sera décrit ultérieurement.

(2) On a pris l'acide phosphorique et la chaux dans une analyse de la même terre faite antérieurement à ces expériences.

Par un essai préalable, on reconnut que, pour acquérir le degré d'humectation le plus convenable à la végétation, 1 kilogramme de terre sèche devait recevoir 160 centimètres cubes d'eau. Ainsi humectée, une poignée de terre fortement comprimée dans la main prend assez de consistance pour conserver la forme qu'on lui a donnée sans laisser suinter de l'eau. Après la compression, la main reste sèche.

J'ai dit qu'avant de procéder au dosage de l'ammoniaque d'une terre chaulée il fallait commencer par saturer la chaux en laissant agir pendant vingt-quatre heures l'acide sulfurique pur et dilué. On a donc dû s'assurer si, de ce contact prolongé de l'acide avec l'humus du sol, il ne résulterait pas une formation d'ammoniaque.

Cent grammes de terre ont été mis dans un ballon avec 100 centimètres cubes de l'acide sulfurique destiné à effectuer la saturation ; dans ces 100 centimètres cubes d'acide, il entrait 10 grammes d'acide sulfurique monohydraté. Au bout de vingt-quatre heures, l'acide a été saturé par de la magnésie calcinée, *exempte de potasse*. Après la saturation on a ajouté de l'eau pure et l'on a dosé :

Ammoniaque	0,00086
Dans 100 grammes de terre il y avait...	0,00090
Différence en moins........	0,00004

c'est-à-dire $\frac{1}{25}$ de milligramme près, ce que la terre renfermait en alcali volatil tout formé.

De cet essai on a conclu : 1° que le contact de l'acide sulfurique, dilué avec la terre végétale, ne développe pas d'ammoniaque, alors même que cette terre

contient 0^{gr},209 d'azote combiné à des substances organiques ; 2° que l'acide sulfurique préparé pour opérer la saturation de la chaux dans le cours de ces
recherches ne renfermait pas la moindre trace d'ammoniaque.

TERRE VÉGÉTALE DU LIEBFRAUENBERG CHAULÉE.

Première expérience. — 1 kilogramme de terre a
reçu 0^{gr},3 de chaux. Humecté avec 160 centimètres
cubes d'eau pure, le mélange a été introduit dans le
ballon, où il est resté du 27 mars au 3 avril 1860.

Dosé.	gr
Ammoniaque............	0,021
Avant le chaulage	0,009
En six jours, différence :	+ 0,012

Deuxième expérience. — 1 kilogramme de terre a
reçu 2 grammes de chaux. Humecté avec 160 centimètres cubes d'eau pure, le mélange est resté dans
l'appareil du 16 au 27 avril 1860.

Dosé.	gr	Dosé.	gr
Ammoniaque..........	0,016	Acide nitrique.	0,072
Avant le chaulage......	0,009		0,067
En dix jours, différences :	+ 0,007		+ 0,005

Troisième expérience. — 1 kilogramme de terre a
reçu 10 grammes de chaux. Humecté avec 160 centimètres cubes d'eau pure, le mélange est resté dans
l'appareil du 24 au 26 mars 1860.

Dosé.	gr
Ammoniaque.............	0,043
Avant le chaulage.........	0,009
En deux jours, différence :	+ 0,034

Quatrième expérience. — 1 kilogramme de terre a reçu 10 grammes de chaux. Humecté avec 160 centimètres cubes d'eau pure, le mélange est resté dans l'appareil du 18 février au 20 mars.

	Dosé.	gr		Dosé.	gr
Ammoniaque........,.		0,085	Acide nitrique...		0,076
Avant le chaulage......		0,009			0,067
En un mois, différences :		+ 0,076			+ 0,009

Cinquième expérience. — 1 kilogramme de terre a reçu 10 grammes de chaux. Humecté avec 160 centimètres cubes d'eau pure, le mélange est resté dans l'appareil du 18 février au 18 avril 1860.

	Dosé.	gr		Dosé.	gr
Ammoniaque..........		0,088	Acide nitrique. .		0,064
Avant le chaulage......		0,009			0,067
En deux mois, différences :		+ 0,079			— 0,003

Résumé des expériences.

CHAUX mise dans 1 kil. de terre.	EAU donnée à la terre.	DURÉE de l'expérience.	AMMONIAQUE formée.	ACIDE NITRIQUE formé ou détruit.
gr	cc		gr	
0,3	160	6 jours.	0,012	Non dosé.
2,0	160	10 jours.	0,007	+ 0^{gr},005
10,0	160	2 jours.	0,034	Non dosé.
10,0	160	1 mois.	0,076	+ 0^{gr},009
10,0	160	2 mois.	0,079	— 0^{gr},003

On reconnaît : 1° que, même à très-faible dose et dans un temps très-court, la chaux a déterminé une formation d'ammoniaque dans la terre du potager du Liebfrauenberg ; 2° qu'en prolongeant l'action de la chaux, la proportion d'ammoniaque a augmenté, mais que cette action paraît avoir été épuisée en un mois ; 3° que la chaux n'a pas favorisé la nitrification, puisque, en définitive, au bout de deux mois, la terre ne renfermait pas plus d'acide nitrique qu'à l'état initial.

Les expériences faites sur de la terre que l'on n'avait pas chaulée ont montré d'ailleurs que l'ammoniaque provenait bien, en grande partie du moins, de l'action exercée par la chaux.

TERRE DU LIEBFRAUENBERG NON CHAULÉE.

Sixième expérience. — 1 kilogramme de terre, après avoir été humecté avec 160 centimètres cubes d'eau pure, est resté dans l'appareil du 4 mars au 4 avril 1860.

Dosé.	gr	Dosé.	gr
Ammoniaque..........	0,014	Acide nitrique..	0,300
A l'état initial	0,009		0,067
En un mois, différences : + 0,005			+ 0,233

Septième expérience. — 1 kilogramme de terre, après avoir été humecté avec 160 centimètres cubes d'eau pure, est resté dans l'appareil du 4 mars au 5 mai 1860.

Dosé	gr	Dosé.	gr
Ammoniaque..........	0,019	Acide nitrique.	0,293
A l'état initial.........	0,009		0,067
En deux mois, différences : + 0,010			+ 0,226

Par le seul effet de l'air et de l'humidité, sans le concours de la chaux, il y a eu de l'ammoniaque produite dans la terre, bien qu'en moindre quantité ; la nitrification, au contraire, a pris un notable développement, ce que j'avais déjà observé dans une circonstance où la terre du Liebfrauenberg, au même degré

d'humectation, était exposée à l'air libre (1); comme
dans le chaulage, l'effet a été accompli dans le premier mois, et si l'on compare la teneur en ammoniaque
et en acide nitrique du sol chaulé et non chaulé après
cette période, on a :

	Ammoniaque gr	Acide nitrique. gr
Dans 1 kilogramme de terre chaulée...	0,085	0,076
Dans 1 kilogramme de terre non chaulée.	0,014	0,300
En un mois...............	0,071	0,224

Dans la terre chaulée, il y a eu de formé $0^{gr},071$
d'ammoniaque de plus que dans celle qui ne l'avait
pas été. La terre non chaulée a produit $0^{gr},224$ d'acide
nitrique de plus que la terre traitée par la chaux. Or,
comme $0^{gr},224$ d'acide équivalent précisément à $0^{gr},07$
d'ammoniaque (2), il en résulte que la chaux n'a pas
développé, dans la terre du Liebfrauenberg, plus
d'azote assimilable par les plantes que les seules influences de l'air et d'une humidité convenable; la
seule différence a uniquement consisté dans la nature
du composé où cet azote assimilable était engagé :
dans un cas, de l'ammoniaque; dans l'autre, de l'acide
nitrique.

TERRE VÉGÉTALE DE LA FERME DE MERCKWILLER
(Bas-Rhin).

C'est un *lehm* de bonne qualité; l'échantillon a été
prélevé dans un champ où je cultive du tabac depuis

---

(1) Boussingault, *Agronomie, Chimie agricole*, 2ᵉ édit. t. II, p. 10.
(2) Équivalent de l'acide nitrique, 675. — Équivalent de l'ammoniaque, 212,5.

plusieurs années. Cette terre, assez argileuse, d'un jaune foncé, séchée à l'air, renfermait par kilogramme :

		gr
Ammoniaque *toute formée*...................		0,011
Acide nitrique constituant des nitrates........		0,042
Azote appartenant à des matières organiques...		1,400
Carbone faisant partie de matières organiques..		12,000
Acide phosphorique.....................		1,425
Chaux......................		21,000

On reconnut que, pour acquérir la consistance la plus favorable à la végétation, 1 kilogramme de terre séchée à l'air devait recevoir 180 centimètres cubes d'eau (1).

Huitième expérience. — 1 kilogramme de terre de Merckwiller a reçu 0^{gr},3 de chaux. Humecté avec 180 centimètres cubes d'eau pure, le mélange est resté dans l'appareil du 27 mars au 6 avril 1860.

Dosé.	gr
Ammoniaque.............	0,018
Avant le chaulage.........	0,011
En six jours, différence.....	+ 0,007

Neuvième expérience. — 1 kilogramme de terre a reçu 2 grammes de chaux. Humecté avec 180 centimètres cubes d'eau pure, le mélange est resté dans l'appareil du 16 mars au 27 avril 1860.

Dosé.	gr	Dosé.	gr
Ammoniaque..........	0,021	Acide nitrique.	0,050
Avant le chaulage......	0,011		0,042
En dix jours, différences :	+ 0,010		+ 0,008

---

(1) Le litre de terre séchée à l'air pesait 1^{kil},400.

Dixième expérience. — 1 kilogramme de terre a reçu 10 grammes de chaux. Humecté avec 180 centimètres cube d'eau pure, le mélange est resté dans l'appareil du 18 février au 18 mars 1860.

Dosé.	gr	Dosé.	gr
Ammoniaque	0,057	Acide nitrique.	0,022
Avant le chaulage.	0,011		0,042
En un mois, différences : + 0,046			— 0,020

Onzième expérience. — 1 kilogramme de terre a reçu 10 grammes de chaux. Humecté avec 180 centimètres cubes d'eau pure, le mélange est resté dans l'appareil du 18 février au 19 avril 1860.

Dosé.	gr	Dosé.	gr
Ammoniaque.	0,047	Acide nitrique.	0,076
Avant le chaulage.	0,011		0,042
En deux mois, différences : + 0,036			+ 0,034

Résumé des expériences.

CHAUX mise dans 1 kil. de terre.	EAU donnée à la terre.	DURÉE de l'expérience.	AMMONIAQUE formée.	ACIDE NITRIQUE formé ou détruit.
gr	cc		gr	
0,3	180	6 jours.	0,007	Non dosé.
2,0	180	10 jours.	0,010	+ 0^{gr},008
10,0	180	1 mois.	0,046	— 0^{gr},020
10,0	180	2 mois.	0,036	+ 0^{gr},034

TERRE DE MERCKWILLER NON CHAULÉE.

Douzième expérience. — 1 kilogramme de terre, après avoir été humecté avec 180 centimètres cubes d'eau pure, est resté dans l'appareil du 3 mars au 4 avril 1860.

Dosé.	gr	Dosé.	gr
Ammoniaque............	0,009	Acide nitrique.	0,229
A l'état initial..........	0,011		0,042
En un mois, différences : —	0,002		+ 0,187

Treizième expérience.— 1 kilogramme de terre, après avoir été humecté avec 180 centimètres cubes d'eau pure, est resté dans l'appareil du 8 mars au 9 mai 1860.

Dosé.	gr	Dosé.	gr
Ammoniaque..	0,009	Acide nitrique.	0,218
A l'état initial	0,011		0,042
En deux mois, différences : —	0,002		+ 0,176

On remarquera que le développement de l'ammoniaque dans la terre de Merckwiller chaulée, quoique moins prononcé que dans la terre du Liebfrauenberg, a présenté les mêmes circonstances : action de la chaux épuisée dans le premier mois; nitrification à peu près nulle et, au contraire, production d'acide nitrique sans production d'ammoniaque, dans la terre non chaulée. C'est ce qui ressort de la comparaison des dosages :

	Ammoniaque.	Acide nitrique.
	gr	gr
Dans 1 kilogramme de terre chaulée...	0,057	0,022
Dans 1 kilogramme de terre non chaulée.	0,009	0,207
	0,048	0,207

0^{gr},207 d'acide nitrique équivalent à 0^{gr},065 d'ammoniaque; d'où l'on voit que, sans le concours de la chaux, la terre, en un mois, a acquis par la nitrification un peu plus d'azote assimilable par les plantes que la terre chaulée.

TERRE VÉGÉTALE DU QUESNOY-SUR-DEULE, PRÈS LILLE.

Cette terre, une des plus fertiles du département du Nord, m'a été remise par M. Corenwinder. Séchée à l'air, elle est d'un jaune pâle, extrêmement meuble, sablonneuse. Le litre a pesé $1^{kil},055$. Le champ où on l'a prise reçoit depuis plusieurs siècles de l'*engrais flamand*.

L'analyse a indiqué dans 1 kilogramme de la terre du Quesnoy :

	gr
Ammoniaque *toute formée*..................	0,012
Acide nitrique constituant des nitrates........	0,022
Azote appartenant à des matières organiques..	0,874
Carbone appartenant à des matières organiques.	6,900
Acide phosphorique.....................	8,900
Chaux..............................	2,240
Magnésie	2,700
Oxyde de fer dosé à l'état sesquioxyde.......	22,400
Acide carbonique......................	0,000 (1)
Eau éliminable à 110 degrés..............	52,000
Sable siliceux........................	880,200
Matières indéterminées, perte	23,752
	1000,000

On a trouvé que, pour amener la terre du Quesnoy au point convenable d'humectation, il fallait y introduire, par kilogramme, 100 centimètres cubes d'eau.

---

(1) L'absence de l'acide carbonique, c'est-à-dire des carbonates, dans une terre aussi fertile, est un fait fort singulier ; mais en opérant sur 50 grammes de matière, par les procédés les plus délicats, on n'a pu constater la présence de cet acide dans l'échantillon envoyé au Conservatoire.

Quatorzième expérience. — 1 kilogramme de terre du Quesnoy a reçu 10 grammes de chaux. Humecté avec 100 centimètres cubes d'eau pure, le mélange est resté dans l'appareil du 16 au 30 mars 1861.

Dosé.	gr	Dosé.	gr
Ammoniaque............	0,030	Acide nitrique..	0,004
Avant le chaulage........	0,012		0,022
En quatorze jours, différ.:	+0,018		—0,018

Quinzième expérience. — 1 kilogramme de terre a reçu 10 grammes de chaux. Humecté avec 100 centimètres cubes d'eau pure, le mélange est resté dans l'appareil du 19 février au 12 mars 1861.

Dosé.	gr	Dosé.	gr
Ammoniaque...........	0,032	Acide nitrique..	0,000
Avant le chaulage........	0,012		0,022
En un mois six jours, différ.:	+0,020		—0,022

Résumé des expériences.

CHAUX mise dans 1 kil. de terre.	EAU donnée à la terre.	DURÉE de l'expérience.	AMMONIAQUE formée.	ACIDE NITRIQUE formé ou détruit.
gr	cc		gr	gr
10	100	14 jours.	0,018	—0,018
10	100	5 semaines.	0,020	—0,022

TERRE DU QUESNOY NON CHAULÉE.

Seizième expérience. — 1 kilogramme de terre, après avoir été humecté avec 100 centimètres cubes

d'eau pure, est resté dans l'appareil du 19 février au
12 mars 1861.

	Dosé.	gr		Dosé	gr
Ammoniaque...............		0,013	Acide nitrique..		0,032
A l'état initial		0,012			0,022
En un mois, différences :..		+ 0,001			+ 0,010

Si l'on compare les proportions des deux substances trouvées dans la terre chaulée et dans celle
qui ne l'a pas été, on a :

	Ammoniaque. gr	Acide nitrique gr
Dans 1 kilog. de terre chaulée.	0,032	0,000
Dans 1 kil. de terre non chaulée.	0,013	0,032
	0,019	0,032 = 0,010 d'am.

ce qui indiquerait que la chaux aurait produit dans
la terre du Quesnoy à peu près une fois autant d'azote
assimilable qu'une jachère d'un mois de durée.

Ces expériences établissent que si la chaux, tant
qu'elle reste caustique, provoque constamment un
développement d'ammoniaque en réagissant sur la
terre végétale, elle ne favorise pas la nitrification, elle
paraît même contribuer à la destruction de l'acide
nitrique préexistant dans le sol; de sorte que, en tenant compte de la disparition du salpêtre, l'ammoniaque formée sous l'influence de l'alcali n'ajouterait
réellement qu'une quantité assez limitée d'azote assimilable. Il y a plus, on a vu que, l'état d'humectation et les autres circonstances étant les mêmes de
part et d'autre, une terre non chaulée pouvait acquérir, en nitrates, une proportion d'azote assimilable
égale et même supérieure à celle acquise, en ammo—

niaque, par une terre à laquelle on avait donné de la chaux. Mais il ne faut pas oublier que ces observations comparatives ont été faites sur des terres que l'on avait humectées juste avec la proportion d'eau qui leur communiquait la consistance reconnue comme la plus favorable à la nitrification. De la terre végétale très-humide, portée, par exemple, à son maximum d'imbibition, ne donne plus de salpêtre, comme je l'ai constaté maintes fois; or cet excès d'humidité se rencontre réellement dans un sol chaulé quand survient un temps pluvieux. Il y avait par conséquent à rechercher si la chaux ne continuerait pas à développer de l'ammoniaque dans cette condition.

On a disposé deux expériences : dans l'une, la terre très-humide a été chaulée; dans l'autre, elle ne l'a pas été.

Dix-septième expérience. — 1 kilogramme de terre de Merckwiller a reçu 10 grammes de chaux; on a ajouté 400 centimètres cubes d'eau pure; le mélange, formant une pâte assez liquide, est resté dans l'appareil du 2 au 18 avril 1861.

	gr
Dosé.	
Ammoniaque.......................	0,041
Avant le chaulage..............	0,011
En seize jours, différence :	+ 0,030

Dix-huitième expérience. — 1 kilogramme de la même terre, après avoir été mouillé avec 400 centimètres cubes d'eau, est resté dans l'appareil du 2 au 18 avril 1861.

Dosé	gr
Ammoniaque	0,027
A l'état initial	0,011

En seize jours, différence : + 0,016

Dix-neuvième expérience. — 1 kilogramme de la terre du Quesnoy-sur-Deule a reçu 10 grammes de chaux ; on y a mis ensuite 300 centimètres cubes d'eau pure ; le mélange, de consistance pâteuse, est resté dans l'appareil du 2 au 17 avril 1861.

Dosé.	gr
Ammoniaque	0,037
Avant le chaulage	0,012

En quinze jours, différence : + 0,025

Vingtième expérience. — 1 kilogramme de la même terre, après avoir été mouillé avec 300 centimètres cubes d'eau pure, est resté dans l'appareil du 2 au 17 avril 1861.

Dosé.	gr
Ammoniaque	0,008
A l'état initial	0,012

En quinze jours, différence : — 0,004

Ainsi, par la seule action de la chaux, puisqu'elle s'est exercée dans les conditions où il ne pouvait pas y avoir formation de salpêtre, deux terres de natures fort diverses ont acquis, par kilogramme et dans l'espace de quinze jours, près de $0^{gr},03$ d'ammoniaque. Sans doute, il peut arriver que les avantages résultant de ce développement d'ammoniaque soient singulièrement atténués par la disparition de l'acide nitrique préexistant dans la terre; mais toujours est-il que la chaux provoque la formation d'un agent puissant de fertilité dans toutes les conditions possibles d'humidité; et, quand on n'oppose pas au résultat certain qu'elle procure la production plus éventuelle des nitrates, on est bien forcé de reconnaître que, dans les cas les plus ordinaires, le chaulage doit occasionner un accroissement notable dans l'azote assimilable du sol.

Discutons, à ce point de vue, les nombres fournis par les expériences.

DÉSIGNATION des terres.	CHAUX donnée à 1 kil. de terre.	AMMONIAQUE formée.	ACIDE NITRIQUE formé ou détruit.	AMMONIAQUE	
				acquise par le kil. de terre (1).	formée pour 100 de chaux.
	gr	gr	gr	gr	
Liebfrauenberg...	0,3	0,012	"	0,012	4,00
Id.........	10,0	0,034	"	0,034	0,34
Id.........	10,0	0,076	+ 0,009	0,079	0,79
Id.........	10,0	0,079	— 0,004	0,078	0,78
Merckwiller.....	0,3	0,007	"	0,007	2,33
Id.........	2,0	0,010	+ 0,0 8	0,013	0,65
Id.........	10,0	0,046	— 0,020	0,040	0,40
Id.........	10,0	0,036	+ 0,034	0,047	0,47
Quesnoy........	10,0	0,018	— 0,018	0,012	0,12
Id.........	10,0	0,020	— 0,022	0,013	0,13
			Moyenne...	0,033	

(1) L'ammoniaque formée par le chaulage, à laquelle on a ajouté ou soustrait l'ammoniaque équivalente à l'acide nitrique formé ou détruit.

On remarquera que l'ammoniaque développée est bien loin d'être en rapport avec les quantités de chaux que l'on a fait intervenir. Le chaulage à petite dose, comme dans le saupoudrage, donnerait 4 kilogrammes d'ammoniaque pour 100 kilogrammes de chaux : c'est là de l'ammoniaque à bon marché. Il n'en est plus ainsi dans les chaulages à hautes doses, lorsque 1000 kilogrammes de chaux ne développent que 7 kilogrammes d'ammoniaque et moins encore.

Si la chaux n'exerçait pas une autre action que celle de favoriser la production de l'ammoniaque, on ne comprendrait pas l'avantage de son emploi à très-hautes doses, et l'on devrait donner la préférence aux chaulages faibles, comme les saupoudrages faits avant le hersage ; car, en réalité, dans une terre riche en humus, incorporer 25 kilogrammes de chaux, c'est comme si on y introduisait 1 kilogramme d'ammoniaque.

Le développement pour ainsi dire instantané de $0^{gr},03$ d'ammoniaque par kilogramme comme résultat du chaulage paraîtra très-faible. Cependant c'est plus d'ammoniaque *toute formée* que n'en renferment généralement les meilleures terres dans notre climat. Voici, pour appuyer cette assertion, les dosages exécutés sur des terres végétales de différentes localités. J'y ai joint les quantités d'azote et de carbone appartenant à l'humus et aux matières organiques.

LOCALITÉS	DANS 1 KILOGRAMME DE TERRE SÉCHÉE A L'AIR.		
	AMMONIAQUE toute formée.	AZOTE appartenant à des matières organiques.	CARBONE appartenant à des matières organiques.
	gr	gr	gr
Liebfrauenberg.........	0,022	2,610	24,300
Liebfrauenberg........	0,020	2,504	24,300
Liebfrauenberg........	0,009	2,093	24,000
Bitschwiller............ Alsace.	0,020	2,951	28,770
Merckwiller	0,011	1,400	12,000
Bechelbronn...........	0,009	1,397	11 590
Mitelhausbergen........	0,007	"	"
Ile Napoléon (Mulhouse).	0,006	"	"
Argentan (Orne).....	0,060	5,130	40,900
Quesnoy-sur-Deule (Nord).......	0,012	0,874	6,900
Moyenne...	0,017		
Rio Madeira........	0,090	1,428	9,100
Rio Trombetto	0,030	1,191	5,863
Rio Negro.......... Amérique.	0,038	0,688	3,900
Santarem..........	0,083	6,490	71,585
Ile du Salut.	0,080	5,434	63,980
Martinique........	0,085	1,118	9,000
Moyenne...	0,063		

L'ammoniaque *toute formée* dans 1 kilogramme des terres végétales de nos contrées que j'ai examinées jusqu'à présent, ne dépasserait donc pas 0gr,02; elle irait à 0gr,063 dans les sols les plus fertiles de la vallée des Amazones. Or, dans les expériences dont j'ai fait connaître les résultats, l'ammoniaque attribuable à l'action de la chaux, acquise par 1 kilogramme de terre, a été de 0gr,033 en moyenne; de sorte que le

chaulage aurait eu pour effet de doubler et au delà
la quantité d'ammoniaque contenue dans le sol. Sans
doute, la chaux n'a pas créé cette ammoniaque, elle
l'a développée en réagissant sur des matières organiques azotées stables, matières qui, par l'effet du temps,
de la jachère, eussent fini probablement par être
transformées partiellement en principes fertilisants
sans l'intervention de la chaux. Mais alors, deman-
dera-t-on, où est l'utilité du chaulage ? Pour répondre
à cette question, je dois rappeler quelques considérations générales que j'ai déjà exposées sur la nature de
la terre végétale.

La terre est un mélange de substances minérales
auquel sont associés des débris organiques dans un
état plus ou moins avancé de décomposition, tels que
l'humus, le terreau susceptibles de donner, en se mo-
difiant, des sels ammoniacaux et des nitrates, les seuls
composés connus jusqu'à présent comme capables
d'offrir à la plante de l'azote qu'elle puisse fixer dans
son organisme. Cela est si vrai, qu'une terre riche en
matières azotées se comporte vis-à-vis des végétaux à
peu près comme un sol stérile, tant que, parmi ces
matières, il n'y a pas d'ammoniaque ou d'acide nitrique. Un sol peut donc renfermer des quantités
considérables d'azote engagées dans d'autres combinaisons, sans pour cela pouvoir être cultivé avec
profit, si on ne lui donne pas des engrais apportant
immédiatement ou formant dans un court délai des
matières azotées assimilables. S'il en était autrement,
si la totalité de l'azote que l'analyse y signale était
assimilable par les plantes, le plus souvent le fumier
deviendrait inutile ; cependant la pratique agricole

reconnaît que, à moins d'une richesse de fonds tout à fait exceptionnelle, il n'y a pas de culture lucrative sans le concours des engrais. L'azote que l'on dose par le procédé le plus généralement suivi, celui de la chaux sodée, bien qu'étant obtenu à l'état d'ammoniaque, n'est pas dans la terre à l'état d'ammoniaque, comme on l'a admis beaucoup trop légèrement; la plus grande partie de l'alcali est formée et non pas déplacée; aussi convient-il d'exprimer en azote la presque totalité de l'ammoniaque indiquée par divers observateurs. Pour faciliter les comparaisons, je supposerai la profondeur du labour de $\frac{1}{3}$ de mètre, par conséquent 3333 mètres cubes pour le volume de la couche de terre végétale de 1 hectare.

Résultats obtenus en Prusse, dans le Landes-OEconomie-Kollegium (1).

LOCALITÉS.	AZOTE PAR HECTARE.
	kilogrammes.
Terre de Harvirbec.	16678
» Burgwegeleben.	15889
» Jurgaitschen.	13273
» Wollup.	12164
» Beesdau.	7205
» Turwe.	6826
» Dalheim.	6447
» Laasom.	5310
» Eldena.	4930
» Burgbornheim.	4930
» Neuhofs.	4551
» Neuensund.	4171
» Frankenfeld.	3792
» Cartlow.	2654

(1) LIEBIG, *Uber Theorie und Praxis in der Landwirthschaft;* Braunschweig. 1856.

Résultats obtenus par M. Schmidt sur de la terre noire de Russie (Tcherno-Sem), dans le gouvernement d'Orel. — Les trois premiers échantillons avaient été prélevés dans un sol vierge, le quatrième dans une terre cultivée sans fumier. D'après les analyses de M. Schmidt et les calculs de M. Liebig, l'hectare de terre noire renfermerait en azote :

Échantillons.		kil
I.	Couche supérieure.......	45,503
II.	(4 *verschok* plus bas)....	20,480
III.	Surface du sous-sol	18,490
IV.	Terre arable non fumée...	21,997

Résultats obtenus par M. Schlossberger sur six échantillons de terres prises dans des cultures de tabac à la Havane. — Ce sol, presque exclusivement calcaire, est fortement coloré par de l'oxyde de fer; il contiendrait par hectare, azote :

Échantillons.	kil
I......................	8,343
II.....................	11,377
III....................	1,517
IV....................	9,105
V.....................	13,273
VI....................	9,481

Résultats obtenus par M. Liebig sur des terres prises dans les environs de Munich.

	Azote par hectare. kil
Terre d'un potager.....................	21,237
Terre d'un jardin botanique	21,100
Terre d'un sol non fumé.	19,34

Résultats obtenus par M. Krocker pour 1 de terre.

	Dose ammoniaque.
Dans une terre argileuse.	0,00170
Dans une terre de Hohenheim	0,00156
Dans un sous-sol de la même terre.	0,00104
Dans une terre de l'Illinois (Amérique).	0,00116
Dans une terre sablonneuse inculte	0,00096
Dans une marne.	0,00099

Ce sont ces derniers résultats d'analyses faites en 1846, dans le laboratoire de Giesen, qui décidèrent M. Liebig à considérer les terres végétales comme possédant, par hectare, de fortes proportions d'ammoniaque, atteignant dans les plus riches 55 000, dans les plus pauvres 2000 kilogrammes, beaucoup plus que n'en demandent annuellement les plus abondantes récoltes, et devant, par conséquent, diminuer l'importance que l'on accordait généralement aux principes azotés des engrais. D'après cette manière de voir, les éléments essentiels du fumier résidaient dans les substances minérales. Les cultivateurs repoussèrent cette doctrine. C'était de l'agriculture d'université. Sans doute, s'ils reconnaissaient que dans les cendres végétales dénuées de matières organiques azotées, mais renfermant des phosphates, des sels de potasse, il y avait de précieux agents de fertilité, ils n'en proclamaient pas moins l'incontestable efficacité des matières animalisées des fumiers. Je fis alors cette remarque critique, que si M. Krocker se fût appliqué à doser l'acide phosphorique, la potasse, etc., dans les sols dont il avait réellement dosé l'azote et non l'ammoniaque qui ne s'y trouvait pas, il en aurait certainement rencontré aussi quelques millièmes qui, multipliés par le poids de la terre de 1 hectare, se seraient traduits par des milliers de kilogrammes, et qu'en définitive on n'aurait pas manqué d'arriver à cette conclusion, que, dans un sol arable, il pouvait y avoir autant et même plus de phosphates, de potasse, de substances minérales utiles aux plantes, que d'azote. Cette critique, appuyée sur deux analyses seulement, à l'époque où je la formulai, a été corroborée depuis par de laborieuses recherches entreprises en Allemagne à l'instigation de M. Magnus (1). Voici les proportions des principales substances minérales trouvées dans des terres dont on avait dosé l'azote.

Résultats moyens des analyses de terres arables faites au Kœnigliche Landes-OEconomic-Kollegium, dans 1000 parties de terre.

DÉSIGNATION des terres.	AZOTE.	CARBONE.	ACIDE carbonique.	ACIDE phosphorique	ACIDE sulfurique.	CHLORE.	POTASSE.	SOUDE.	CHAUX.	OXYDE DE FER.	MAGNÉSIE.
Harvirbec......	3,57	13,79	4,07	2,29	5,57	0,07	10,52	3,77	18,44	21,03	2,39
Burgwegeleben..	3,52	17,41	18,40	5,18	8,77	0,09	12,87	5,01	59,02	77,71	9,87
Jurgaitschen....	2,90	23,20	5,70	2,65	0,56	0,10	16,19	8,67	13,92	16,10	13,92
Wollup........	2,56	25,62	0,63	3,37	0,50	0,13	15,75	9,74	11,65	72,74	10,96
Beesdau........	1,65	12,50	0,36	0,32	0,04	0,62	17,02	5,86	5,19	18,05	5,67
Turwe.........	1,48	14,63	0,08	0,90	0,31	0,08	8,17	8,65	27,91	13,77	8,41
Dalheim........	1,50	13,96	2,50	5,53	0,42	0,12	19,19	8,55	7,44	33,25	5,48
Laasom........	1,31	12,05	10,00	0,73	0,37	0,09	9,79	2,91	8,32	55,80	2,89
Eldena.........	1,11	8,40	2,00	2,10	0,50	0,72	10,40	10,50	2,40	12,10	2,26
Burgbornheim ..	1,06	10,52	0,98	0,53	0,29	0,11	11,45	6,47	10,72	35,29	7,21
Neuhofs........	0,98	12,42	0,29	0,60	0,20	0,09	12,13	5,87	7,89	27,48	7,89
Neuensund.....	0,87	11,64	3,05	0,61	1,10	0,14	20,21	5,56	10,11	24,17	5,87
Frankenfeld....	0,86	7,55	»	1,64	0,16	0,10	13,05	5,73	8,21	23,23	9,50
Cartlow........	0,60	9,33	0.59	0,07	0,21	0,06	10,19	6,14	5,65	19,56	25,67

(1) *Bericht über Versuche betreffend die Erschœpfung des Bodens, welche das Kœnigliche Landes-OEconomie-Kollegium veranlasst hat.*

La plus grande partie des alcalis des terres mentionnées dans ce tableau était unie aux acides phosphorique et sulfurique, leurs métaux au chlore; mais indépendamment des phosphates, des sulfates et des chlorures, la terre végétale renferme encore des carbonates de chaux, de magnésie, de potasse et de soude; ces deux derniers alcalis y sont aussi combinés à des acides bruns de l'humus. Ce sont ces carbonates alcalins, ainsi que la potasse, la soude engagées avec les matières humiques, qu'il eût été important de connaître, par la raison que c'est sous ces différents états que la potasse et la soude passent plus directement dans les plantes, où nous les trouvons unies à des acides organiques formés pendant l'acte de la végétation. Dans un travail aussi considérable que celui dont je présente les résultats, c'est une lacune regrettable que de ne pas avoir établi cette distinction dans l'état des alcalis. Cette lacune, j'ai essayé de la combler pour plusieurs des sols que j'ai examinés, en me bornant à rechercher les alcalis formant des carbonates et des sels à acides bruns.

La terre desséchée était traitée par de l'acide acétique pur et bouillant, la dissolution acide évaporée à siccité, le résidu incinéré à une basse température; après avoir ajouté aux cendres du carbonate d'ammoniaque pour reconstituer les carbonates de chaux et de magnésie que la chaleur avait pu décomposer, on lessivait et l'on dosait l'alcali par les liqueurs titrées. L'alcali dosé est exprimé en potasse, bien que, en réalité, la potasse contînt de la soude.

(185)

Dans 1 kilogramme de terre :

	Dose alcali gr
Du Liebfrauenberg............	0,040
De Bechelbronn	0,560
De Bitschwiller	0,240
Un terreau de maraîcher.....	0,804

Ces quantités sont bien inférieures à celles trouvées par les chimistes allemands qui ont dosé la potasse ou la soude en bloc, tandis qu'ici la potasse et la soude des phosphates, des sulfates, des chlorures ont été éliminées.

D'après les données analytiques obtenues en Allemagne, recherchons ce que 1 hectare, 4 millions de kilogrammes de terre labourée, renferme d'acide phosphorique, de potasse, de chaux, de magnésie. J'ai pris les trois terres les plus riches et les trois terres les plus pauvres en phosphates.

DÉSIGNATION des terres.	ACIDE phosphorique.	POTASSE.	CHAUX.	MAGNÉSIE.	AZOTE. (1)
Dalheim........	22120^{kil}	76760^{kil}	29760^{kil}	21920^{kil}	6000^{kil}
Burgwegeleben..	20720	51800	236080	39480	14080
Wollup.........	13480	63000	46600	43840	10440
Burgbornheim..	2120	45480	42880	28840	4240
Beesdau.	1280	68080	20760	22680	6600
Cartlow........	280	40760	22600	102680	2400

(1) Les différences que l'on remarque entre ces proportions d'azote et celles qui figurent dans le tableau tiré de l'ouvrage de M. Liebig tiennent à ce que j'ai adopté, pour le poids de la terre labourée d'un hectare, 4 millions de kilogrammes; M. Liebig a pris un nombre plus fort.

En prenant seulement les alcalis formant des car-

bonates ou des sels à acides bruns, on aurait par hectare :

> Pour la terre du Liebfrauenberg...... 160
> Pour la terre du Bechelbronn........ 2240
> Pour la terre de Bitschwiller......... 960
> Pour le terreau de maraîcher........ 32160

Ainsi, s'il est vrai que l'hectare de terre renferme
de fortes quantités d'azote, il ne l'est pas moins qu'il
renferme souvent aussi des quantités non moins fortes
de phosphates, de potasse, de chaux, de magnésie, en
un mot, de substances minérales essentielles à la vie
des plantes, et si l'on s'en rapportait uniquement aux
données de l'analyse, on en conclurait que, généralement parlant, les sols arables sont foncièrement assez
riches pour qu'il ne soit pas plus indispensable de les
amender avec des substances minérales qu'avec des
engrais azotés. Comme conséquence de cette conclusion, on arriverait à nier l'utilité des fumiers. En effet,
pourquoi incorporerait-on de l'azote à un sol dont
l'hectare en contiendrait déjà 20 000 kilogrammes?
Pourquoi y introduirait-on des phosphates, des sels
alcalins, lorsque dans 1 hectare il y aurait déjà plusieurs milliers de kilogrammes d'acide phosphorique
et de potasse? En un mot, où serait la nécessité d'a-
mender un sol possédant en azote, en substances minérales, de quoi fournir amplement aux récoltes,
comme on peut s'en convaincre en comparant à ce
que la terre végétale contient de ces matières ce que
les cultures en assimilent?

Prélèvement fait sur un hectare (1), *par diverses cultures.*

	AZOTE.	ACIDE phospho-rique.	POTASSE.	CHAUX MAGNÉSIE.	SILICE.
	kil	kil	kil	kil	kil
Pommes de terre (les tuber-cules).....................	46	14	64	9	7
Blé et paille...............	44	19	27	26	132
Betteraves (les racines)....	54	12	90	23	16
Topinambours (les tuber-cules)...................	88	36	147	14	43
Trèfle...................	85	20	84	96	16

De ces nombres, il est permis de conclure qu'il est
des terres, comme celles de Burgwegeleben et de
Dalheim, qui, si l'on s'en rapportait à l'analyse, pourraient fournir pendant des siècles, sans jamais recevoir de fumier, l'une de l'azote, l'autre de l'acide
phosphorique et de la potasse, aux récoltes les plus
épuisantes. Mais, il faut bien le reconnaître, cette richesse du sol, signalée par les chimistes, est un capital
passif dont le cultivateur ne dispose pas à son gré,
parce qu'une très-forte fraction des substances fertilisantes qui le constitue ne sont pas dans des conditions
propres à l'assimilation. Tout l'azote de la terre n'est
pas à l'état d'ammoniaque ou d'acide nitrique. L'examen que j'ai fait des sols de diverses provenances ne
laisse pas le moindre doute à cet égard. Je ne me suis
pas borné à doser l'azote brut, j'ai aussi dosé l'ammo-

---

(1) BOUSSINGAULT, *Économie rurale*, 2ᵉ édit., t. II, p. 184 et 215.
Résultats moyens des récoltes faites à Bechelbronn.

niaque toute formée, les nitrates, l'acide phosphorique et le carbone qui est, jusqu'à un certain point,
la mesure de l'humus ou celles des débris organiques.
Or, j'ai bientôt reconnu combien est faible, en général, la proportion d'azote assimilable de la terre végétale, soit à l'état d'ammoniaque, soit à l'état d'acide
nitrique. Voici le résumé des analyses. Les résultats
sont rapportés à un hectare renfermant 4 millions de
kilogrammes de terre sèche.

DÉSIGNATION DES TERRES.	ACIDE phospho-rique.	CARBONE apparte-nant à des matières organiques.	NITRATES exprimés en nitrate de potasse.	AZOTE apparte-nant à des matières orga-niques.	AMMONIAQUE	
					toute formée.	calculée d'après l'azote dosé.
	kil	kil	kil	kil	kil	kil
Terre forte de Bechelbronn...	5700	46360	60	5588	36	6785
Terre légère du Liebfrauenberg.	12480	97200	700	10376	80	12599
Terre légère de Bitschwiller ..	22144	115080	6104	11804	80	14333
Terre d'Argentan (Orne).	3772	163600	184	20520	240	24917
Terre du Quesnoy (Nord). ...	35600	27600	164	3496	48	4244
Terre du Rio Madeira (Brésil).	3456	36400	16	5712	360	7295(1)

1) L'azote de l'ammoniaque toute formée étant réuni à l'azote des matières organiques.

Il y a donc d'énormes différences entre les quantités
d'ammoniaque préexistant dans le sol, l'*ammoniaque
toute formée*, et celle que l'on a supputée arbitrairement d'après l'azote dosé. Quant à l'origine de cette
ammoniaque toute formée, on l'a attribuée à la propriété absorbante que l'argile, l'oxyde de fer, etc.,
exercent sur les vapeurs ammoniacales répandues
dans l'atmosphère; mais, en faisant cette supposition,
on oubliait qu'une terre végétale mouillée, lorsqu'elle
se dessèche, émet continuellement de ces mêmes va-

peurs, de sorte qu'il serait tout aussi rationnel d'admettre que c'est la terre qui fournit de l'ammoniaque à l'atmosphère.

Il ressort des faits précédemment exposés qu'une terre fort riche en azote peut néanmoins ne renfermer que fort peu de principes *actuellement* assimilables par les végétaux. Voilà pourquoi les plantes, quand elles sont placées dans un volume de terre fertile très-restreint, ne se développent pas beaucoup mieux que dans une terre rendue stérile par la calcination; c'est que toute la matière azotée n'intervient pas. Il en est ainsi des phosphates, des substances minérales du sol; c'est qu'il faut aussi que ces éléments minéraux, de même que les éléments azotés, soient dans une condition favorable à l'assimilation, état particulier que la science ne sait pas définir, impuissance qui rend encore si incertaines les données de l'analyse chimique, lorsqu'on essaye de les appliquer aux questions qui se rattachent à la constitution de la terre végétale. Sans doute, les matières azotées non assimilables ne sont pas douées d'une telle stabilité, que les influences météorologiques ne puissent les modifier en principes fertilisants, en ammoniaque, en acide nitrique. L'azote compris dans la terre, quelle que soit la nature des combinaisons stables dans lesquelles il est engagé, doit être considéré comme une source plus ou moins lente de fertilité. Les météores aqueux, l'atmosphère, la constitution minéralogique du terrain aidant, cette source suffit à la végétation naturelle, surtout dans nos climats, où elle n'a pas toujours l'intensité ou la rapidité de la végétation des champs en culture.

La prodigieuse accumulation d'éléments azotés dans la terre végétale est un fait considérable dont l'importance a été révélée pour la première fois par M. Liebig; elle explique comment il arrive qu'il y ait plus d'azote dans les récoltes faites dans le cours d'un assolement que dans les engrais qui ont concouru à les produire, bien qu'il soit établi par mes expériences que l'azote gazeux de l'air atmosphérique n'est pas directement assimilable par les plantes (1).

On peut différer d'opinion sur la nature comme sur la source de ces éléments, dont la moins contestable est qu'ils sont les débris d'êtres qui ont vécu ou végété sur le globe; mais ce qui frappe par-dessus tout, c'est l'immense quantité de ces restes de l'organisme enfoui dans le diluvium. Que l'on considère seulement le sol de la France, évalué à 50 millions d'hectares portant des forêts, des prairies, des cultures, etc.

Que l'on accorde à chacun de ces hectares 5000 kilogrammes d'azote, on arrive à 250 millions de tonnes, et c'est là un minimum, puisqu'on n'a pas tenu compte du sous-sol, quelquefois aussi riche en azote que la terre qui le recouvre. Que l'on porte à 2 pour 100 l'azote de la matière organique, proportion que l'on trouve dans la tourbe, on aura pour le poids de cette matière organique 12 500 millions de tonnes, c'est-à-dire que dans la terre végétale de la France il y a plusieurs milliers de fois autant d'azote qu'il y en avait dans les gisements de guano du Pérou,

---

(1) Expériences répétées en Angleterre par MM. Lawe, Gilbert et Pugh.

alors qu'ils étaient intacts. Que serait-ce si l'on appliquait ces nombres aux vallées des grands fleuves du nouveau continent, de l'Afrique, de l'Asie, où la terre, d'une richesse exceptionnelle en humus, a souvent plusieurs mètres d'épaisseur? La terre végétale, partout à la surface du globe, est donc abondamment pourvue d'azote; et, en faisant ressortir ce fait, M. Liebig a introduit dans la science une donnée des plus fécondes.

Un hectare de sol arable où il y a assez d'humus, de débris de végétaux, pour représenter 5000 kilogrammes d'azote, est aussi riche de ce dernier élément que s'il eût été amendé avec 300 à 400 quintaux du meilleur guano, et cependant il pourrait fort bien arriver qu'une culture entreprise sur ce sol ne fût pas rémunératrice, si l'on se dispensait de donner du fumier; c'est que la presque totalité de cet azote constitutionnel de la terre végétale, comme nous l'avons vu, est engagé dans des combinaisons stables, inertes, vis-à-vis des plantes. Mais nous avons vu aussi que, par certaines influences, ces composés azotés, inertes, sont modifiés en composés dont l'azote est assimilable, et la chaux, comme le prouvent ces recherches, est sans aucun doute l'agent qui opère le plus rapidement cette modification, alors même que l'excès d'humidité dont la terre est pénétrée s'oppose à la nitrification, modification qui détermine une production d'ammoniaque; et il ne faudrait pas juger de son efficacité d'après la faible quantité d'alcali volatil formée dans 1 kilogramme de terre, puisque cette quantité doit être multipliée par 4 millions s'il s'agit de 1 hectare : par exemple, d'après les expériences que j'ai fait connaître, l'hectare de terre aurait acquis, après avoir été chaulé avec 400 quintaux de chaux, 120 kilogrammes d'ammoniaque, c'est-à-dire, en azote assimilable, l'équivalent de 857 kilogrammes d'un excellent guano.

Comme résultat extrême de ce développement, on aurait eu :

	Ammoniaque.	
	Minimum. kil.	Maximum. kil.
Pour la terre du Liebfrauenberg........	136	316
Pour la terre de Merckwiller........	160	188
Pour la terre du Quesnoy.............	48	52

Cette production pour ainsi dire instantanée d'ammoniaque, sous l'influence de la chaux, doit être fort utile, sans doute; cependant, si le chaulage n'avait pas d'autre objet, ce serait, après tout, une opération désavantageuse. En effet, prenons $1^{fr},50$ pour le prix du quintal de chaux rendu sur place. Le kilogramme d'ammoniaque, développé par un chaulage fait à raison de 400 quintaux par hectare, reviendrait :

	fr		fr
Pour la terre du Liebfrauenberg, de......	4,40	à	1,90
Pour la terre de Merckwiller, de.........	3,75	à	3,20
Pour la terre du Quesnoy, de	12,50	à	11,55

La chaux a donc nécessairement une autre utilité que celle de développer de l'ammoniaque en agissant sur les matières azotées, soit qu'elle ajoute dans le sol l'élément calcaire dont il manquait, soit qu'elle rende libre la potasse des silicates, ou qu'elle modifie avantageusement pour la végétation les propriétés physiques des terrains argileux.

Le chaulage à doses faibles, fréquemment répétées, a un tout autre caractère; la chaux qu'il apporte aux

4 millions de kilogrammes de terre de 1 hectare est véritablement une quantité insignifiante ; mais l'ammoniaque qu'il développe revient à un prix assez modéré pour faire croire que l'opération est avantageuse sous le rapport de la production de cet alcali.

La chaux donnée annuellement à raison de 12 quintaux par hectare produirait, d'après mes expériences :

	Ammoniaque. kil	Le kilogramme (1). cent.
Dans la terre du Liebfrauenberg.....	48	35
Dans la terre de Merkwiller.........	28	65

Ces chiffres semblent donc justifier la pratique du saupoudrage que, dans certaines contrées, on exécute après les labours au moment des semailles ; car alors, sous le rapport de l'ammoniaque formée par ce faible chaulage, c'est comme si l'on eût répandu sur le sol 3 à 4 quintaux de guano.

L'ammoniaque, sans doute, est formée, dans cette circonstance, aux dépens des matières organiques déjà contenues dans la terre arable ; elle n'est donc pas *introduite*, mais développée presque instantanément, et, dans tous les cas, beaucoup plus rapidement qu'elle ne l'aurait été sous l'influence de l'humidité et de l'atmosphère. La chaux change un engrais latent en un engrais actif.

ACTION DE LA CHAUX SUR LA TOURBE.

La chaux à très-hautes doses produit d'excellents effets dans les terrains tourbeux bien égouttés, et la

---

(1) Dans les localités où la chaux ne revient au cultivateur qui la prépare lui-même qu'à 70 centimes le quintal, les prix de revient du kilogramme d'ammoniaque développée seraient encore moins élevés

terre végétale renferme toujours des matières organi-
sées brunes, azotées, analogues à la tourbe ; j'ai cru,
en conséquence, devoir étudier l'action de la chaux
sur ce combustible.

La tourbe sur laquelle on a opéré est d'un brun
foncé, compacte. On l'extrait dans les environs de
Paris.

L'analyse a indiqué dans 1 kilogramme :

		gr
Eau	. . . .	167,00
Azote	. . . .	22,00
Ammoniaque toute formée	. . .	0,18
Acide nitrique	. . . .	0,00

Vingt et unième expérience. — 1 kilogramme de
tourbe en poudre a reçu 100 grammes de chaux.
Humecté avec 400 centimètres cubes d'eau pure, le
mélange est resté dans l'appareil confiné du 18 février
au 24 mars 1860.

Dose.		gr
Ammoniaque	. . . .	0,317
Avant le chaulage	. . . .	0,180
	En un mois, différence :	+ 0,137

Vingt-deuxième expérience. — 1 kilogramme de
tourbe en poudre a reçu 100 grammes de chaux. Humecté avec 400 centimètres cubes d'eau, le mélange
est resté dans l'appareil du 18 février au 20 mai 1860.

Dosé.		gr
Ammoniaque	. . . .	0,304
Avant le chaulage	. . . .	0,180
	En trois mois, différence :	+ 0,124

On a trouvé o,o13 d'ammoniaque de moins que dans l'expérience vingt et unième.

Vingt-troisième expérience. — On a diminué la compacité de la tourbe humectée en introduisant du sable quartzeux calciné et une plus forte proportion de chaux : 1 kilogramme de tourbe en poudre et 4 kilogrammes de sable ont reçu 400 grammes de chaux. Humecté avec 1^{lit},6 d'eau pure, le mélange est resté dans l'appareil du 7 avril au 6 mai 1861.

Dosé	gr
Ammoniaque.	o,512
Avant le chaulage	o,180

En trois mois, différence : + o,332

La chaux, en agissant à la température ordinaire sur la tourbe, dans laquelle il entre cependant plus de 2 pour 100 d'azote appartenant à de la matière organique, ne développe pas autant d'ammoniaque que dans la terre végétale, si l'on prend pour base de la production l'azote des substances organiques. Pour 100 de chaux, on a obtenu o,1 d'alcali volatil ; l'ammoniaque reviendrait évidemment à un prix trop élevé.

L'ensemble de ces recherches établit que le chaulage provoque, dans la terre végétale, la formation d'une quantité d'ammoniaque assez limitée, si l'on a égard à la teneur en matières azotées, et une formation bien plus limitée encore d'acide nitrique, à tel point que, contre toute prévision, on arriverait à conclure que la chaux serait défavorable à la nitrification du sol, du moins tant qu'elle conserve sa causticité, ses propriétés fortement alcalines.

Une série d'expériences entreprises en 1859 confirme ce fait fort curieux, en même temps qu'elle montre que, dans un sol riche en humus, les effets attribuables à la chaux, dont la cause réside incontestablement dans les éléments organiques de la terre, se manifestent à la longue par la seule action de l'air et de l'humidité, en un mot, par la jachère.

Dans cette série d'expériences, je m'étais proposé d'examiner comparativement comment agiraient : 1° la chaux ; 2° la marne ; 3° le carbonate de potasse représentant le principe alcalin des cendres végétales ; 4° le sable ayant pour unique objet de favoriser l'accès de l'air dans le sol.

La manière d'opérer n'a différé en rien de celle que j'ai décrite. L'alcali ou le calcaire, à la fin d'une expérience, était sursaturé par de l'acide sulfurique pur, puis on dégageait l'ammoniaque par de la magnésie exempte de potasse. La seule différence a été la durée des observations. La terre du Liebfrauenberg, convenablement humectée et associée aux diverses substances, est restée pendant huit mois dans une atmosphère confinée. Du 23 janvier jusqu'au 27 mai, les appareils étaient placés dans une chambre dont la température n'est jamais descendue au-dessous de 8 degrés, et, à partir du 27 mai, on les a exposés en plein midi dans un jardin, jusqu'au 8 septembre.

La terre avait été prise dans le potager en 1858, séchée à l'air et conservée dans des vases fermés.

On constata, par l'analyse, dans 1 kilogramme :

		gr
Ammoniaque toute formée...................	....	0,011
Acide nitrique constituant des nitrates		0,093
Azote appartenant à des matières organiques......		2,093
Carbone appartenant à des matières organiques...		24,000 (1)

Vingt-quatrième expérience. Terre mélangée à du sable. — 1 kilogramme de terre a été mêlé à 850 grammes de sable quartzeux lavé et calciné. Humecté avec 300 centimètres cubes d'eau pure, le mélange est resté dans l'atmosphère confinée du 23 janvier au 18 septembre 1859. Une végétation cryptogamique verdissait les parois du ballon.

Dosé	gr	Dosé.	gr
Ammoniaque..........	0,023	Acide nitrique.	0,575
Le 23 janvier, il y avait..	0,011		0,093
En huit mois, différence :	+ 0,012		+ 0,482

Dans la terre divisée par du sable, il ne s'est formé que $0^{gr},012$ d'ammoniaque dans l'espace de huit mois, et $0^{gr},482$ d'acide nitrique équivalant à $0^{gr},903$ de salpêtre ou à $0^{gr},152$ d'ammoniaque. L'azote assimilable développé durant cette observation est donc exprimé par $0^{gr},164$ d'ammoniaque.

Toutes les expériences que j'ai faites en 1858 et 1859, sur la nitrification pendant la jachère, établissent que le maximum d'acide nitrique est obtenu dans un temps beaucoup plus court. Je reproduirai ici, en la rapportant à 1 kilogramme de la terre du Liebfrauenberg, une des observations.

Vingt-cinquième expérience. Terre mélangée à du

---

(1) Le carbone n'a pas été déterminé on a pris la proportion trouvée antérieurement.

sable. — 1 kilogramme de terre a été mêlé à $5^{kil},5$ de sable quartzeux lavé et calciné. Humecté avec 846 centimètres cubes d'eau pure, le mélange est resté dans l'atmosphère confinée du 30 mai au 14 septembre 1859.

Dosé.	gr	Dosé	gr
Ammoniaque	0,057	Acide nitrique.	0,548
Le 30 mai, il y avait. . . .	0,022		0,003 (1)
En trois mois, différence : + 0,035		+ 0,545	

Dans la terre divisée par du sable, il y a eu de formé, en trois mois, $0^{gr},035$ d'ammoniaque, et $0^{gr},545$ d'acide nitrique équivalant à $1^{gr},021$ de salpêtre ou à $0^{gr},172$ d'ammoniaque.

L'azote assimilable développé durant cette circonstance est exprimé par $0^{gr},207$ d'ammoniaque.

Vingt-sixième expérience. Terre marnée. — 1 kilogramme de terre a été mêlé à 500 grammes d'une marne blanche. Humecté avec 300 centimètres cubes d'eau pure, le mélange est resté dans l'atmosphère confinée du 22 janvier au 18 septembre 1859. Il est apparu quelques cryptogames sur les parois du ballon.

Dosé.	gr	Dose	gr
Ammoniaque.	0,013	Acide nitrique.	0,453
Le 23 janvier, il y avait.	0,011		0,093
En huit mois, différence : + 0,002		+ 0,360	

---

(1) La terre du Liebfrauenberg, objet de cette observation, avait été prise en 1858. Elle contenait par kilogramme :

	gr
Ammoniaque toute formée.	0,022
Acide nitrique.	0,003
Acide phosphorique	3,021
Chaux.	5,520
Carbone appartenant à des matières organiques . . .	24,300

La marne n'a pas favorisé la production de l'ammoniaque, et il n'y a pas eu autant d'acide nitrique de formé que par l'influence du sable.

o^{gr},360 d'acide nitrique représentent o^{gr},674 de salpêtre ou o^{gr},113 d'ammoniaque.

L'azote assimilable acquis par la terre dans cette expérience est exprimé par o^{gr},115 d'ammoniaque.

Vingt-septième expérience. Terre traitée par le carbonate de potasse. — 1 kilogramme de terre a reçu 2 grammes de carbonate de potasse. Humecté avec 210 centimètres cubes d'eau pure, le mélange est resté dans l'atmosphère confinée du 23 janvier au 18 septembre 1859. Matière verte sur les parois du ballon.

Dosé.	gr	Dosé.	gr
Ammoniaque	0,026	Acide nitrique.	0,383
Le 23 janvier, il y avait.	0,011		0,093
En huit mois, différence : + 0,015			+ 0,290

L'addition du carbonate de potasse n'a pas été plus favorable que celle de la marne; plus d'ammoniaque et moins d'acide nitrique développés.

o^{gr},29 d'acide nitrique représentent o^{gr},543 de salpêtre.

L'azote assimilable acquis par la terre, dans cette expérience, est exprimé par o^{gr},103 d'ammoniaque.

Vingt-huitième expérience. Terre fortement chaulée. — 1 kilogramme de terre a reçu 200 grammes de chaux. Humecté avec 430 centimètres cubes d'eau pure, le mélange est resté dans l'atmosphère confinée du 23 janvier au 18 septembre 1859. La terre ne portait pas de

végétation cryptogamique; elle avait une odeur légèrement ammoniacale.

Dosé	gr	Dosé.	gr
Ammoniaque..........	0,314	Acide nitrique.	0,192
Le 23 janvier, il y avait.	0,011		0,093
En huit mois, différence : + 0,303			+ 0,099

La chaux a produit beaucoup plus d'ammoniaque et moins d'acide nitrique que le sable, la marne et le carbonate de potasse.

$0^{gr},099$ d'acide nitrique représentent $0^{gr},185$ de salpêtre ou $0^{gr},031$ d'ammoniaque.

L'azote assimilable acquis par la terre, dans cette expérience, est exprimé par $0^{gr},334$ d'ammoniaque.

100 de chaux ont développé $0^{gr},167$ d'ammoniaque qui reviendrait à $8^{fr},90$ le kilogramme, si la chaux ajoutée au sol avait uniquement pour effet de produire l'alcali volatil.

Résumé.

MATIÈRES AJOUTÉES a 1 kilogramme de terre.	AMMONIAQUE formée.	ACIDE NITRIQUE formé	AZOTE assimilable acquis exprimé en ammoniaque.
	gr	gr	gr
I. Sable... 850	0,012	0,482	0,164
II. Sable... 5500	0,035	0,545	0,207
III. Marne.. 500	0,002	0,360	0,115
IV. Potasse. 2	0,015	0,290	0,103
V. Chaux.. 200	0,303	0,099	0,167

Il est remarquable que la chaux à très-haute dose n'ait pas développé dans la terre du Liebfrauenberg plus d'azote assimilable que la jachère : dans le premier cas, cet azote s'est révélé à l'état de nitrate ; dans le second cas, à l'état d'ammoniaque ; et cette série d'expériences fournit une nouvelle preuve de l'obstacle que la chaux caustique semble apporter à la nitrification de la terre végétale.

Il est, je crois, permis de conclure que le chaulage tel qu'il est pratiqué généralement ne saurait avoir pour effet unique la transformation en ammoniaque et en acide nitrique de l'azote engagé, en combinaisons stables, dans les débris organiques disséminés dans la terre arable. Sans doute, cette transformation a lieu, son utilité est incontestable, puisqu'elle apporte des éléments de fertilité ; mais elle n'est aucunement en rapport avec les fortes quantités de chaux que l'on fait intervenir, le poids de l'azote assimilable engendré sous cette influence n'étant pas même le millième de celui de la terre alcaline. La chaux, dans un chaulage à hautes doses, doit donc avoir pour effets principaux : 1° d'introduire l'élément calcaire sous une forme favorable à la végétation dans les terrains qui, en raison de leur origine, en sont dépourvus ou qui ne le contiennent pas en proportions suffisantes, et en y introduisant aussi des phosphates en notables quantités, puisque, comme M. Dehérain l'a reconnu, il est des pierres calcaires dans lesquelles le phosphate de chaux entre pour une notable proportion ; 2° de dégager la potasse et la soude des détritus feldspathiques qui les recèlent ; 3° de diminuer la plasticité des terres argileuses en réagissant sur le silicate d'alumine, pour former du silicate de chaux modifiable par l'acide carbonique, qui en élimine de la silice douée alors d'une certaine solubilité et par cela même assimilable, réaction que le marnage ne déterminerait pas ; 4° de décomposer les sulfates de fer, d'alumine, de magnésie que renferment les argiles pyriteuses des terres fortes en les changeant en sulfate de chaux, c'est-à-dire en substituant un sel utile à des sels nuisibles à la végétation.

Dans le chaulage à faible dose, nous avons reconnu que 100 kilogrammes de chaux développent immédiatement de 2 à 4 kilogrammes d'ammoniaque ; eu égard à la valeur de l'amendement, c'est de l'azote assimilable à un prix peu élevé. Dans ces limites, le chaulage peut avoir pour objet la transformation d'une fraction de l'azote des combinaisons stables du sol en ammoniaque ; c'est vraisemblablement ce que réalise le cultivateur en saupoudrant avec de la chaux éteinte, soit après un labour, soit après une coupe de fourrage. C'est exactement comme s'il répandait sur le sol un sel ammoniacal, car il fait naître instantanément de l'ammoniaque là où il n'en existait pas, et cela aux dépens d'une matière qui en possédait bien les éléments, mais qui ne l'aurait produite que beaucoup plus lentement ; et un fait très-intéressant pour la pratique agricole que ces expériences mettent en évidence, c'est que le chaulage n'opère cette transformation que sur une fraction bien minime de l'azote engagé dans les substances organiques du sol. On peut s'en assurer en comparant la teneur en azote de la terre soumise à l'action de la chaux, à l'ammoniaque développée.

DÉSIGNATION des terres.	AZOTE dans 1 kil. de terre.	CHAUX introduite.	AMMONIAQUE		DURÉE de l'expérience	NUMÉROS d'ordre des expériences.
			formée.	formée pour 100 d'azote de la terre.		
	gr	gr	gr			
Liebfrauenberg .	2,093	0,3	0,012	0,57	6 jours.	1
Id.........	»	2,0	0,007	0,33	10 jours.	2
Id....	»	10,0	0,034	1,63	2 jours.	3
Id...... ...	»	10,0	0,076	3,63	1 mois.	4
Id........ .	»	10,0	0,079	3,78	2 mois.	5
Id.........	»	200,0	0,303	14,48	8 mois.	28
Merckwiller...	1,400	0,3	0,007	0,50	6 jours.	8
Id.........	»	2,0	0,010	0,71	10 jours.	9
Id........ .	»	10,0	0,046	3,28	1 mois.	10
Id......... .	»	10,0	0,036	2,57	2 mois.	11
Id......... .	»	10,0	0,030	2,14	16 jours.	17
Quesnoy..... .	0,874	10,0	0,018	2,06	14 jours.	14
Id.........	»	10,0	0,020	2,29	1 mois.	15
Id..	»	10,0	0,025	2,86	15 jours	19
Tourbe.	22,030	100,0	0,137	0,62	1 mois.	21
Id.........	»	100,0	0,127	0,58	3 mois.	22
Id	»	400,0	0,332	1,51	3 mois.	23

En moyenne, 100 de l'azote appartenant aux substances organiques disséminées dans la terre végétale ont donné en ammoniaque :

Par le chaulage à faible dose............ 0,53
Par le chaulage à haute dose............. 2,83
Par le chaulage à dose extraordinaire..... 14,48

Le mélange de 1 kilogramme de la terre du Liebfrauenberg, avec 200 grammes de chaux (28ᵉ expérience), ne saurait être considéré comme un chaulage, puisqu'il représenterait une incorporation de 8000 quintaux de chaux par hectare, opération impraticable ; c'est un *compost*. La même remarque est applicable à la tourbe, dont l'azote constitutionnel, malgré la forte proportion de chaux ajoutée, n'a pas même donné $\frac{1}{100}$ d'ammoniaque.

Cette résistance de l'humus, des acides bruns, des débris organiques à l'action de la chaux doit rassurer sur ce qu'on appelle dogmatiquement l'abus du chaulage, ayant pour conséquence future l'appauvrissement de la fertilité du sol. *La chaux enrichit le père et ruine les enfants;* le dicton, pour être vrai, aurait dû dire : *les enfants d'un père prodigue.* Ces opinions sont fondées sur des théories aussi prétentieuses qu'erronées. Le chaulage bien appliqué a produit partout où il était nécessaire de merveilleux résultats; son effet a pu être nul ou insuffisamment rémunérateur dans certaines contrées, mais il n'a jamais ruiné le cultivateur qui l'a pratiqué judicieusement et avec opportunité. Sans doute, il y a eu abus du chaulage toutes les fois qu'on l'a effectué, sans le concours des engrais, sur des terres arables de constitution normale; il a dû s'ensuivre un appauvrissement, parce que si la chaux, indépendamment de l'action qu'elle exerce sur les principes minéraux, possède la faculté d'agir sur les matières organiques du sol en en faisant ressortir de l'azote assimilable, elle ne les remplace pas. La chaux seule suffira donc comme amendement, du moins pendant de longues années, en raison de la lenteur de son action, sur des terres riches en humus, comme dans une ancienne prairie retournée, sur un défrichement; mais dans les terres ordinaires, son application doit être accompagnée de fumures d'autant plus fortes qu'elle occasionne des récoltes plus abondantes. Ainsi, dans la culture faite en terre normale, le chaulage ne dispense pas du fumier, dont il accélère l'action fertilisante au plus grand profit du cultivateur. Quand, par des circonstances dépendant de la nature du terrain, du prix peu élevé de la chaux, de la possibilité de se procurer des engrais, on fait parallèlement de forts chaulages et de fortes fumures, on atteint, pour un climat donné, le maximum des récoltes de cette agriculture intensive, toujours la plus lucrative, malgré l'importance du capital engagé.

DU DOSAGE DE L'AMMONIAQUE

EN PRÉSENCE DE SUBSTANCES ORGANIQUES AZOTÉES.

APPLICATION A L'ÉTUDE DE LA CONSTITUTION DE LA TERRE VÉGÉTALE, DU TERREAU ET DES ENGRAIS.

Le dosage de l'ammoniaque, en présence de sub-stances organiques azotées, peut être affecté d'erreurs graves, lorsque l'on fait intervenir un alcali fixe pour dégager l'alcali volatil de ces combinaisons salines, par la raison que l'on est exposé à produire de l'am-moniaque là où il n'en existait pas. Et, bien qu'en ce qui concerne la terre végétale, le terreau, les eaux des sources et des fleuves, on ait peu à craindre cette production, si l'alcali fixe que l'on fait agir est extrêmement dilué, toujours est-il que la sécurité n'est complète qu'autant que l'élimination de l'am-moniaque a lieu dans les premières phases de l'ébul-lition de l'eau dans laquelle sont dissous les sels ammoniacaux ; autrement, en continuant la distilla-tion, la liqueur alcaline, en se concentrant, acquer-rait assez de force pour réagir sur la matière azotée, et donner naissance à de l'ammoniaque que l'on con-fondrait, dans le dosage, avec celle qui préexistait. Cette réaction n'est plus à craindre, si, à la potasse ou à la chaux, on substitue la magnésie *pure*.

Le procédé pour dégager l'ammoniaque au moyen

de la magnésie ne diffère pas essentiellement de celui que j'ai appliqué au dosage des minimes quantités d'ammoniaque contenues dans la pluie ou dans l'eau des fleuves ; il est d'ailleurs fondé sur le même principe, et si l'appareil a été légèrement modifié, c'est à cause de la nécessité où l'on est d'introduire de la magnésie en poudre, au lieu d'une dissolution de potasse, et aussi pour pouvoir opérer sur des matières solides, comme la terre végétale, le terreau, le fumier, etc.

L'appareil ci-dessous consiste en un ballon *a* placé

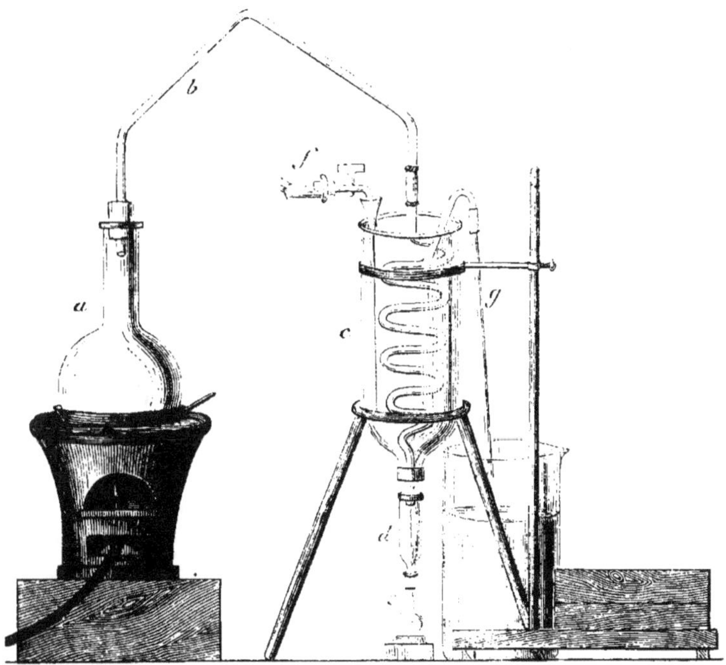

sur un bain de sable, dont la capacité doit être double, au moins, du volume de la matière et de l'eau qu'on y fera bouillir. Au ballon est ajusté un bouchon traversé par un tube b fixé par un caoutchouc à un serpentin en étain, établi dans une cloche renversée servant de réfrigérant. A l'orifice inférieur du serpentin est un petit appendice en verre d dont l'extrémité pénètre dans une fiole e d'une capacité connue, indiquée par un trait marqué sur le goulot. Lorsque l'on présume que la quantité d'ammoniaque dégagée par la distillation atteindra $0^{gr},01$, il convient de recevoir le liquide distillé dans un verre à pied divisé par zones de 10 centimètres cubes, au fond duquel on met assez d'eau acidulée avec de l'acide sulfurique pour que le bout de l'appendice d y pénètre de 4 à 5 millimètres. L'eau et l'acide doivent être exempts d'ammoniaque; c'est dans ce liquide acide que se condenseront les vapeurs ammoniacales qui apparaissent au commencement de la distillation.

La matière étant dans le ballon a, si elle est en poudre, comme la terre végétale, on ajoute de l'eau exempte d'ammoniaque, on agite, puis on introduit la magnésie; on agite de nouveau; on ajuste le bouchon traversé par le tube établissant la communication avec le serpentin; on pose le ballon sur le bain de sable et l'on chauffe. Quand l'ébullition commence, on modère le feu.

Dans cette opération, deux cas peuvent se présenter : celui où, par sa nature, la matière que l'on distille n'émet pas d'acide carbonique; celui où elle en émet. Quand il n'y a pas émission d'acide carbonique, on peut, par les liqueurs titrées, doser directement l'ammoniaque dans les 50 ou 100 premiers centimètres cubes de liquide réunis dans le récipient;

puis dans une seconde, dans une troisième prise,
jusqu'à ce qu'on ne trouve plus d'ammoniaque. Si,
au contraire, il y a émission d'acide carbonique pendant la distillation, il faut, après en avoir recueilli un
volume égal au tiers du volume de l'eau mise dans
le ballon, procéder à une nouvelle opération, c'est-
à-dire rechercher et doser l'ammoniaque dans le
liquide distillé. Cette seconde opération devient obli-
gatoire, lorsque l'on détermine l'ammoniaque *toute
formée* dans le terreau, le purin, les liqueurs ayant
subi la fermentation alcoolique, matières qui, toutes,
contenant de l'acide carbonique, en portent dans le
produit de la distillation, et rendent très-incertain
le dosage par la méthode volumétrique; en voici la
raison :

La magnésie n'a pas, comme la potasse ou la chaux,
la propriété de retenir énergiquement l'acide carbonique; il arrive alors que par la distillation ce n'est
pas de l'ammoniaque caustique que l'on a dans l'eau
condensée, mais du carbonate de cette base et même
de l'acide carbonique libre. C'est pour prévenir cet
inconvénient que lorsque l'on dose l'ammoniaque
d'une eau de source, d'une eau de rivière, on met
dans le ballon cucurbite beaucoup plus de potasse
qu'il n'en faudrait pour décomposer les minimes quantités de sels ammoniacaux contenues dans l'eau; c'est
surtout pour retenir l'acide carbonique, pour empêcher qu'il ne communique de l'acidité au liquide
distillé et qu'il n'occasionne une perturbation dans le
dosage. En effet, pour doser l'ammoniaque dans l'eau
condensée sortie du réfrigérant, on met dans cette
eau une pipette d'acide sulfurique normal dont on

connaît la capacité de saturation. On sait que pour former un sulfate, le volume d'acide exigerait $0^{gr},2125$ d'ammoniaque, et l'on sait aussi, car on a pris le *titre* de l'acide, que cette saturation est effectuée par un certain volume d'une liqueur alcaline faite arbitrairement, par exemple par 32 centimètres cubes d'une faible solution de potasse. Si en faisant bouillir dans le ballon *a* une matière dissoute ou délayée dans

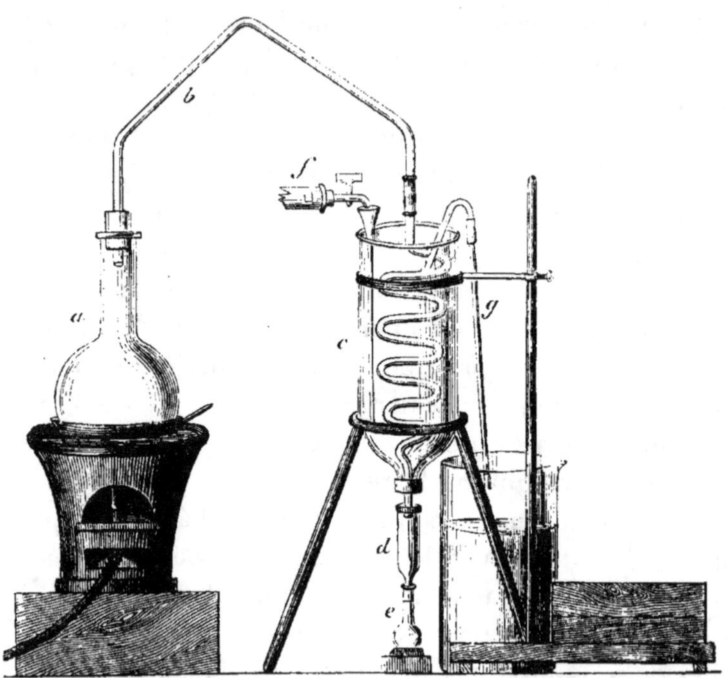

l'eau, avec de la magnésie, il n'y a pas dégagement d'ammoniaque, l'eau recueillie dans le récipient ne contiendra pas autre chose que l'acide sulfurique qu'on aura ajouté, cet acide restera libre, et, pour le saturer, il faudra encore employer 32 centimètres cubes de la dissolution alcaline. Toutefois, pour qu'il

en arrive ainsi en l'absence d'une apparition d'ammoniaque, pour que, suivant l'expression consacrée,
« on retombe sur le titre, » il ne faut pas qu'il sorte
du ballon un acide qui s'ajouterait à l'acide sulfurique normal. Or, quand la matière sur laquelle on
agit émet de l'acide carbonique, parce que la magnésie
ne le retient pas en totalité, cet acide passe dans le
récipient, se réunit à l'acide normal, et alors la saturation de la liqueur distillée demande plus de 32 centimètres cubes de solution alcaline. En un mot, on
trouve plus d'acide que l'on n'en a ajouté. On comprend
aussitôt l'erreur que peut occasionner cet accident.
Dans une seconde opération, le liquide recueilli est distillé avec assez de potasse pour fixer tout l'acide carbonique et saturer l'acide sulfurique que l'on avait mis
dans le récipient; il ne passe plus à la distillation que
de l'ammoniaque, la seule substance azotée que contenait le liquide, la potasse même en grand excès ne
saurait donner lieu à une production d'alcali volatil.

Afin de prévenir toute perte d'ammoniaque pendant la distillation, il est essentiel que l'eau condensée
dans le serpentin sorte froide de l'appendice d. A cet
effet, il faut renouveler l'eau du manchon c, en ou-
vrant le robinet f, en même temps que l'on fait fonctionner le siphon g. L'eau froide, au moyen d'un tube
terminé par un entonnoir, parvient au fond du manchon c et pousse l'eau tiède vers le siphon g. Pour
fermer le siphon, l'on *pince* un tube de caoutchouc
placé au bas de la branche la plus longue.

J'ai déjà fait connaître les précautions à prendre
pour doser, par la méthode volumétrique, l'ammoniaque dans le liquide condensé sorti de l'appa-

reil (1); il suffira d'indiquer ici comment il convient de procéder pour préparer la magnésie.

Le carbonate hydraté (*magnesia alba*) est lavé à grande eau, séché à l'étuve et décomposé dans un creuset à une température n'excédant pas celle du rouge naissant, parce qu'il importe de ne pas donner trop de cohésion à la magnésie ; une forte calcination changerait d'ailleurs en chaux les traces de carbonate calcaire que pourrait renfermer la *magnesia alba* (2).

Action de la magnésie calcinée sur diverses substances organiques azotées. — J'ai fait voir (3) qu'en faisant bouillir 1 litre d'eau dans lequel on a dissous $0^{gr},5$ de gélatine avec de la magnésie, on ne détermine pas une formation d'ammoniaque. Cette expérience a été le point de départ du procédé que je décris.

Légumine. — On l'avait extraite des pois.

1. $0^{gr},5$ de matière ont été introduits dans le ballon avec 250 centimètres cubes d'eau pure et 1 gramme de magnésie. On a retiré par la distillation 100 centimètres cubes de liquide pour y doser l'alcali.

L'acide sulfurique employé aurait saturé $0^{gr},2125$ d'ammoniaque.

Titre de l'acide : avant.....	$31,7$
Titre de l'acide : après.....	$31,75$
Différence.....	$+ 0,05$

---

(1) Tome II, p. 170.

(2) Dans le commerce on rencontre du carbonate de magnésie exempt de carbonate de chaux. Néanmoins, dans les recherches délicates, il faut s'assurer de l'abscence de la chaux caustique, dans la magnésie calcinée.

(3) Tome II, p. 207.

II. $0^{gr},5$ de légumine ont été délayés dans 250 centimètres cubes d'eau avec 3 grammes de magnésie; vingt quatre heures après on a distillé jusqu'à obtenir 100 centimètres cubes de liquide que l'on a soumis au dosage.

$$
\begin{array}{lr}
& ^{cc} \\
\text{Titre de l'acide : avant.. ...} & 31,7 \\
\text{Titre de l'acide : après......} & 31,7 \\
\hline
\text{Différence......} & 0,0
\end{array}
$$

D'après le volume $(31^{cc},7)$ de la solution alcaline nécessaire pour saturer l'acide normal exigeant $0^{gr},2125$ d'ammoniaque, on pouvait répondre, dans le dosage de cet alcali, de $\frac{3}{10}$ de milligramme. On est donc autorisé à croire que la magnésie ne réagit pas d'une manière sensible sur la légumine.

III. Pour montrer que, dans le cas où il y aurait des sels ammoniacaux, la présence de la légumine ne s'opposerait pas au dosage de l'ammoniaque, on a ajouté un peu de chlorhydrate de cette base à $0^{gr},5$ de légumine délayés avec 1 gramme de magnésie dans 250 centimètres cubes d'eau. Par la distillation on a retiré 100 centimètres cubes de liquide.

Première prise.

$$
\begin{array}{lll}
& ^{cc} & \\
\text{Titre de l'acide : avant..} & 31,7 & \\
\text{Titre de l'acide : après..} & 30,7 & \\
\hline
\text{Différence...} & 1,0 = \text{ammoniaque.. } & 0,0067^{gr}
\end{array}
$$

On met 100 centimètres cubes d'eau pure dans le ballon et l'on distille de nouveau.

Deuxième prise. 100 centimètres cubes.

Titre de l'acide : avant......	31,7
Titre de l'acide : après......	31,7
Différence......	0,0

Ainsi, la magnésie a dégagé l'ammoniaque du sel où elle était engagée, sans en produire ultérieurement, en réagissant sur la substance azotée.

Albumine végétale. — L'albumine a été retirée d'un foin de bonne qualité; elle n'était pas absolument pure, il devait s'y trouver de faibles proportions de légumine et de matières grasses; elle était certainement exempte des sels ammoniacaux. Afin de favoriser l'action de la magnésie, l'albumine n'avait pas été desséchée; elle fut introduite humide, mais une dessiccation faite sur une quantité de matière égale à celle sur laquelle on allait agir indiqua qu'on opérait réellement sur $0^{gr},8$ de matière sèche. L'albumine a été introduite dans l'appareil avec 1 gramme de magnésie et 250 centimètres cubes d'eau pure. Par la distillation on a retiré 75 centimètres cubes de liquide pour y doser l'ammoniaque.

L'acide sulfurique employé aurait saturé $0^{gr},07083$ d'ammoniaque.

Titre de l'acide : avant.... .	31,25
Titre de l'acide : après.. ..	31,25
Différence......	0,00

D'après le volume ($31^{cc},25$) du liquide alcalin que saturait l'acide normal, on voit que la magnésie n'a pas dégagé des $0^{gr},8$ d'albumine végétale, $0^{gr},0001$ d'ammoniaque, car cette faible quantité d'alcali aurait certainement été accusée par le dosage.

Asparagine. — J'ai cru devoir essayer l'action de la magnésie sur cette substance que les alcalis fixes transforment si nettement en acide aspartique et en ammoniaque. En faisant bouillir une dissolution d'asparagine avec de l'hydrate de chaux, on perçoit aussitôt une odeur ammoniacale. On va voir cependant que la transformation n'a pas lieu aussi rapidement qu'on semble l'admettre.

I. On a dissous dans 250 centimètres cubes d'eau $0^{gr},825$ d'asparagine, et l'on a délayé dans la dissolution 1 gramme de chaux éteinte. On a distillé.

L'acide sulfurique (10 centimètres cubes) employé pour le dosage demandait pour être saturé $0^{gr},2125$ d'ammoniaque ; comme on s'attendait à une notable production d'alcali volatil dès le commencement de l'opération, on avait eu la précaution de mettre la pipette d'acide normal dans un verre récipient mis à la place occupée par la fiole *e*. (*Voyez* la *figure*, p. 210.)

Première prise. Retiré 50 centimètres cubes de liquide.

	cc	
Titre de l'acide : avant..	32,9	
Titre de l'acide : après..	32,0	
Différence...	0,9 = ammoniaque..	$0^{gr},0058$

On a continué à distiller sans remplacer dans le ballon *a* les 50 centimètres cubes d'eau qui en étaient sortis. La chaux, agissant alors sur une dissolution d'asparagine plus concentrée, devait dans le même espace de temps dégager plus d'ammoniaque. C'est ce qui est arrivé.

(216)

D'autre part. . . . . 0^{gr},0058

Deuxième prise. 50 centimètres cubes.

Titre de l'acide : avant. . 32^{cc},9
Titre de l'acide : après. . 31,6

Différence. . . 1,3 = ammoniaque. . 0^{gr},0084

0,0142

Ainsi, en faisant réagir la chaux sur 0^{gr},825 d'asparagine, après une heure d'ébullition, il y a eu seulement 0^{gr},0142 d'ammoniaque formée, $\frac{1}{10}$ de ce qu'aurait pu fournir l'azote de la matière employée.

Action de la magnésie sur l'asparagine dissoute. — 0^{gr},825 d'asparagine dissous dans 250 centimètres cubes d'eau pure (1) ont reçu 1 gramme de magnésie. On a distillé. Pour le dosage on s'est servi de l'acide sulfurique employé précédemment.

Prise. 50 centimètres cubes de liquide.

Titre de l'acide : avant. . 32^{cc},85
Titre de l'acide : après. . 32,80

Différence. . . 0,05 = ammoniaque. . 0^{gr},0003

Il s'agissait de savoir si les $\frac{3}{10}$ de milligramme d'ammoniaque étaient dus à la réaction, ou s'ils provenaient d'une trace de sels ammoniacaux que la matière pouvait contenir, ou bien encore d'une erreur de lecture sur la burette servant au titrage ; car d'après le volume de la liqueur alcaline (32^{cc},85) équivalant à 0^{gr},2125 d'ammoniaque, il est clair que l'on pouvait à peine répondre de $\frac{3}{10}$ de cet alcali (2).

---

(1) Par eau pure j'entends l'eau distillée exempte d'ammoniaque.

(2) Parce que $\frac{0^{gr},2125}{32^{cc},85} = 0^{gr},0065$, pour 1 centimètre cube lu sur la division de la burette. Soit 0^{gr},00065 pour $\frac{1}{10}$ de centimètre cube.

Il était donc nécessaire de doser avec des liqueurs titrées accusant avec sécurité de moindres quantités d'ammoniaque.

La pipette (10 centimètres cubes) d'acide sulfurique normal, dont on a fait usage dans cette nouvelle série d'expériences, eût exigé, pour être saturée, $0^{gr},02125$ d'ammoniaque, et il fallait, pour opérer cette saturation, verser $30^{cc},4$ de la liqueur alcaline préparée pour le titrage. Cette liqueur était de l'eau de chaux étendue d'eau. Chaque dixième de centimètre cube de la burette alcaline représentait, par conséquent, $\dfrac{0^{gr},02125}{30,4} = 0^{gr},00007$ d'ammoniaque. En lisant la moitié du dixième de la division, l'on arrivait à doser trois à quatre centièmes de milligramme d'ammoniaque.

I. $0^{gr},5$ d'asparagine dissous dans 200 centimètres cubes d'eau pure ont été mis dans l'appareil avec 2 grammes de magnésie. On a distillé.

Première prise. 50 centimètres cubes.

Titre de l'acide : avant..	$30,4^{cc}$
Titre de l'acide : après..	$29,7$
Différence...	$0,7$ = ammoniaque . $0,00049^{gr}$

Deuxième prise. 50 centimètres cubes.

Titre de l'acide : avant..	$30,4^{cc}$
Titre de l'acide : après..	$30,0$
Différence..	$0,4$ = ammoniaque . $0,00028^{gr}$

On remet 100 centimètres cubes d'eau pure dans le ballon.

A reporter........ 0,00077

Report.......... 0,00077

Troisième prise. 5o centimètres cubes.

Titre de l'acide : avant. 3o,4
Titre de l'acide : après. 29,95

Différence... 0,45 = ammoniaque . 0,0003ı

Quatrième prise. 5o centimètres cubes.

Titre de l'acide : avant.. 3o,3
Titre de l'acide : après.. 29,8

Différence... 0,5 = ammoniaque . 0,00035

0,00143

En faisant bouillir pendant deux heures la solution de $0^{gr},5$ d'asparagine avec 2 grammes de magnésie, on a obtenu $0^{gr},00143$ d'ammoniaque, le $\frac{1}{96}$ de ce qu'aurait donné l'azote de la matière s'il eût été entièrement transformé.

Une dissolution renfermant moins d'asparagine fournit par l'ébullition moins d'ammoniaque, la quantité de magnésie restant la même.

II. On a dissous $0^{gr},1$ d'asparagine dans 2oo centimètres cubes d'eau pure; on a distillé après avoir introduit 2 grammes de magnésie.

Première prise. 5o centimètres cubes.

Titre de l'acide : avant.. 3o,3
Titre de l'acide : après.. 3o,2

Différence... 0,1 = ammoniaque . 0,00007

$$\text{Report} \ldots \ldots \ldots \ldots \ldots \quad 0,00007 \, ^{gr}$$

Deuxième prise. 5o centimètres cubes.

Titre de l'acide : avant . $\quad 3o,3 \, ^{cc}$
Titre de l'acide : après . . $\quad 3o,2$

Différence... $\quad$ o,1 $=$ ammoniaque . $\quad 0,00007 \, ^{gr}$

$$0,00014$$

L'ammoniaque développée dans cette circonstance est à peu près le $\frac{1}{200}$ de ce que l'azote de o^{gr},1 d'asparagine aurait pu produire.

La magnésie en réagissant sur l'asparagine dissoute, à l'aide d'une ébullition soutenue, dégage donc de si faibles proportions d'ammoniaque, qu'il faut avoir recours aux procédés les plus délicats de l'analyse pour les mettre en évidence.

On verra, lorsque je présenterai les recherches que j'ai faites sur l'urine des herbivores, que l'urée, comme l'asparagine, émet un peu d'ammoniaque quand on fait bouillir à 100 degrés sa dissolution avec de la magnésie, et que si l'ébullition a lieu à 40 degrés, par suite d'une diminution de pression, la magnésie ne réagit plus. Il est donc possible d'empêcher d'une manière absolue la magnésie de réagir sur l'urée et sur l'asparagine ; toutefois il n'est réellement nécessaire d'avoir recours à la distillation dans le vide qu'autant qu'il se rencontre de l'urée dans les matières que l'on examine. La magnésie paraît n'exercer aucune action, même à 100 degrés, sur les corps d'une constitution plus stable, et l'on peut dans un très-grand nombre de cas l'employer avec succès à dégager l'ammoniaque des composés ammoniacaux mêlés à des matières organiques azotées.

L'extraction de l'ammoniaque, pour la doser, des substances pulvérulentes, n'offre aucune difficulté. La matière pesée est délayée dans le ballon *a* avec une quantité d'eau suffisante pour que l'ébullition puisse avoir lieu sans occasionner une tuméfaction ; on ajoute la magnésie et l'on distille. Comme je l'ai dit, une seule opération est nécessaire, s'il n'y a pas émission de gaz acide carbonique ; il en faut une seconde, s'il passe de l'acide carbonique.

Dosage de l'ammoniaque dans le terreau. — Après avoir mêlé plusieurs kilogrammes de terreau pour prendre un échantillon, on l'a passé au tamis, afin d'enlever les pailles non altérées et les graviers.

L'analyse avait indiqué 0,0102 d'azote : dans 1 kilogramme, $1^{gr},02$.

Premier traitement. 15 grammes de ce terreau ont été mis dans l'appareil avec 400 centimètres cubes d'eau pure. On a distillé jusqu'à ce qu'on ait obtenu 200 centimètres cubes de liquide, dans lesquels se trouvaient les sels volatils préexistants, ou formés par l'action des carbonates alcalins ou terreux sur les sels fixes ammoniacaux. A ces 200 centimètres cubes de liquide on a ajouté 100 centimètres cubes d'eau pure, une solution contenant $0^{gr},5$ d'hydrate de potasse, et l'on a procédé à la distillation.

L'acide sulfurique normal (10 centimètres cubes) aurait été saturé par $0^{gr},07083$ d'ammoniaque.

Première prise. 100 centimètres cubes.

Titre de l'acide : avant . .	$31,6^{cc}$	
Titre de l'acide : après . .	$31,4$	
Différence . . .	$0,2 =$ ammoniaque .	$0,00045^{gr}$

On met 100 centimètres cubes d'eau pure dans le ballon avant de continuer la distillation.

Deuxième prise. 100 centimètres cubes.

Titre de l'acide : avant.. $\overset{cc}{31},6$
Titre de l'acide : après.. $31,6$

Différence... $0,0$ plus d'ammoniaque.

Deuxième traitement. Après avoir réintégré dans le ballon 100 centimètres cubes d'eau pure, on y a ajouté 1 gramme de magnésie pour dégager l'ammoniaque existant encore à l'état de sels fixes dans le terreau, on a ensuite procédé à la distillation.

Première prise. 100 centimètres cubes.

Titre de l'acide : avant.. $\overset{cc}{31},6$
Titre de l'acide : après.. $31,1$

Différence... $0,5 =$ ammoniaque. $\overset{gr}{0},00112$

On met 100 centimètres cubes d'eau pure dans le ballon.

Deuxième prise. 100 centimètres cubes.

Titre de l'acide : avant.. $\overset{cc}{31},6$
Titre de l'acide : après.. $31,5$

Différence... $0,1 =$ ammoniaque. $\overset{gr}{0},00023$

On met 100 centimètres cubes d'eau pure dans le ballon.

Troisième prise. 100 centimètres cubes.

Titre de l'acide : avant.. $\overset{cc}{31},6$
Titre de l'acide : après.. $31,6$

Différence... $0,0$ plus d'ammoniaque.

Par ces deux traitements, on avait retiré des 15 grammes de terreau :

Ammoniaque formant des sels volatils. ..   0,00045^{gr}
Ammoniaque formant des sels fixes.   0,00135
                                         ____
                                           0,00180

Dans 100 de terreau : ammoniaque toute formée 0,012, soit dans 1 kilogramme 0^{gr},12 : ce qui montre qu'il n'y avait qu'une très-faible partie de l'azote qui s'y trouvait à l'état d'ammoniaque. En effet,

Dans 1 kilogramme, l'analyse avait indiqué : azote total.   1,020^{gr}
Dans les 0^{gr},12 d'ammoniaque trouvée : azote.   0,099
                                                            ____
Azote uni à des matières organiques..............   0,921

Il ne sera pas inutile de faire remarquer que c'est cet azote qui donne de l'ammoniaque, lorsque, au lieu de faire usage de magnésie pour décomposer les sels ammoniacaux, on emploie une base plus énergique, et qu'en agissant ainsi la totalité de l'ammoniaque que l'on dose n'était pas *toute formée* dans la matière. C'est ce qu'établit l'expérience que je vais rapporter.

Troisième traitement. Après avoir mis dans l'appareil 100 centimètres cubes d'eau pure pour remplacer celle qui était sortie pendant la dernière opération et dans laquelle il n'était plus apparu d'ammoniaque, on a fait entrer dans le ballon 1^{gr},5 d'hydrate de chaux et on a distillé.

Première prise. 100 centimètres cubes.

Titre de l'acide : avant..   31,6^{cc}
Titre de l'acide : après..   29,9
                            ____
        Différence...   1,7 = ammoniaque .   0,00381^{gr}

Report. . . . .   0,00381 gr

On remet 100 centimètres cubes d'eau pure
dans le ballon.

Deuxième prise. 100 centimètres cubes.

Titre de l'acide : avant. .   31,6 cc
Titre de l'acide : après. .   30,5
        Différence. . .   1,1 = ammoniaque .   0,00247 gr

On remet 100 centimètres cubes d'eau pure
dans le ballon.

Troisième prise. 100 centimètres cubes.

Titre de l'acide : avant. .   31,6 cc
Titre de l'acide : après. .   31,0
        Différence. . .   0,6 = ammoniaque .   0,00124 gr

On remet 100 centimètres cubes d'eau pure
dans le ballon.

Quatrième prise. 100 centimètres cubes.

Titre de l'acide : avant. .   31,6 cc
Titre de l'acide : après. .   30,6
        Différence. . .   1,0 = ammoniaque .   0,00224 gr
                                                        0,00976

Ainsi, en réagissant pendant quatre heures, la chaux
a déterminé la production de 0gr,01 d'ammoniaque,
et cette production eût sans aucun doute continué
pendant longtemps, si on eût prolongé la réaction.

L'opération est plus simple, lorsqu'on se propose
uniquement de doser l'ammoniaque toute formée
dans une matière, alors même qu'elle fournit de l'a-
cide carbonique par l'ébullition.

Dosage de l'ammoniaque toute formée dans un terreau.
— 50 grammes de ce terreau ont été distillés avec

400 centimètres cubes d'eau pure et 2 grammes de magnésie.

On a retiré 200 centimètres cubes de liquide auxquels on a ajouté 100 centimètres cubes d'eau (1). On a distillé les 300 centimètres cubes de liquide après y avoir versé une solution renfermant quelques décigrammes de potasse.

La pipette d'acide (10 centimètres cubes) aurait saturé $0^{gr},02125$ d'ammoniaque.

Première prise. 100 centimètres cubes.

$$
\begin{array}{llr}
\text{Titre de l'acide : avant..} & & 30,4^{cc} \\
\text{Titre de l'acide : après..} & & 24,1 \\
\hline
\text{Différence...} & 6,3 = \text{ammoniaque..} & 0,0044^{gr}
\end{array}
$$

On remet 100 centimètres cubes d'eau pure dans le ballon.

Deuxième prise. 100 centimètres cubes.

$$
\begin{array}{llr}
\text{Titre de l'acide : avant....} & & 30,4^{cc} \\
\text{Titre de l'acide : après....} & & 30,4 \\
\hline
\text{Différence.....} & & 0,0
\end{array}
$$

Pour 100 de terreau : ammoniaque toute formée 0,0088 : par kilogramme, $0^{gr},088$.

Dosage de l'ammoniaque toute formée dans une tourbe. — L'échantillon était d'un noir foncé. 10 grammes de tourbe réduite en poudre ont été traités avec : eau pure, 300 centimètres cubes, et 2 grammes de magnésie (2). Par une première distillation, on a retiré

---

(1) Il est presque inutile de faire remarquer que ces additions d'eau pure, avant la seconde distillation, ont uniquement pour objet d'avoir un volume de liquide proportionné à la capacité de l'appareil.

(2) Pour éviter une pesée, on dispose des jauges en verre contenant 1, 2, 3 et 4 grammes de magnésie calcinée.

1 5o centimètres cubes de liquide que l'on a distillés
de nouveau avec addition de 15o centimètres cubes
d'eau pure, après avoir introduit une solution de
potasse.

L'acide sulfurique normal saturait $0^{gr},02125$ d'ammoniaque.

Première prise. 1oo centimètres cubes.

Titre de l'acide : avant.. $3o,6^{cc}$
Titre de l'acide : après.. $26,9$
$\qquad$ Différence... $3,7$ = ammoniaque . $0,00256^{gr}$

Remis 1oo centimètres cubes d'eau dans l'appareil.

Deuxième prise. 1oo centimètres cubes.

$\qquad$ Titre de l'acide : avant.... $3o,6^{cc}$
$\qquad$ Titre de l'acide : après.... $3o,6$
$\qquad\qquad$ Différence .. $0,0$

Dans 1oo de tourbe, dosé $0,0256$ d'ammoniaque,
par kilogramme $0^{gr},256$. J'ai plusieurs fois rencontré
dans la tourbe de notables quantités d'ammoniaque
formant des sels fixes.

*Dosage de l'ammoniaque toute formée dans une terre
arable.* — Dans 1oo kilogrammes de terre séchée à
l'air et que l'on avait prise dans un champ de la ferme
de Merkwiller, on a prélevé un échantillon pesant
1oo grammes que l'on a traité avec 3oo centimètres
cubes d'eau pure et 2 grammes de magnésie.

La pipette d'acide (1o centimètres cubes) saturait
$0^{gr},02125$ d'ammoniaque.

III.   15

Première prise. 100 centimètres cubes.

Titre de l'acide : avant.. $30,0$ cc
Titre de l'acide : après.. $29,25$
       Différence... $\quad 0,75 =$ ammoniaque . $0^{gr},00053$

On remet 100 centimètres cubes d'eau pure.

Deuxième prise. 100 centimètres cubes.

    Titre de l'acide : avant.... $30,0$ cc
    Titre de l'acide : après.... $30,0$
        Différence..... $\quad 0,0$

Dans 1 kilogramme de terre, $0^{gr},0053$.

On a pu doser directement l'ammoniaque, parce que le titrage s'est fait sans aucune incertitude, la terre n'ayant pas laissé dégager de gaz acide carbonique.

Dosage de l'ammoniaque toute formée dans un guano. — Ce guano venait des îles de Chinchas; il était brun, peu odorant et présentait des petits cristaux blancs prismatiques. Dans mes recherches sur l'ammoniaque de l'urine, la décomposition du phosphate ammoniaco-magnésien par la magnésie a offert quelque difficulté à cause de la cohésion de ce sel qui est d'ailleurs fort peu soluble. Le phosphate double, quand il est récemment précipité, ou bien lorsqu'il est engagé dans l'organisme des plantes ou des animaux, ne résiste pas à l'action de la magnésie aidée par une ébullition soutenue; il en est autrement si le sel est cristallisé : il est prudent alors de traiter la matière qui le renferme par de l'eau pure aiguisée d'acide chlorhydrique également pur ; une simple digestion à froid suffit pour décomposer le phosphate ammoniaco-magnésien ; on a alors, dans la liqueur, du chlorhydrate d'ammoniaque, du phosphate acide et du chlorhydrate de magnésie. Il est vrai qu'en ajoutant ensuite de la magnésie calcinée en excès pour saturer l'acide chlorhydrique, le phosphate ammoniaco-magnésien est immédiatement reconstitué ; mais à cet état, la magnésie, à la température de l'ébullition de l'eau, déplace l'ammoniaque du phosphate aussi complétement, aussi rapidement que si elle réagissait sur le chlorhydrate de cette base.

100 du guano examiné contenaient 8,1 d'azote.

Comme il s'y trouvait du phosphate ammoniaco-magnésien que l'on apercevait à la loupe, on l'a traité par l'acide chlorhydrique *pur*, c'est-à-dire exempt d'ammoniaque, avant de faire agir la magnésie.

0^{gr},1 de guano a été mis dans le ballon avec 300 centimètres cubes d'eau acidifiée. Après quelques heures de digestion, on a ajouté 3 grammes de magnésie, et, après s'être assuré que le mélange avait une réaction alcaline, on a distillé.

L'acide sulfurique employé saturait 0^{gr},02125 d'ammoniaque.

Première prise. 100 centimètres cubes.

Titre de l'acide : avant..	29,4^{cc}		
Titre de l'acide : après..	19,8		
Différence...	9,6	$=$ ammoniaque.	0,00693^{gr}

15.

Deuxième prise. 5o centimètres cubes.

Titre de l'acide : avant....	29,4
Titre de l'acide : après....	29,4
Différence.....	0,0

Pour 100 de guano.

Ammoniaque toute formée : 6,93 = azote...	5,7
Azote trouvé par l'analyse...............	8,1
Différence.....	2,4

Il y avait, par conséquent, dans le guano, plus du quart de l'azote qui n'y était pas à l'état d'ammoniaque.

Dosage de l'ammoniaque toute formée dans la poudrette. — L'échantillon venait de l'établissement de Bondy; cette poudrette, préparée depuis deux ans, était noire, sans odeur, assez humide. Dans une analyse faite dans mon laboratoire par mon préparateur, M. L'hôte, on avait dosé dans 100 de matière :

Azote.................	1,53
Acide nitrique..........	0,3o
Acide phosphorique......	4,18
Eau..................	3o,2o

10 grammes de poudrette ont été traités avec 200 centimètres cubes d'eau pure et 2 grammes de magnésie; on a retiré 100 centimètres cubes de liquide par la distillation. On avait mis de l'acide sulfurique pur dans le verre récipient, pour prévenir toute perte d'ammoniaque.

Aux 100 centimètres cubes de liquide obtenus de

cette première distillation, on a ajouté 100 centimètres cubes d'eau, et, après l'introduction d'une solution alcaline renfermant 0^{gr},4 de potasse, on a distillé.

L'acide sulfurique normal saturait 0^{gr},2125 d'ammoniaque.

Première prise. 100 centimètres cubes.

Titre de l'acide : avant..	31,2^{cc}		
Titre de l'acide : après..	22,5		
Différence...	8,7	= ammoniaque..	0,0592^{gr}

Pour 100 de poudrette.

Ammoniaque toute formée : 0,592 = azote...	0,488
Azote trouvé par l'analyse...............	1,520
Différence.....	1,042

Dans la poudrette examinée, le tiers de l'azote seulement était à l'état d'ammoniaque.

Dosage de l'ammoniaque toute formée dans l'eau vanne du Dépotoir. — C'est la partie liquide des matières fécales de Paris que l'on envoie aux bassins de Bondy pour être transformée en poudrette. Cette eau est d'un jaune verdâtre, nauséabonde; elle possède une réaction alcaline due à l'ammoniaque, car par l'ébullition elle perd son caractère alcalin. Sa densité a été trouvée de 1023.

L'examen qu'en a fait M. L'hôte a indiqué par litre :

Azote.................	4,42^{gr}
Acide phosphorique.....	1,35
Chaux.................	1,59
Eau..................	991,20

10 centimètres cubes d'eau vanne ont été mélés à 190 centimètres cubes d'eau pure, et on a distillé après avoir ajouté 2 grammes de magnésie. Dans le verre récipient, on avait mis une pipette d'acide sulfurique normal (10 centimètres cubes) pour retenir l'ammoniaque. On a arrêté la distillation quand il eut passé 100 centimètres de liquide.

Ces 100 centimètres cubes de liquide, additionnés de 100 centimètres cubes d'eau, ont été distillés avec $0^{gr},4$ de potasse en dissolution.

L'acide sulfurique normal (10 centimètres cubes) saturait $0^{gr},2125$ d'ammoniaque.

La pipette d'acide avait été mise dans le verre récipient.

Première prise. 100 centimètres cubes.

Titre de l'acide : avant.. $31,2^{cc}$
Tiire de l'acide : après.. $23,5$

Différence... $7,7$ = ammoniaque.. $0,0524^{gr}$

On remet 100 centimètres cubes d'eau.

Deuxième prise. 100 centimètres cubes.

Titre de l'acide : avant.... $31,2^{cc}$
Titre de l'acide : après.. . $31,2$

Différence..... $0,0$

Dans 1 litre d'eau vanne du Dépotoir :

Ammoniaque : $5,24^{gr}$ = azote..... $4,32^{gr}$
Azote trouvé par l'analyse........ $4,42$

Différence..... $0,10$

On voit que dans ce liquide, la presque totalité de l'azote constituait de l'ammoniaque.

Dosage de l'ammoniaque toute formée dans une poudrette. — Cette poudrette a été préparée par M. Chodzko, en évaporant à l'air libre, au moyen d'un bâtiment de graduation analogue à ceux dont on fait usage dans les salines pour concentrer les eaux faiblement salées. La matière organique, dissoute ou tenue en suspension dans l'eau du Dépotoir, incruste les branches disposées en fagots sous un hangar ; ainsi obtenue, la matière est brune, d'une odeur faible ; c'est un excellent engrais.

Dans 100 de cette poudrette, M. L'hôte avait dosé :

$$\begin{aligned}
\text{Azote.} & \dots & 4,20 \\
\text{Acide phosphorique.} & \dots & 4,48 \\
\text{Chaux.} & \dots & 4,07 \\
\text{Eau.} & \dots & 17,76
\end{aligned}$$

10 grammes de matière ont été traités dans l'appareil avec 300 centimètres cubes d'eau pure et 1 gramme de magnésie.

Une pipette d'acide normal (10 centimètres cubes), saturant $0^{gr},070833$ d'ammoniaque, a été placée dans le verre récipient.

Retiré 100 centimètres cubes.

Titre de l'acide : avant.. $29,9^{cc}$
Titre de l'acide : après.. $2,3$

Différence... $27,6 =$ ammoniaque.. $0,0653^{gr}$

Dans 100 de matière.

Ammoniaque toute formée : $0,653 =$ azote.... $0,54$
Azote trouvé par l'analyse.................. $4,20$

Différence..... $3,66$

Le $\frac{1}{8}$ de l'azote contenu dans cette poudrette était à l'état d'ammoniaque.

On voit, en comparant ces résultats à ceux fournis par l'analyse de la poudrette obtenue à Bondy, combien le mode de fabrication suivi dans cette localité fait perdre de principes fertilisants. Les deux poudrettes ont pour origine les mêmes matières, et cependant celle préparée par l'évaporation immédiate des eaux vannes renferme plus de principes azotés ; ainsi dans 100 parties de poudrette :

	Bondy.	Chodzko.
Acide phosphorique	4,2	4,5
Ammoniaque toute formée	0,6	0,65
Azote uni à des matières organiques	1,0	3,7

Dans la poudrette sortie des bassins de Bondy, il y a, dans 100 parties, les éléments de 1,86 d'ammoniaque ; dans la poudrette par évaporation immédiate, 5,10.

Les cas où il est utile de doser l'ammoniaque, sans en provoquer une formation accidentelle par l'action des réactifs, sont extrêmement fréquents ; pour la plupart, ils se rattachent aux questions les plus importantes de l'agriculture et de la physiologie. C'est pourquoi j'ai décrit dans ses moindres détails un procédé qui, par la généralité des applications, la facilité d'exécution et l'exactitude, satisfait à toutes les exigences de la science.

RECHERCHES

SUR LA

QUANTITÉ D'AMMONIAQUE CONTENUE DANS L'URINE.

Dans des recherches sur la constitution de l'urine des herbivores, j'avais été frappé de ce fait, qu'en versant une dissolution de potasse dans de l'urine fraîche du porc, du cheval, de la vache, il n'y avait pas un dégagement perceptible d'ammoniaque (1). Au reste, comme ces urines sont alcalines, par la raison qu'elles renferment du bicarbonate de potasse, l'ammoniaque s'y trouverait nécessairement à l'état de carbonate. Or l'urine des herbivores récemment rendue, et alors même qu'elle est encore chaude, possède bien une odeur particulière, quelquefois aromatique, mais dans laquelle on ne perçoit rien qui décèle l'ammoniaque; et il est si vraisemblable qu'elle ne contient que très-peu ou point de cet alcali, qu'il suffit d'y ajouter quelques gouttes d'une solution d'un sel fixe de cette base, d'oxalate par exemple, pour qu'aussitôt il s'y manifeste l'odeur pénétrante et les réactions propres à l'alcali volatil.

Dans les circonstances normales, l'urine de l'homme

---

(1) *Annales de Chimie et de Physique.* 3ᵉ série. t. XV. p. 97.

est acide comme celle des carnivores; mais l'acidité n'est point un indice de l'absence des sels ammoniacaux. En effet, ces sels ont été reconnus dans la plupart des urines acides examinées, sans que toutefois on les ait dosés avec quelque précision; le plus souvent même les analystes se sont bornés à les indiquer.

La constatation de l'ammoniaque dans l'urine fraîche, avant qu'on puisse soupçonner la moindre altération, n'est pas dénuée d'intérêt; car, en supposant la présence constante de cet alcali, on sera conduit à rechercher si elle est due à une sécrétion analogue à celle de l'urée, des acides urique ou hippurique, ou bien si elle résulte simplement de ce que l'ammoniaque serait éliminée par les voies urinaires, après avoir été ingérée dans l'organisme avec les aliments qui ne sont peut-être jamais exempts de toute trace de sels ammoniacaux.

Dans le travail que j'ai rappelé, j'avais seulement acquis la certitude que le carbonate d'ammoniaque ne se rencontrait pas en quantité notable dans les urines soumises à mon examen; mais de nouvelles recherches devenaient indispensables pour être à même de prononcer, soit sur son absence, soit sur sa proportion, pour quelque minime qu'elle fût. Ces recherches font le sujet de ce Mémoire.

Le dosage de l'ammoniaque appartenant aux sels de l'urine n'est pas sans difficultés. La raison en est que la décomposition de ces sels ne pouvant avoir lieu sans l'intervention d'un alcali énergique, on est exposé à réagir sur l'urée qui, par l'extrême mobilité de ses éléments, est transformée, avec une grande facilité, en ammoniaque; de sorte qu'il pourrait arriver que l'ammoniaque mise en évidence ne fût, après tout, qu'un produit de la réaction, et nullement un des principes constituants de l'urine sur laquelle on aurait opéré.

La difficulté n'est pas aplanie alors même qu'il s'agit de l'urine des herbivores. Le bicarbonate de potasse qu'elle contient dispenserait, à la vérité, de faire intervenir un alcali; et il est certain qu'à la température de 40 degrés, celle de son émission, ce sel n'exerce aucune action sur l'urée, puisque, par le fait, elle ne renferme que des traces douteuses d'ammoniaque. Mais en faisant bouillir, pour expulser et doser ces traces de carbonate ammoniacal, le bicarbonate de potasse abandonnera une partie de son acide carbonique, et, en devenant carbonate, il pourra acquérir une alcalinité assez intense pour opérer, à l'aide de la chaleur, la décomposition, au moins partielle, de l'urée avec laquelle il sera en contact.

Cette crainte paraît d'autant mieux fondée, qu'on admet que l'urée se transforme très-promptement en carbonate d'ammoniaque, non-seulement sous l'influence des agents alcalins, mais encore par la seule action de l'eau bouillante. Ainsi, on assure que l'urée, dissoute dans beaucoup d'eau, est décomposée en partie pendant l'ébullition de la dissolution. Il est vrai que, d'un autre côté, et par une sorte de contradiction, on affirme que la décomposition n'a plus lieu, si c'est une dissolution concentrée que l'on fait bouillir. Enfin, on établit qu'à 120 degrés l'urée entre en fusion sans être décomposée (1).

---

(1) Berzélius, t. VII. p. 374, traduction.

Il est permis cependant de douter de l'exactitude de ces assertions quand on sait que, pour transformer complétement l'urée dissoute dans l'eau, il faut, après l'avoir enfermée dans un tube de verre scellé à la lampe, porter la dissolution à la température de 140 degrés; c'est même sur ce fait que M. Bunsen a fondé un procédé pour doser cette substance dans les urines.

Avant de commener la recherche que j'avais en vue, j'ai dû, naturellement, étudier avec soin l'action des alcalis sur l'urée, afin de vérifier si réellement cette substance, quand elle entre dans une dissolution étendue, est aussi facilement détruite qu'on semble l'admettre.

Dans un ballon A, *fig.* 1, page 237, communiquant avec une éprouvette B, plongée dans un vase faisant office de réfrigérant, on a introduit une dissolution formée de 1 gramme d'urée et de 100 grammes d'eau. L'éprouvette B contenait 10 centimètres cubes d'acide sulfurique à un titre tel, qu'ils saturaient $0^{gr},2125$ d'ammoniaque, ou bien 34 centimètres cubes d'une dissolution de saccharate de chaux (1). Dans le tube de communication C, était engagé un papier de tournesol rougi, accusant les moindres traces de vapeurs ammoniacales. Une lampe à l'alcool était placée sous le ballon, de façon à ne pas chauffer directement les parois qui n'auraient pas été mouillées par le liquide; précaution nécessaire, parce que, autrement, l'urée déposée sur le verre par suite de l'évaporation eût été, en l'absence de l'eau, décomposée par l'action de la flamme. L'appareil ainsi disposé,

(1) Saccharate obtenu en dissolvant de la chaux éteinte dans une dissolution de sucre.

Fig. 1.

Fig. 2.

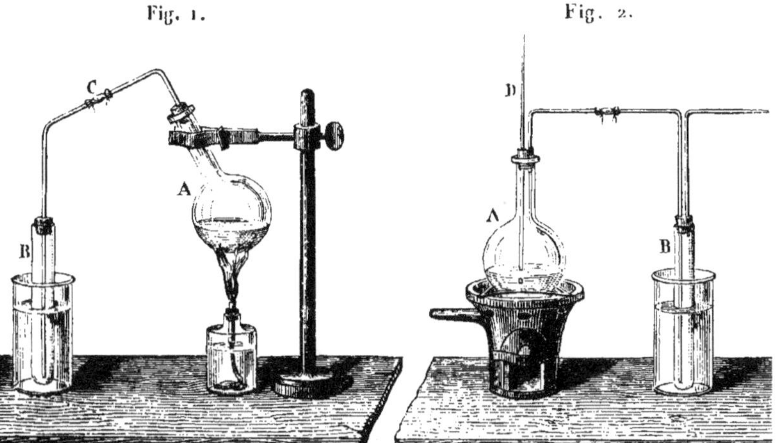

Fig. 3.

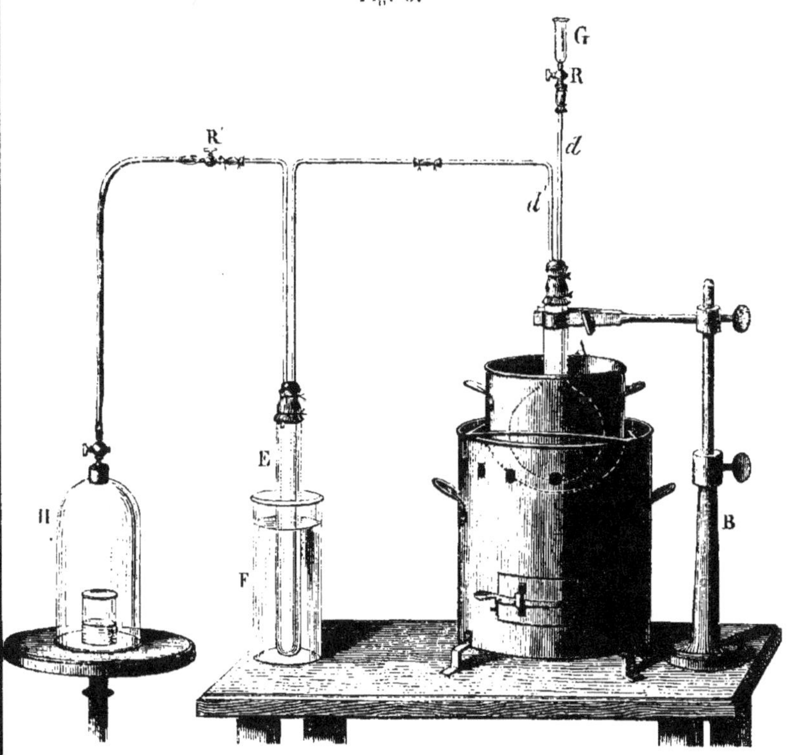

on a fait bouillir fortement et sans interruption jusqu'à ce que le volume de dissolution fût réduit à
moitié. L'acide mis en B était resté au même titre; il
fallut, après l'opération comme avant, 34 centimètres
cubes de saccharate de chaux pour saturer les 10 centimètres cubes, par conséquent il n'avait pas fixé
d'ammoniaque; l'urée n'avait subi aucune modification appréciable pendant l'ébullition. Cependant il a
dû apparaître une trace de vapeur ammoniacale, car,
en examinant avec une grande attention le papier
réactif logé dans le tube, on a pu reconnaître que les
bords, mais les bords seulement, avaient pris une
légère teinte bleue.

On continua l'ébullition, et lorsque la dissolution
fut réduite au cinquième environ de son volume initial, le papier réactif indiqua la présence évidente de
l'ammoniaque. C'est qu'à cette phase de l'expérience
le liquide, devenu visqueux, ne bouillait plus avec
régularité. Il se formait de grosses bulles de vapeur
qui, en disparaissant, laissaient à sec pendant un
temps très-court, mais appréciable, les parties du
verre qu'elles avaient occupées; il en résultait alors
que, sur ces parties, l'urée, se trouvant exposée à une
température bien supérieure à celle du liquide, éprou-
vait un commencement d'altération (1).

L'urée, dissoute dans une grande quantité d'eau,
n'est donc pas décomposée pendant une ébullition
rapide et de peu de durée. Ce fait acquis, il restait à

---

(1) Dans une autre expérience, la dissolution d'urée a été entretenue
bouillante pendant deux heures, l'ébullition étant très-ménagée; on a
obtenu 0^{gr},006 d'ammoniaque.

savoir comment cette substance, toujours en dissolution très-aqueuse, se comporte en présence des alcalis qu'il faudrait introduire dans l'urine pour en éliminer l'ammoniaque ; j'ai essayé d'abord l'action de la magnésie, comme le moins énergique de tous.

0^{gr},1 d'urée, dissoute dans 20 grammes d'eau, a été mis dans un ballon avec 2 grammes de magnésie ; on a fait bouillir le mélange pendant une heure. Un tube, partant du ballon A, *fig.* 2, page 237, se rendait dans une éprouvette B contenant 10 centimètres cubes de l'acide sulfurique titré mentionné précédemment. Pour favoriser le dégagement de l'ammoniaque, pour agiter la matière, autant que pour prévenir l'absorption et les soubresauts, on mit l'appareil en rapport avec un aspirateur. Au moyen du tube D, établissant une communication entre l'intérieur du ballon et l'atmosphère, on fit passer un courant d'air durant l'opération. Après une heure d'ébullition, on détermina le titre de l'acide qui, avant d'être placé dans l'éprouvette B, aurait saturé 34^{cc},9 de saccharate de chaux ; il en a fallu 34,5 ; différence 0,4.

On a ainsi, pour l'ammoniaque absorbée par l'acide,

$$\frac{0,4 \times 0,2125}{34,9} = 0^{gr},0024.$$

Dans une seconde expérience, dans laquelle on agit sur 0^{gr},5 d'urée dissoute dans 50 grammes d'eau et 2 grammes de magnésie, on trouva, après trois quarts d'heure d'ébullition, que les 10 centimètres cubes d'acide ne saturèrent plus que 32^{cc},6 de saccharate de chaux. L'ammoniaque formée dans cette circonstance est donc exprimée par

$$\frac{1,3 \times 0,2125}{35,9} = 0^{gr},008.$$

A cette température, l'urée dissoute dans l'eau éprouve évidemment, de la part de la magnésie, une décomposition assez lente, à la vérité, mais qui n'en est pas moins réelle.

En opérant exactement de la même manière, on a substitué la chaux à la magnésie.

$0^{gr},5$ d'urée, dissous dans 50 grammes d'eau, ont été traités par 2 grammes de chaux. On fit bouillir pendant une heure et demie. Les 10 centimètres cubes d'acide auraient saturé, avant l'expérience, $33^{cc},1$ de saccharate de chaux; après, ils n'en saturèrent plus que $31,4$; différence $1,7$. Par conséquent, il y avait eu $0^{gr},011$ d'ammoniaque produite.

Comme on devait le prévoir, la potasse, beaucoup plus énergique dans ses propriétés alcalines que la magnésie et la chaux, à, dans les mêmes circonstances, décomposé plus de matière.

Après avoir traité $0^{gr},5$ d'urée, dissoute dans 100 parties d'eau, par quelques grammes d'une solution concentrée de potasse, l'acide titré, saturant $33^{cc},1$ de saccharate de chaux, n'en a plus saturé que 30 après une demi-heure d'ébullition; différence $3,1$, équivalant à $0^{gr},020$ d'ammoniaque.

La lenteur avec laquelle la chaux avait agi sur l'urée, dans une dissolution bouillant à 100 degrés, devait faire espérer qu'à une température moins élevée la décomposition ne se réaliserait plus. C'est, effectivement, ce qui arrive : 20 grammes d'eau, tenant en dissolution o^{gr},2 d'urée, ont été placés avec 5 grammes d'hydrate de chaux dans le même ballon, plongé dans un bain-marie chauffé à 40 degrés. Au moyen de l'aspirateur, le mélange a été traversé, pendant deux heures, par un courant d'air. Il n'y a pas eu émission appréciable d'ammoniaque.

Ce point établi, il restait à constater si, sous l'influence d'un rapide courant d'air déterminé par l'aspirateur, on pourrait faire passer dans l'acide titré de l'éprouvette B la totalité de l'ammoniaque d'un sel en dissolution qu'on décomposerait par la chaux hydratée, à une aussi basse température que celle de 35 à 40 degrés.

Après avoir dissous o^{gr},5 de chlorhydrate d'ammoniaque dans 5o grammes d'eau, on a versé la dissolution, par le tube D, sur 3 grammes d'hydrate de chaux qui occupaient le fond d'une éprouvette substituée au ballon A de la *fig.* 2, page **237**, et plongeant dans un bain-marie dont la température a été maintenue entre 35 et 4o degrés. 10 centimètres cubes d'acide sulfurique titré (1), destinés à recevoir l'ammoniaque, ont été mis dans l'éprouvette B. L'appareil communiquait avec un aspirateur, qui commença à fonctionner au moment où l'on versait la dissolution, d'abord pour en faciliter l'introduction, et aussi afin de prévenir toute dispersion d'ammoniaque.

L'acide titré fut essayé après chaque heure d'aspiration, c'est-à-dire, vu la capacité de l'aspirateur,

____

(1) L'acide titré employé est toujours l'acide dont 10 centimètres cubes saturent o^{gr},2125 d'ammoniaque.

après qu'il eut passé 57 litres d'air dans le mélange.

Voici quels ont été les résultats obtenus.

Les 10 centimètres cubes d'acide titré exigeaient, pour être neutralisés, 33^{cc},1 de saccharate alcalin. L'acide était renouvelé après chaque opération.

	SACCHARATE employé après l'opération.	DIFFÉRENCES.	AMMONIAQUE dosée.
	cc	cc	gr
Après la première heure.........	22,6	10,5	0,0671
la deuxième heure.........	25,7	7,4	0,0473
la troisième heure.........	29,9	3,2	0,0206
la quatrième heure.........	31,9	1,2	0,0073
la cinquième heure.........	32,1	1,0	0,0061
Ammoniaque dégagée en cinq heures..............			0,1484
Ammoniaque contenue dans 0^{gr},5 de sel			0,1602
Ammoniaque non dégagée........................			0,0018

Ainsi, en cinq heures, on n'a pu retirer la totalité de l'ammoniaque rendue libre par la chaux. Dans cette limite de temps, un courant d'air, bien qu'agitant fortement le mélange, n'a pas suffi pour vaincre l'affinité de cet alcali pour l'eau à la température de 35 à 40 degrés; il eût fallu, ainsi que je m'en suis assuré, chauffer jusqu'à 90 ou 100 degrés pour opérer un dégagement rapide et complet : mais il a été reconnu qu'alors on aurait à redouter une action décomposante de la chaux sur l'urée, dans le cas où l'on agirait sur de l'urine.

L'ammoniaque, à l'état de liberté dans un liquide, n'étant entraînée qu'avec une extrême lenteur par un courant d'air, j'ai essayé, avec un plein succès, d'en opérer le déplacement par une ébullition dans le vide, qu'on détermine à une température aussi basse que possible.

L'appareil dont j'ai fait usage dans mes expériences subséquentes consiste en un ballon A, de 1 litre de capacité, et maintenu par un support B dans l'eau d'une petite chaudière fixée sur un fourneau, *fig.* 3, page 237. Le ballon a le col traversé parallèlement par deux tubes. L'un, droit, *d*, pénètre jusqu'à quelques millimètres du fond ; au bout de ce tube est ajusté un robinet R. L'autre tube, *d'*, est plié à angles droits, afin d'aboutir à l'acide titré contenu dans l'éprouvette E, d'où part un tube muni d'un robinet R', qui, selon qu'il est ouvert ou fermé, établit ou intercepte la communication de l'appareil avec une cloche H posée sur le plateau d'une machine pneumatique, et servant de *réservoir de vide*. Les orifices du ballon et de l'éprouvette sont liés aux tubes qui les traversent par des manchons en caoutchouc, renforcés soit par des liéges, soit par des lames de plomb, pour empècher les affaissements qu'occasionnerait la pression extérieure lorsque l'appareil serait vide d'air.

Voici comment on opère lorsqu'il s'agit, par exemple, de retirer l'ammoniaque du chlorhydrate au moyen de la chaux.

L'éprouvette E contient 10 centimètres cubes d'acide titré ; elle plonge dans un vase de verre F, servant de réfrigérant, et dans lequel on a soin d'entretenir de l'eau à une assez basse température (1). La chaux

---

(1) La basse température de l'eau du réfrigérant accélère l'opération ; mais l'appareil fonctionne encore très-bien lorsque cette température est à 12 ou 15 degrés.

hydratée étant introduite dans le ballon, on monte l'appareil, on laisse ouvert le robinet R du tube droit *d*. Le robinet R' est fermé ; le vide est fait dans la cloche H. On place sur le robinet R un petit tube G faisant office d'entonnoir, et dont l'extrémité inférieure, effilée en pointe, traverse la douille, afin de porter la dissolution de sel ammoniac dans le tube de verre *d*. A l'instant où l'on verse cette dissolution dans l'entonnoir G, et, mieux encore, un peu avant cet instant, on ouvre en partie le robinet R', en communication avec le vide H, de manière à déterminer une forte aspiration dans le tube *d*. La dissolution pénètre dans le ballon avec une grande vitesse ; quand elle est introduite, on lave le vase qui la contenait, et l'on ajoute les eaux de lavage. On retire l'entonnoir G pour fermer le robinet R, et l'on ouvre entièrement l'autre robinet R' ; on fait le vide. Si le bain-marie est à 35 ou 40 degrés, le liquide entre très-promptement en ébullition ; on ferme alors en R', et si l'éprouvette contenant l'acide est plongée dans de l'eau froide, l'ébullition se soutient, et le liquide vient se condenser en E. La distillation est rapide, et bientôt il ne reste plus dans le ballon qu'un résidu sec. L'opération est terminée ; il n'y a plus qu'à faire passer dans l'acide jusqu'aux dernières traces des vapeurs ammoniacales répandues dans l'appareil. On y parvient en faisant rentrer l'air très-lentement par le robinet R ; ensuite on établit graduellement la communication avec la cloche H ; enfin, pour compléter le balayage, on donne quelques coups de piston avec la machine pneumatique. Il ne s'agit plus alors que de procéder à la détermination du titre de l'acide E.

Je rapporterai maintenant les expériences faites avec l'appareil que j'ai décrit.

Décomposition du chlorhydrate d'ammoniaque par la chaux.

$0^{gr},5$ de chlorhydrate d'ammoniaque, dissous dans 50 grammes d'eau, ont été traités par 5 grammes d'hydrate de chaux. Le bain-marie était à 40 degrés; en une heure il n'y avait plus de liquide dans le ballon.

L'acide titré saturait, avant $\quad 33,\overset{cc}{1}$ de saccharate de chaux.
Après . . . . $\quad 8,5$
$\qquad$ Différence . . . . $\quad \overline{24,6}$ équivalant à $0^{gr},1597$ d'amm.

Le sel ammoniac en contient $0^{gr},1601$; sa décomposition a donc été complète. Je crois, en effet, que l'appareil dans lequel on a opéré convient parfaitement pour l'analyse des sels ammoniacaux.

On fit une seconde expérience, sur les mêmes quantités de matière, pour savoir s'il était nécessaire de pousser l'évaporation jusqu'à siccité.

On titra l'acide après que le mélange eut bouilli dans le vide pendant une demi-heure seulement : on obtint de $0^{gr},5$ de sel, $0^{gr},152$ d'ammoniaque. On voit qu'il convient de dessécher le mélange.

Décomposition du chlorhydrate d'ammoniaque par le bicarbonate de soude.

$0^{gr},5$ de chlorhydrate dissous dans 50 grammes

d'eau, traités par 3 grammes de bicarbonate : ébullition, une heure ; température du bain, 45 degrés.

L'acide saturait, avant   33,2^{cc} de saccharate de chaux.
Après..............   8,5
    Différence......   24,7 équivalant à 0^{gr},1581 d'ammon.

Après avoir mis d'autre acide en **E**, on continua
l'opération jusqu'à ce que la matière du ballon fût
devenue pâteuse.

L'acide saturait, avant   33,2^{cc} de saccharate de chaux.
Après   32,7
    Différence......   0,5 équivalant à 0^{gr},0033 d'ammon.
        En tout, ammoniaque...... 0^{gr},161

Décomposition du phosphate ammoniaco-magnésien.

La décomposition de ce sel, qui fait partie de l'urine
de l'homme, a offert certaines difficultés, en opérant
cependant dans les conditions où l'on avait décomposé le chlorhydrate.

Le phosphate employé était en poudre cristalline :
on l'avait desséché à l'étuve ; mais, depuis, il était
resté exposé à l'air. Dans cet état, 1 gramme a donné
à l'analyse 0^{gr},0645 d'ammoniaque. En traitant
1 gramme du même phosphate dans le vide, après
l'avoir délayé dans 50 grammes d'eau, le bain-marie
maintenu entre 40 et 45 degrés, on a retiré :

Par l'hydrate de chaux .... 0^{gr},0388 d'ammoniaque.
Par le bicarbonate de soude 0,0412   »
Par le carbonate de soude 0,0551   »

Attribuant la résistance que présentait le phosphate ammoniaco-magnésien à la cohésion de ses particules, on l'a dissous d'abord dans de l'eau acidulée ; le dégagement de l'ammoniaque s'est dès lors effectué avec la plus grande facilité. On sait d'ailleurs que dans les urines ce sel y est en dissolution.

Une fois reconnu que les sels ammoniacaux habituels à l'urine sont décomposés par l'hydrate de chaux et par le carbonate de soude, lorsqu'on fait bouillir leurs dissolutions dans le vide, à une basse température, il ne restait plus qu'à examiner si, dans les mêmes conditions, l'urée résisterait aux deux agents alcalins qui viennent d'être nommés.

Un gramme d'urée, dissous dans 5o grammes d'eau, a été traité par l'hydrate de chaux, le bain-marie étant entre 45 et 5o degrés. On a évaporé dans le vide jusqu'à siccité. Le titre de l'acide n'a pas changé. Un papier de tournesol rougi, placé dans le tube d', a pris, à la vérité, une très-légère nuance bleue au commencement de l'expérience ; mais cette nuance, à peine sensible, n'a pas augmenté d'intensité. On obtint le même résultat en remplaçant la chaux soit par le bicarbonate, soit par le carbonate de soude.

D'après l'ensemble de ces expériences, j'ai cru pouvoir, en toute sûreté, doser l'ammoniaque des urines par le procédé que j'ai exposé. Pour compléter ce travail, j'ai déterminé, en outre, la totalité de l'azote contenu dans ces mêmes urines, de sorte qu'en retranchant de ce dosage, quand il y a lieu, l'azote afférent à l'ammoniaque, ce qui reste de cette substance appartiendra à l'urée et aux acides urique et hippurique, en faisant abstraction de ce qui pourrait revenir aux quantités toujours assez restreintes de mucus de la vessie. Il est à peine nécessaire d'ajouter, après avoir énoncé l'objet de ces recherches, que les urines ont toujours été examinées immédiatement après leur émission. On a exécuté le dosage de l'azote, tantôt sur de l'urine en nature, liquide, telle qu'elle venait d'être rendue, tantôt sur le résidu provenant d'une évaporation faite au bain-marie.

URINE DE L'HOMME.

Dans les conditions ordinaires du régime alimentaire, elle est acide. La composition que Berzélius lui a assignée, il y a plus de quarante ans, est encore celle qu'on lui reconnaît aujourd'hui. D'après l'analyse de l'illustre chimiste, l'urine contiendrait, entre autres sels, du lactate d'ammoniaque en proportion qu'on n'a pas déterminée, 0,00165 de biphosphate et 0,0015 de chlorhydrate d'ammoniaque. En calculant l'alcali de ces deux derniers sels, on trouve qu'il y aurait dans l'urine 0,0008 d'ammoniaque.

Urine d'un enfant à la mamelle âgé de huit mois. — Recueillie le matin : presque incolore, très-peu acide, légèrement trouble.

50 grammes, traités dans l'appareil par l'hydrate de chaux, ont changé le titre de l'acide normal ainsi qu'il suit :

Avant, 5 cent. cubes d'acide saturaient $17^{cc},4$ de sacch. de chaux.
Après. . . . . $14,6$

Différence. . . . . $2,8$

Or, $17^{cc},4$ de ce saccharate équivalaient à $0^{gr},10625$

(249)

d'ammoniaque; on a, par conséquent, pour l'ammoniaque correspondante à $2^{cc},8$ de saccharate :

$$\frac{2,8 \times 0,10625}{17,4} = 0^{gr},0171.$$

Pour 1000 parties d'urine, ammoniaque 0,34.

Dosage de l'azote.

H. 4 gr. d'urine ont donné, azote $0^{gr},125$. Pour 1000.   3,20
S. 4 gr. d'urine ont donné, azote $0^{gr},125$. Pour 1000.   3,20

Urine d'un enfant de huit ans. — Rendue le matin :
très-légèrement alcaline. Densité, 1,015.

50 grammes de cette urine, soumis à la distillation
dans le vide, ont produit une quantité d'ammoniaque
qui a modifié ainsi le titre de 5 centimètres cubes d'a-
cide normal :

L'acide saturait, avant $16,9^{cc}$ de saccharate de chaux.
Après.............. 14,7
    Différence...... 2,2 équivalant à $0^{gr},0138$ d'ammoniaq.
          Pour 1000............... 0,28

Dosage de l'azote.

S. $4^{gr},037$ d'urine ont donné, azote $0^{gr},0278$. Pour 1000. 6,89
H. $4^{gr},497$ d'urine ont donné, azote $0^{gr},0314$. Pour 1000. 6,98

Urine d'un homme de vingt ans. — Rendue le matin : acide, jaune foncé. Densité, 1,028.

50 grammes ont modifié ainsi le titre de l'acide normal :

5 cent. cubes d'ac. saturaient, avant $16,9^{cc}$ de saccharate.
Après........................ 6,8
    Différence............... 9,1 équivalant à $0^{gr},0573$
                    d'ammoniaque.
      Ammoniaque pour 1000........... 1,14

Dosage de l'azote.

S. 3 gr. d'urine ont donné, azote o^{gr},o3o4. Pour 1000.   10,13

H. 3,100 d'urine ont donné, azote o^{gr},o322. Pour 1000.   10,38

Urine d'un homme de quarante-six ans. — Rendue le matin (1): acide, jaune foncé.

5o grammes ont été traités :

L'acide saturait, avant 17,0^{cc} de saccharate de chaux.

Après............ 5,9

Différence...... 11,1 équivalant à o^{gr},o699 d'ammoniaq.

Ammoniaque pour 1000......   1,4o

Dosage de l'azote.

H. 4 gr. ont donné, azote o^{gr},o738. Pour 1000......   18,4o

Urine du même sujet, après le déjeuner. — Recueillie une heure après qu'on eut mangé du pain et 100 grammes de fromage de Roquefort très-vieux, ayant une saveur très-piquante et une odeur ammoniacale bien prononcée. Les propriétés physiques de l'urine émise après ce repas étaient restées ce qu'elles étaient. Ainsi, avant le déjeuner, 10 grammes d'urine avaient exigé, pour neutraliser leur acide, o^{cc},9 de saccharate de chaux. Après le repas, la même quantité d'urine exigea encore o^{cc},9 de saccharate.

5o grammes ont présenté les résultats suivants :

L'acide normal saturait, avant le dosage 17,0^{cc} de saccharate.

Après................................. 6,9

Différence............... 10,1 équival. à o^{gr},o636

Ammoniaque pour 1000............. 1,27

______

(1) Les urines rendues le matin ont toujours été émises alors que l'individu était à jeun.

Dosage de l'azote.

H. 4 grammes ont donné, azote $0^{gr},0629$. Pour 1000.   15,70

Urine du même sujet. — Rendue quelque temps après qu'il eut mangé des asperges : limpide, acide ; odeur des plus fétides.

50 grammes d'urine :

L'acide normal saturait, avant 17,2 de saccharate.
Après.................... 11,2
    Différence .... 6,0 équival. à $0^{gr},0372$ d'amm.
        Ammoniaque pour 1000...... 0,74

Dosage de l'azote.

H. 4 gr. d'urine ont donné, azote $0^{gr},0488$. Pour 1000.   12,20
S. 4 gr. d'urine ont donné, azote $0^{gr},0488$. Pour 1000.   12,20

J'ai recherché la proportion d'ammoniaque dans les urines pathologiques provenant de malades traités à la Charité, dans le service de M. Rayer. On verra que, pour les trois cas examinés, la proportion d'ammoniaque n'a pas différé de celle trouvée dans l'urine des individus bien portants.

Urine d'une femme diabétique. — Rendue lorsque la malade était à jeun : jaune orangé, trouble, très-peu acide.

50 grammes traités par l'hydrate de chaux :

L'acide normal saturait, avant 17,0 de saccharate.
Après.................... 6,3
    Différence .... 10,7 équival. à $0^{gr},0674$ d'amm.
        Ammoniaque pour 1000....... 1,35

Dosage de l'azote.

H. 4 gr. d'urine ont donné, azote 0^{gr},0406. Pour 1000.   10,20

Urine d'un homme de vingt-cinq ans atteint de gravelle blanche. — M. Rayer a constaté plusieurs fois que, au moment de l'émission, l'urine du malade était alcaline. Ce caractère ne pouvait pas être attribué aux boissons; elle n'a jamais contenu de pus, de sang ou d'autres matières morbides pouvant donner lieu, par leur altération, à une production de carbonate d'ammoniaque. L'urine du matin, examinée une heure après son émission, était faiblement colorée, neutre et légèrement trouble.

5o grammes traités par l'hydrate de chaux :

L'acide normal saturait, avant 17,0^{cc} de saccharate.
Après.................... 13,7
      Différence........... 3,3 équival. à 0^{gr},0208 d'amm.
      Ammoniaque pour 1000......... 0,42

Dosage de l'azote.

H. 4 grammes ont donné, azote 0^{gr},0234. Pour 1000... 5,85

Urine d'un jeune homme de dix-sept ans, malade de la fièvre scarlatine. — Rendue le matin : rouge, épaisse; acide.

5o grammes d'urine traités par le carbonate de soude :

L'acide normal saturait, avant 16,5^{cc} de saccharate.
Après.................. 3,5
      Différence........... 13,0 équival. à 0^{gr},0832 d'amm.
      Ammoniaque pour 1000......... 1,66

Dosage de l'azote.

H. 4 grammes ont donné, azote 0^{gr},0774. Pour 1000.   19,44

C'est cette urine qui a fourni le plus d'ammoniaque ; mais, après tout, elle n'en contient qu'environ $\frac{1}{7}$ en plus de celle que l'on a dosée dans l'urine d'un homme sain. On croit remarquer que l'ammoniaque est en plus forte proportion dans les urines dont on a retiré le plus d'azote par l'analyse, c'est-à-dire dans les plus chargées de substances solides. Dans tous les cas, on voit que cet alcali n'entre que pour une bien faible quantité dans l'urine de l'homme.

URINE DES HERBIVORES.

Urine d'une vache. — Alcaline, faisant une vive effervescence avec les acides. La vache est nourrie avec du foin et des remoulages.

50 grammes traités par le carbonate de soude :

L'acide normal saturait, avant 17,0^{cc} de saccharate.
Après 16,5
  Différence. . . . . 0,5 équival. à 0^{gr},0032 d'amm.
   Ammoniaque pour 1000   0,06

Dosage de l'azote.

H. 4 grammes ont donné, azote 0^{gr},0530. Pour 1000.   13,30

Urine de vache. — Limpide, alcaline, très-peu effervescente par les acides ; évaporée au bain-marie, dégage des vapeurs qui donnent une faible teinte bleue au papier rougi.

5o grammes traités par le carbonate de soude :

L'acide normal saturait, avant 17,2^{cc} de saccharate.

Après. 16,4

  Différence. . . . . o,8 équival. à o^{gr},oo5o d'amm.

    Ammoniaque pour 1000. . . . . o,10

Dosage de l'azote.

H. 4 gr. d'urine ont donné, azote o^{gr},0724. Pour 1000. 18,10

Urine de vache (1). — Limpide, alcaline ; faisant une légère effervescence avec les acides. Densité, 1,036.

5o grammes traités par le carbonate de soude :

L'acide normal saturait, avant 17,2^{cc} de saccharate.

Après. 16,5

  Différence. . . . . o,7 équival. à o^{gr},oo43 d'amm.

    Ammoniaque pour 1000. . . . . o,09

Dosage de l'azote.

H.	4,14^{gr} ont donné, azote	0,0627^{gr}	Pour 1000.	15,15
S.	4,14	0,0622		15,03
H.	4,14	0,0630		15,21
S.	4,14	0,0628		15,17

Urine de cheval. — Alcaline, effervescente, trouble. On l'a filtrée pour en séparer le dépôt calcaire.

5o grammes traités par le carbonate de soude :

  L'acide normal saturait, avant 17 grammes.

  Après 17

Il n'y avait pas eu d'ammoniaque condensée. Cependant, un papier réactif d'une grande sensibilité, placé dans le tube *d* de l'appareil, avait bleui ; il y

---

(1) Ces urines ne provenaient pas de la même vache.

avait donc l'indice d'une trace d'ammoniaque. Il n'y avait certainement pas $0^{gr},002$ d'alcali dans les 5o grammes d'urine sur lesquels on a agi.

Dosage de l'azote.

7 gr. d'urine ont donné, azote $0^{gr},0950$. Pour 1000. 16,25

Urine de cheval. — Trouble ; on l'a filtrée : alcaline. Densité, 1,024.

5o grammes traités par le carbonate de soude :

L'acide normal saturait, avant $17,2^{cc}$ de saccharate.
Après 16,9
       Différence . . . . 0,3 équival. à $0^{gr},0019$ d'amm.
        Ammoniaque pour 1000 0,04

Dosage de l'azote.

H. $4^{gr},096$ ont donné, azote $0^{gr},0495$. Pour 1000 . . . 12,08
S. $4^{gr},096$ ont donné, azote $0^{gr},0492$. Pour 1000 . . . 12,01

Urine de cheval. — A peine alcaline ; ne fait pas effervescence.

5o grammes d'urine traités par le carbonate de soude.

L'acide n'a pas changé de titre.

Le papier rougi de tournesol a signalé une trace d'ammoniaque.

Dosage de l'azote.

H. $1^{gr},880$ ont donné, azote $0^{gr},0325$. Pour 1000 . . . 17,28
S. $1^{gr},615$ ont donné, azote $0^{gr},0280$. Pour 1000 . . . 17,34

Bouse de vache. — Très-faiblement alcaline ; examinée immédiatement après avoir été rendue par une vache nourrie avec du remoulage et du foin de luzerne.

5o grammes traités par 5 grammes de carbonate de soude dissous dans 5o grammes d'eau :

L'acide normal saturait, avant 17,2 $\overset{cc}{}$ de saccharate.
Après................... 15,5
Différence......... 1,7 équival. à 0^{gr},o1o5 d'amm.
Ammoniaque pour 1ooo......... o,21

Crottin d'un cheval nourri avec du foin et de l'avoine. — Au moment de l'émission la matière était neutre; elle n'exerçait absolument aucune réaction sur les papiers de tournesol.

5o grammes traités par 1o grammes de carbonate de soude dissous dans 5o grammes d'eau :

L'acide normal saturait, avant 17,4 $\overset{cc}{}$ de saccharate.
Après.................. 15,2
Différence........ 2,2 équival. à 0^{gr},o134 d'amm.
Ammoniaque pour 1ooo........ o,27

Dosage de l'azote.

S. 3^{gr},545 de crottin ont donné, azote o,o12o. Pour 1ooo. 3,4o
H. 3^{gr},567 de crottin ont donné, azote o,o112. Pour 1ooo. 3,1o

Avant d'être soumise à l'analyse, la matière avait été hachée. 1oo de crottin humide ont perdu par la dessiccation au bain-marie 76 d'humidité.

Urine du chameau. — Comme on avait signalé dans cette urine la présence du carbonate d'ammoniaque, j'ai cru devoir l'examiner. Celle que je me suis procurée avait été rendue, le matin, par un chameau femelle de la ménagerie du Jardin des Plantes; on l'avait reçue dans un vase.

Cette urine, d'un jaune très-foncé, d'une grande limpidité, ne s'est pas troublée en se refroidissant. Elle avait une réaction fortement alcaline; aussi faisait-elle une effervescence des plus vives lorsqu'on y versait un acide. Son odeur était aromatique. Pendant son évaporation au bain-marie, les vapeurs émises n'ont pas sensiblement affecté un papier de tournesol rougi; et la preuve qu'elle ne renfermait pas de sels ammoniacaux, du moins en quantité appréciable, c'est qu'il suffisait d'y introduire quelques gouttes d'une dissolution d'un de ces sels pour développer à l'instant même de l'ammoniaque. On a trouvé pour la densité 1,057.

Le chameau était nourri avec du foin et du son.

50 grammes d'urine de chameau, traités par 5 grammes de carbonate de soude :

L'acide normal saturait, avant $17,4^{cc}$ de saccharate.
Après 17,1

Différence. . . . . 0,3 équival. à $0^{gr},0018$ d'amm.
Ammoniaque pour 1000 0,04

Dosage de l'azote.

H. $4^{gr},228$ d'urine ont donné, azote 0,1220. Pour 1000. 28,84
S. $4^{gr},228$ d'urine ont donné, azote 0,1200. Pour 1000. 28,38

Urine d'éléphant. — Trouble; odeur assez forte; alcaline; l'acide chlorhydrique en dégage peu d'acide carbonique. Densité, 1,028.

50 grammes d'urine traités par 5 grammes de carbonate de soude :

L'acide normal saturait, avant $17,4^{cc}$ de saccharate.
Après 8,2

Différence. . . . . 9,2 équival. à $0^{gr},056$ d'amm.
Ammoniaque pour 1000 1,22

III.   17

Dosage de l'azote.

H. 4 gr. d'urine ont donné, azote 0,0122. Pour 1000.   3,06

Cette urine contient beaucoup plus d'ammoniaque que celle du cheval, de la vache et du chameau. L'éléphant du Jardin des Plantes est nourri avec du foin et des carottes.

Il est vraisemblable que cette forte proportion d'ammoniaque est due à cette circonstance, que l'éléphant n'ayant jamais consenti à uriner dans un vase disposé à cet effet, on fut obligé de boucher un caniveau d'écoulement afin de recueillir le matin, sur le sol, l'urine rendue pendant la nuit. C'était à la fin d'avril, et il a pu arriver que cette urine ait subi un commencement d'altération; en tout cas, ayant été en contact avec les dalles de l'écurie, elle n'était probablement pas exempte de matières organiques altérées.

Urine de rhinocéros mâle. — Très-trouble au moment de l'émission. Séparée d'une matière terreuse en suspension, elle était limpide, fortement colorée en jaune tirant au rouge; très-peu odorante; alcaline; faisant effervescence avec les acides. On nourrit le rhinocéros avec du riz et des carottes.

50 grammes d'urine traités par 5 grammes de carbonate de soude :

L'acide normal saturait, avant $17,4^{cc}$ de saccharate.
Après...................... 10,8

Différence........ 6,6 équival. à $0^{gr},040$ d'amm.

Ammoniaque pour 1000........ 0,80

Dosage de l'azote.

H. 4 gr. d'urine ont donné, azote $0^{gr},0204$. Pour 1000.   5,11

Urine de lapin. — On l'a prise dans la vessie, immédiatement après la mort de l'animal. Comme l'urine du cheval, elle tient en suspension une matière qui la rend quelquefois très-épaisse. On l'a toujours filtrée avant de la soumettre à l'analyse. Elle devient alors limpide, tout en restant plus ou moins colorée; son odeur spéciale est assez intense; elle est alcaline, effervescente par l'action des acides. A la première impression de la chaleur, il s'en dégage de l'acide carbonique, en même temps qu'il se dépose des carbonates terreux. La densité a varié de 1,035 à 1,020.

12^{gr}, 3 traités par le carbonate de soude :

L'acide normal saturait, avant $17,6^{cc}$ desaccharate.
Après 17,4
   Différence. . . . . 0,2 équival. à 0^{gr},0012 d'amm.
     Ammoniaque pour 1000. 0,15

Dosage de l'azote.

H. 4^{gr},096 ont donné, azote 0^{gr},0290. Pour 1000. . . . 7,08
S. 4^{gr},096 ont donné, azote 0^{gr},0273. Pour 1000. . . . 6,70

Urine de lapin. — 8 grammes traités par le carbonate de soude :

L'acide normal saturait, avant $16,5^{cc}$ de saccharate.
Après 16,5
   Différence. 0,0

Un papier de tournesol rougi, placé dans le tube *d'* de l'appareil, n'a pas bleui. L'urine ne renfermait pas d'ammoniaque.

Dosage de l'azote.

H. 4 gr. d'urine ont donné, azote 0^{gr},020. Pour 1000. 5,00
S. 4 gr. d'urine ont donné, azote 0^{gr},020. Pour 1000. 5,00

Urine de lapin. — 11 grammes traités par le carbonate de soude :

L'acide normal saturait, avant $17,7^{cc}$ de saccharate.
Après 16,65

       Différence . . . . . .   0,05 équiv. à $0^{gr},00031$ d'amm.

       Ammoniaque pour 1000   0,03

Dosage de l'azote.

H. 4 gr. d'urine ont donné, azote $0^{gr},0316$. Pour 1000 ..   7,90
S. 4 gr. d'urine ont donné, azote $0^{gr},0319$. Pour 1000 ..   7,97

Urine de serpent. — L'urine examinée avait été rendue par un des grands serpents de la ménagerie du Jardin des Plantes. Comme il importait de chercher l'ammoniaque sur une matière fraîche, mon savant confrère, M. Duméril, professeur au Muséum d'Histoire naturelle, voulut bien prendre des mesures à cet égard. Une difficulté se présentait cependant, c'est que les serpents n'urinent pas fréquemment, mais à des intervalles souvent éloignés de plus d'un mois. Le hasard nous favorisa ; car, au moment où mon préparateur se présenta pour s'entendre avec le gardien des reptiles, le python eut une évacuation qu'on s'empressa de mettre dans un flacon ; une heure après, l'urine était dans mon appareil.

Cette urine était homogène, d'un blanc jaunâtre, en pâte assez ferme pour être coupée en morceaux, qui offraient quelque résistance sous le pilon. Son odeur n'avait rien d'ammoniacal ni de fétide ; la potasse en dégageait de l'ammoniaque.

Au Muséum, les serpents sont alimentés avec de la chair de cheval, des lapins. Un des plus grands pythons a consommé, dans une année, 22 kilogrammes de viande en soixante et un repas.

7 grammes d'urine ont été traités par la potasse dans le vide, la température du bain-marie étant maintenue entre 45 et 50 degrés.

L'acide normal saturait, avant 17,6^{cc} de saccharate.

Après.................... 7,6

$\qquad$ Différence......... 10,0 équiv. à 0^{gr},0604 d'ammon.

$\qquad\qquad$ Ammoniaque pour 1000........ 8,57

Après la dessiccation dans le ballon A, on a repris par l'eau; toute la matière s'est dissoute, à l'exception d'une petite quantité de substance terreuse qu'on a séparée par le filtre. De la liqueur alcaline on a retiré 3^{gr},02 d'acide urique sec, ne laissant aucun résidu par l'incinération. Dans les eaux de lavage il y avait 0^{gr},24 d'acide. L'acide urique dosé s'élève, par conséquent, à 3^{gr},26, ou 46,3 pour 100. Une détermination d'azote faite sur l'eau de lavage a fait présumer qu'elle renfermait 0^{gr},073 d'albumine ou 1,0 pour 100 d'urine.

L'urine du serpent a donné une cendre dans laquelle on a constaté la présence des phosphates de chaux et de magnésie, du carbonate de chaux, de la magnésie et de sels alcalins.

Sa composition serait pour 100 :

Acide urique.......................	46,3
Ammoniaque.......................	0,9
Phosphates, chaux, magnésie, potasse....	5,6
Graisse jaune.......................	0,2
Matières albumineuses...............	1,0
Eau et perte.......................	46,0
	100,0

La matière grasse a été obtenue par l'éther. On n'a pas réussi à constater la présence de l'urée. L'urine de python, placée humide dans un flacon fermé, contracte une odeur fortement ammoniacale; ce qui explique comment quelques observateurs ont considéré l'urine de serpent comme formée presque entièrement d'urate acide d'ammoniaque. Il est évident que si, au lieu d'examiner l'urine du python immédiatement après l'émission, j'eusse fait cet examen dans l'état où il se trouvait quelque temps après, on aurait trouvé une plus forte quantité d'ammoniaque.

Il ressort de l'ensemble de ces expériences, que l'ammoniaque n'entre que pour une proportion extrêmement minime dans les urines fraîches. Dans l'urine alcaline des herbivores, dans laquelle l'ammoniaque est nécessairement à l'état de carbonate, la proportion est encore plus faible que dans l'urine à réaction acide.

En résumant les résultats obtenus dans ce travail, j'ai cru devoir rechercher le rapport existant entre la totalité de l'azote de chaque urine et l'ammoniaque constatée par l'analyse.

URINES.	DANS 1000 PARTIES.		AMMONIAQ. rapportée à 100 d'azote de l'urine.	REMARQUES.
	Azote.	Ammoniaque.		
D'un enfant de 8 mois.........	3,20	0,34	10,6	Urine rendue le matin, à jeun.
Enfant de 8 ans..............	6,94	0,28	4,0	Id.
Homme de 20 ans	16,04	1,14	7,1	Id.
Homme de 46 ans...........	18,40	1,40	7,6	Id.
Même sujet	15,70	1,27	8,1	Le même jour, 1 heure après le déjeuner.
Homme de 46 ans............	12,20	0,74	6,1	Après le déjeuner.
Femme diabétique	10,20	1,35	13,2	Urine rendue le matin.
Homme de 35 ans graveleux....	5,85	0,42	7,2	Id.
Jeune homme de 17 ans, fiévreux.	19,44	1,66	8,5	Id.
Urine d'une vache	13,30	0,06	0,5	Id.
D'une autre vache	18,10	0,10	0,6	Id.
D'une autre vache	15,14	0,09	0,6	Id.
D'un cheval.................	16,25	0,00	0,0	
D'un autre cheval...........	12,04	0,04	0,3	
D'un autre cheval...........	17,31	traces.	0,0	
De chameau	28,84	0,04	0,1	Urine du matin.
D'éléphant..................	3,06	1,12?	36,6	Rendue pendant la nuit.
De rhinocéros	5,11	0,80	15,7	Urine du matin.
D'un lapin	6,89	0,15	2,2	
D'un autre lapin.............	5,00	0,00	0,0	
D'un autre lapin.............	7,94	0,03	0,4	
Urine de serpent	162,44	8,57	5,3	

La très-petite quantité de carbonate d'ammoniaque
contenue dans l'urine récemment rendue par les herbivores explique comment on ne trouve pas de différence sensible dans l'azote des déjections de ces animaux, soit qu'on les analyse avant ou après une
dessiccation faite au bain-marie. Je n'ai pas recueilli
la moindre trace d'ammoniaque en desséchant les
excréments de la tourterelle, et, dernièrement encore,
ceux du serpent. Dans plusieurs circonstances j'ai
reconnu, en opérant sur des matières non altérées,

que, le plus souvent, la perte en ammoniaque est si minime, quand elle a lieu, qu'on peut la négliger.

Dans le cours de mon travail j'ai, comme je l'ai dit, analysé les urines, soit en nature, soit après les avoir évaporées entièrement à siccité. Les analyses faites sur l'urine normale sont, dans le texte, précédées de la lettre H ; celles qui ont été faites sur de l'urine préalablement desséchée sont indiquées par la lettre S.

J'obtiens le résidu sec en évaporant l'urine dans une nacelle très-évasée, formée d'une lame mince de métal, et soumise à la vapeur de l'eau en ébullition. La dessiccation a lieu en très-peu de temps. La lame de métal est déployée et roulée de manière à pouvoir être glissée dans le tube à combustion avec la matière adhérente.

Mes analyses conduisent à ce résultat, que l'évaporation exécutée au bain-marie, sur un petit volume de matière, n'influe aucunement sur la teneur en azote de l'urine.

La seule perte en azote, en effet, que doit éprouver l'urine alcaline des herbivores dans cette circonstance, est celle occasionnée par le dégagement du carbonate d'ammoniaque ; or, dans la généralité des cas, cette perte est assez faible pour échapper au contrôle de l'analyse.

Pour faciliter la comparaison, j'ai mis, en regard des proportions d'azote trouvées en opérant sur l'urine normale, celles obtenues avec la même urine préalablement desséchée.

	AZOTE dans 1000 parties d'urine analysée.	
	A l'état normal.	Après dessiccation.
Urine d'un enfant de 8 mois........	3,20	3,20
D'un enfant de 8 ans....	6,98	6,89
D'un homme de 20 ans.. ......•....	10,38	10,13
D'un homme de 46 ans............	12,20	12,20
Urine de vache....................	15,15	15,03
La même urine	15,21	15,17
Urine de cheval..................	12,08	12,01
Urine d'un autre cheval...........	17,28	17,34
Crottin de cheval.................	3,10	3,40
Urine de chameau................	28,84	28,38
Urine de rhinocéros..............	5,11	4,62
Urine de lapin	7,08	6,70
Urine de lapin....................	5,00	5,00
Urine de lapin...................	7,90	7,97

EXPÉRIENCES

ENTREPRISES POUR RECHERCHER

S'IL Y A ÉMISSION DE GAZ AZOTE

PENDANT LA DÉCOMPOSITION DE L'ACIDE CARBONIQUE
PAR LES FEUILLES.

RAPPORT EXISTANT ENTRE LE VOLUME D'ACIDE DÉCOMPOSÉ
ET CELUI DE L'OXYGÈNE MIS EN LIBERTÉ.

PREMIÈRE PARTIE.

Les fonctions que les parties vertes des végétaux exercent sur l'atmosphère ont été peu étudiées depuis les mémorables travaux de Théodore de Saussure. La séparation des éléments de l'acide carbonique par les feuilles que le soleil éclaire, l'assimilation du carbone, l'élimination de l'oxygène, sont encore aujourd'hui l'expression générale des phénomènes découverts dans le cours du siècle dernier. Ainsi l'on n'a pas une notion suffisamment précise sur le rapport qui existe entre le volume de l'oxygène éliminé et celui du gaz acide carbonique décomposé. Il est vrai qu'en faisant vivre des plantes herbacées dans une atmosphère dont il connaissait la constitution, Théodore de Saussure a vu qu'il y a fixation d'oxygène en même temps que fixation de carbone, de sorte que l'oxygène mis en liberté par la lumière a un volume notablement inférieur au volume du gaz acide carbonique d'où il émane. Voici, au reste, les résultats de quatre expériences exécutées par l'éminent physiologiste (1) :

	ACIDE CARBONIQUE disparu.	OXYGÈNE apparu.	AZOTE apparu.
	cc	cc	cc
I. Pervenche............	431	292	139
II. Menthe aquatique.....	309	224	86
III. Salicaire............	149	121	21
IV. Pin.................	306	246	20
V. Cactus opuntia........	184	126	57

En moyenne, les plantes, en assimilant le carbone de 1379 centimètres cubes de gaz acide carbonique, auraient mis en liberté 1009 centimètres cubes de gaz oxygène; par conséquent il y en aurait eu 370 centimètres cubes de fixés sur leur organisme, puisque le gaz acide carbonique renferme précisément son volume d'oxygène. Toutefois, de ces résultats il n'est pas permis de conclure que les parties vertes retiennent une fraction de l'oxygène appartenant à l'acide carbonique qu'elles dissocient sous l'influence solaire, parce que ce n'étaient pas seulement les feuilles qui fonctionnaient dans l'atmosphère, mais la totalité des organes du végétal. Or on sait que les parties des végétaux qui ne sont pas colorées absorbent l'oxygène. Il pourrait donc arriver, alors même que les

____

(1) Théodore de Saussure, *Recherches sur la végétation*, p. 39; Paris, 1804.

feuilles éclairées par le soleil formeraient un volume de gaz oxygène égal ou même supérieur à celui de l'acide carbonique qu'elles décomposent, que le volume *mesuré* fût inférieur, par la raison que les racines auraient absorbé une certaine quantité de ce gaz ; aussi la conclusion à laquelle Théodore de Saussure s'est arrêté, à savoir, « que les plantes, en décomposant le gaz acide carbonique, s'assimilent une partie de l'oxygène de cet acide (1), » ne saurait s'appliquer qu'à l'ensemble du végétal et nullement aux feuilles fonctionnant comme parties vertes. Il plane d'ailleurs sur l'exactitude des expériences que je viens de citer un doute regrettable, fondé sur l'apparition constante du gaz azote, et cela en quantité considérable : 323 centimètres cubes pour les 1379 centimètres cubes d'acide carbonique disparus, volume d'azote qui représente à très-peu près le volume d'oxygène que les plantes auraient assimilé. De sorte que si l'on suppose que, par suite d'une disposition vicieuse des appareils, il y a eu diffusion lente entre l'air confiné et l'air extérieur, on tire une conséquence tout opposée, puisque alors le gaz acide carbonique aurait fourni un volume d'oxygène égal à son volume initial.

Théodore de Saussure n'a pas été frappé de cette apparition de gaz azote ; il s'est borné à faire remarquer que le volume de ce gaz approche de celui de l'oxygène fixé ; il en a considéré la production comme liée à la décomposition de l'acide carbonique, et il a admis comme démontré « que les feuilles, en exhalant du gaz oxygène, laissent toujours dégager du gaz

---

(1) Théodore de Saussure, *Recherches sur la végétation*, p. 59.

azote, presque en proportion du gaz acide qu'elles décomposent (1). »

Lorsque Théodore de Saussure exécutait ses recherches, la constitution intime des végétaux était si imparfaitement connue, qu'il n'y a pas lieu de s'étonner que l'habile observateur attribuât cet azote « à la substance même de la plante; » mais maintenant il est facile d'établir qu'en ce qui concerne l'apparition de ce gaz, les observations de Théodore de Saussure laissent à désirer. Il suffira de montrer que les sept plants de pervenche pesant, supposés secs, 2^{gr},707, n'ont jamais pu trouver « dans leur propre substance » 139 centimètres cubes de gaz azote.

2^{gr},707 de pervenche sèche ne contiennent pas au delà de 0^{gr},068 d'azote.

139 centimètres cubes de gaz azote, mesurés à 21 degrés deviennent zéro à 129 centimètres cubes et pèsent 0^{gr},162. Ainsi les plants, après avoir vécu pendant sept jours, après avoir grandi, en assimilant le carbone de 431 centimètres cubes d'acide carbonique (t. 21 degrés), auraient fourni 0^{gr},16 d'azote, c'est-à-dire près de trois fois autant qu'ils en renfermaient alors que leur poids était moindre; l'azote apparu dans cette circonstance était donc accidentel. Cependant, je m'empresse de le reconnaître, depuis Saussure, les observateurs qui ont étudié l'action des parties vertes sur le gaz acide carbonique ont constaté l'impureté du gaz oxygène qu'elles émettent. Un chimiste agricole des plus distingués, M. Daubeny, n'a jamais obtenu cet oxygène exempt d'azote (2). Suivant M. Drapper, dans 100 de

---

(1) THÉODORE DE SAUSSURE. *Recherches sur la végétation*, p. 57.

(2) DAUBENY. *Transactions philosophiques*, année 1839.

gaz élaboré par le *Pinus tæda*, le *Poa annua*, il n'y avait pas moins de 22 à 49 d'azote (1).

Les recherches les plus récentes sur ce sujet sont dues à MM. Cloëz et Gratiolet ; elles ont été dirigées avec beaucoup d'habileté. Dans de l'eau privée d'air par l'ébullition et légèrement imprégnée d'acide carbonique, acide que l'on pouvait renouveler, on a mis, en juillet, huit tiges de *Potamogeton perfoliatum*, ayant un volume de 184 centimètres cubes. Chaque jour on recueillait, pour l'analyser, le gaz dégagé par l'action de la lumière (2).

	VOLUME du gaz à 0° et à la pression de 0^m,76.	COMPOSITION POUR 100 PART.	
		Oxygène.	Azote.
Premier jour.	348^{cc}	84,30	15,70
Deuxième jour.............	569	86,21	13,79
Troisième jour............	624	88,00	12,00
Quatrième jour.	315	89,74	10,26
Cinquième jour............	226	90,47	9,53
Sixième jour..............	162	92,85	8,15
Septième jour.	120	95,66	4,34
Huitième jour.	86	97,10	2,90

Il y a eu, comme on voit, une sorte d'épuration du gaz oxygène à mesure que l'expérience se prolongeait, exactement comme si de l'azote retenu dans le tissu végétal ou dans l'eau eût été successivement expulsé par l'oxygène dégagé.

---

(1) Drapper, *Annales de Chimie et de Physique*, 3e série, t. XI, p. 114.

(2) Cloëz et Gratiolet, *Annales de Chimie et de Physique*, 3e série, t. XXXII, p. 41.

Dans l'été de l'année 1844, je fis, de mon côté, de nombreuses tentatives pour préparer du gaz oxygène au moyen des parties vertes des végétaux, submergées dans de l'eau faiblement acidulée par l'acide carbonique. Toutes les précautions que pouvait me suggérer l'habitude que j'avais acquise dans ce genre d'expériences, l'expulsion de l'air par l'ébullition, l'intervention du vide, furent prises sans le moindre succès. Les résultats auxquels je parvins sont d'accord avec ceux de MM. Cloëz et Gratiolet et en opposition avec ceux de M. Drapper, en ce sens que l'oxygène s'épurait à mesure qu'il continuait à être produit; mais il me fut impossible de recueillir de ce gaz privé d'azote. En opérant sur des feuilles de pêcher exposées pendant trois heures au soleil, je recueillis, au commencement, de l'oxygène dont 100 renfermaient 12 d'azote; à la fin, de l'oxygène dont 100 renfermaient 5 d'azote.

Je renonçai à ces tentatives restées jusque-là infructueuses, après une expérience par laquelle certainement j'aurais dû commencer. Cette expérience portait sur des feuilles de lilas. On monta deux appareils exactement semblables, contenant l'un et l'autre 2 litres d'eau de source imprégnée d'acide carbonique, après avoir été privée d'air par l'ébullition. Les précautions prises pour exclure l'azote avaient été les mêmes de part et d'autre. L'un des appareils, dans lequel on avait placé dix feuilles de lilas, resta au soleil pendant deux heures. Le gaz oxygène enlevé par la combustion vive du phosphore, l'acide carbonique absorbé par la potasse, on a eu pour résidu 5 centimètres cubes d'azote que l'on pouvait raisonnablement attribuer à la plante.

Le second appareil avait aussi été exposé au soleil pendant deux heures ; les moyens de fermeture étaient les mêmes, on manœuvra de la même manière. Le gaz recueilli, l'acide carbonique et le peu de gaz oxygène qu'il renfermait ayant été absorbés, on mesura 4 centimètres cubes de gaz azote.

J'avais acquis, par cette expérience, la preuve de la difficulté de se débarrasser de l'air dissous dans l'eau ou confiné dans le tissu des plantes. La question de savoir si l'émission du gaz azote est liée au phénomène de la décomposition de l'acide carbonique par les parties vertes des végétaux ne me paraissait pas résolue, et je restai convaincu que, pour l'aborder avec quelque chance de succès, il fallait avoir recours à une méthode diamétralement opposée à celle que l'on avait suivie et que moi-même j'avais adoptée. Je pensai que l'on obtiendrait des résultats beaucoup plus certains en n'éliminant rien, mais en dosant tout : les gaz appartenant au végétal, les gaz dissous dans l'eau. Cette méthode devait d'ailleurs permettre de déterminer rigoureusement le rapport du volume de l'acide carbonique décomposé par les feuilles au volume de l'oxygène libéré pendant cette décomposition, et s'il y avait ou non apparition de gaz azote.

Je fais usage de trois appareils semblables, d'une construction simple, fonctionnant simultanément. Je les désignerai par les numéros d'ordre 1, 2, 3 (1).

---

(1) Je me plais à reconnaître que dans les dispositions que j'ai adoptées pour établir ces appareils, je me suis inspiré des moyens ingénieux employés par M. Bunsen pour extraire les gaz des eaux minérales.

Par le n° 1 on extrait l'atmosphère de l'eau employée dans l'expérience.

Par le n° 2 on extrait immédiatement l'atmosphère de l'eau, plus l'atmosphère confinée dans le tissu des feuilles.

Par le n° 3, que l'on expose au soleil, on extrait les gaz dégagés par l'action de la lumière, mêlés aux atmosphères de l'eau et des feuilles plus ou moins modifiées.

L'extraction a lieu par une ébullition dans le vide; les gaz expulsés sont rassemblés dans un petit ballon, appendice de l'appareil, puis on les fait passer, en développant une formation instantanée de vapeur, dans une cloche graduée placée sur une cuve à mercure.

Un des appareils, dans sa disposition générale, est représenté *Pl. I, fig.* 1. C'est un ballon de verre A, à l'orifice duquel est adapté un tube plié à angle droit *bc*, uni par un caoutchouc *d* à un autre tube *e*, dont une des extrémités légèrement courbée pénètre par l'ouverture *f* à environ 1 centimètre du fond du ballon *g*, le bouilleur, ayant le tiers de la capacité du ballon A. De la deuxième ouverture *h* part un tube *i* courbé de manière que son extrémité inférieure puisse être engagée sous une éprouvette graduée, posée sur une cuve à mercure comme on l'a ponctué *fig.* 1. Le tube *i* est incliné de 45 degrés jusqu'en *i'*, où il devient vertical. La hauteur perpendiculaire de la courbure supérieure de *i* à la surface du mercure de la cuve est de 0^m,80. Le ballon A est posé sur un fourneau. Le bouilleur *g* est suspendu à un support à pince mobile, de façon que l'on puisse en chauffer le fond avec la

III.   18

flamme d'une lampe à l'alcool. Sur le caoutchouc *d* liant les deux tubes de verre *bc* et *e*, est une pince à vis, en laiton, semblable à celle qui est représentée dans les *fig.* 11 et 13. Cette pince agit sur le caoutchouc pour interrompre ou établir la communication entre le ballon A et le bouilleur *g*.

Quand de la vapeur afflue par le tube *i*, le rapide refroidissement occasionné par le contact du mercure amènerait la rupture de l'extrémité du tube de verre, si l'on ne prenait pas la précaution de la revêtir d'un tube de caoutchouc lié en *i″*, et qui dépasse l'orifice du verre de 2 centimètres. Cette saillie en caoutchouc est d'ailleurs indispensable, parce que, à certaines périodes des opérations, on est obligé de fermer l'orifice du tube *i* quand il est plein de mercure. La fermeture *i″* a lieu au moyen d'une pince à ressort, en acier (*fig.* 6).

La plus grande difficulté que j'aie eue à surmonter dans l'établissement de cet appareil a été de trouver un système de fermeture pour les orifices du ballon A, et du bouilleur *g*. Ces fermetures devaient subir la température de l'eau bouillante, et même pendant quelques instants une température un peu supérieure sur le ballon A, et résister, ainsi échauffées, à une assez forte pression soit de l'intérieur, soit de l'extérieur; dans tous les cas elles devaient être absolument imperméables aux gaz. En un mot, le mode de fermeture ne pouvait être acceptable qu'autant qu'il permettait de conserver le vide. J'ai dû naturellement renoncer à l'emploi de tubes en caoutchouc vulcanisé d'un diamètre assez fort pour embrasser les cols des ballons, par la raison que cette matière absorbe promptement l'oxygène. Les bouchons en liége, alors même qu'ils sont maintenus à l'extérieur par une coiffe en caoutchouc, ne conviennent en aucune façon. D'abord le liége renferme de l'air, par conséquent il en donne; ensuite, par l'action continue de la vapeur d'eau, il se contracte, durcit, et bientôt la fermeture n'a réellement lieu que par l'enveloppe qui maintient le bouchon; mais elle n'offre plus alors assez de solidité pour résister à la pression.

En combinant le liége et le caoutchouc, je suis parvenu à clore solidement l'orifice des ballons, à ce point qu'ils gardent le vide pendant plusieurs semaines. Les fermetures, telles que je les pratique, n'exigent plus de ligatures mobiles ; elles dispensent de l'emploi du caoutchouc vulcanisé, et, si je ne m'abuse, elles remplaceront avec avantage, dans le plus grand nombre de cas, les fermetures mastiquées dans la construction de certains instruments de physique ; je suis persuadé qu'elles deviendront usuelles dans les laboratoires.

On prépare en caoutchouc faiblement vulcanisé, d'une épaisseur de 3 millimètres, de petits manchons (*fig.* 7) qui doivent envelopper les bouchons en liége. D'un côté, sur une longueur de 7 à 8 centimètres, ils ont un diamètre extérieur égal au diamètre intérieur du col des ballons où ils doivent être ajustés ; l'autre extrémité est rétrécie de manière à recouvrir, sans laisser de plis, les tubes adducteurs bc, ef, i. Ces manchons, comme tous les conduits en caoutchouc adaptés à l'appareil, sont désulfurés par la potasse, lavés à grande eau, puis plongés pendant vingt-quatre heures au moins dans de l'eau fortement acidulée

18.

par de l'acide acétique afin de détruire tout vestige d'alcali, et enfin lavés à l'eau distillée pour enlever l'acide.

Pour établir une fermeture, on fait entrer dans le manchon un bouchon de liége percé et traversé par le tube de verre dont l'extrémité pénètre dans l'intérieur du prolongement aminci : on fait deux ligatures en kk', comme on le voit dans la *fig.* 7. Après avoir coupé en biseau le caoutchouc qui dépassait les ligatures, le tube de verre reste nu et en saillie l sur une longueur de quelques millimètres.

Le manchon n'est pas tellement ajusté sur le bouchon dont on a d'ailleurs arrondi les angles, qu'il ne reste pas un peu d'air enfermé entre le liége et le caoutchouc qui l'enveloppe, mais ce n'est pas là un inconvénient, c'est plutôt un avantage, parce qu'en se dilatant par la chaleur, le matelas d'air interposé contribue à la fermeture. Pour clore, on graisse très-légèrement la surface du caoutchouc; on l'enfonce perpendiculairement dans le col du ballon. Tel est le système de fermeture employé pour le ballon A, ballon que l'on bouche et que l'on débouche à chaque opération. C'est par le même système que l'on ferme les deux orifices f, h du bouilleur g; mais, comme les fermetures sont permanentes, que, par suite de la colonne de mercure que la vapeur doit soulever dans la cuve, la pression exercée de l'intérieur à l'extérieur peut devenir assez forte pour déplacer les bouchons, il est prudent de les assujettir en les couvrant d'un morceau de vessie mouillée plié en double et fixé par deux ligatures, l'une embrassant le col du ballon, l'autre le tube de verre là où se termine le caoutchouc.

La vessie, en séchant, se retire, durcit, et c'est exactement comme si le bouchon était maintenu sur les tubulures du ballon par une enveloppe en corne. Des bouilleurs dont les ouvertures étaient consolidées de cette façon ont servi pendant plusieurs mois sans exiger de réparation.

Pour bien faire saisir l'ensemble du procédé, je décrirai une expérience dans tous ses détails.

Préparation de l'eau destinée aux expériences, remplissage des ballons. — On fait passer dans de l'eau un courant soutenu de gaz acide carbonique traversant d'abord une colonne de fragments calcaires et lavé ensuite dans une solution de bicarbonate de soude reposant sur un dépôt de cristaux du même sel.

L'eau destinée aux expériences ne doit pas être trop chargée de gaz acide carbonique, parce qu'alors elle change trop facilement de composition, par suite du dégagement de l'acide. Il suffit d'ajouter à de l'eau distillée bien aérée $\frac{1}{5}$ à $\frac{1}{6}$ de son volume d'eau saturée de gaz acide carbonique. Le mélange a lieu dans un grand flacon portant un robinet (*fig.* 8) auquel on adapte, par un caoutchouc, un tube de verre *o* assez long pour pénétrer au fond du ballon que l'on va remplir. L'eau saturée étant ajoutée, on mêle avec une baguette d'osier et l'on ferme le vase jusqu'au moment où l'on procédera au remplissage.

Dans une expérience, on se sert de trois ballons de capacité peu différente :

Le ballon n° 1, qui reçoit de l'eau seulement ;

Le ballon n° 2, qui reçoit de l'eau et des feuilles dont on doit extraire les atmosphères ;

Le ballon n° 3, qui recevra aussi de l'eau et des

feuilles, mais dont on n'extraira les atmosphères qu'a-près l'exposition au soleil.

Les feuilles sur lesquelles on doit opérer ont, autant que faire se peut, des surfaces égales. Après avoir coupé les pétioles, on en place un certain nombre sur l'un des plateaux d'une balance, on équilibre en mettant des poids sur l'autre plateau. C'est là une pesée approximative, dont il faut se contenter, parce que le poids d'une feuille n'est jamais stationnaire. On enlève les poids et on leur substitue le même nombre de feuilles. Il arrive rarement qu'il y ait égalité; alors on retranche ou on ajoute des fragments de feuilles, de manière à établir l'équilibre. Si on ne connaît pas rigoureusement en procédant ainsi, même en opérant très-rapidement, le véritable poids des feuilles, on est certain que le poids est égal de part et d'autre, et c'est là l'essentiel.

Les feuilles de chaque série sont mises une à une dans un plat en porcelaine, et lavées avec une éponge fine dans le double but d'enlever la poussière et de les mouiller pour empêcher l'air d'adhérer à leur surface. Ordinairement elles gardent une très-mince couche d'air adhérente qui est la même pour les deux séries sur lesquelles on opère. Cet air se confond avec celui de leur atmosphère. Le lavage est exécuté fort rapidement; il est bon qu'il le soit par deux opérateurs agissant chacun sur une série de feuilles.

Aussitôt qu'une feuille a été passée à l'éponge, on l'introduit dans le ballon.

Les ballons A ont été pesés vides avec leur bouchon, auquel est fixé le tube *bc*. Une fois que les feuilles y sont introduites, on les remplit d'eau acidulée.

(279)

Voici comment on procède, afin d'avoir dans les trois vases de l'eau également chargée d'acide carbonique.

Après avoir ouvert le robinet du flacon (*fig.* 8) dans lequel l'eau est acidulée, on fait pénétrer jusqu'au fond du ballon le tube de verre *o* par où coule l'eau. Le premier et le deuxième ballon ne sont remplis qu'à moitié ; le troisième ballon l'est entièrement ; puis on achève de remplir successivement le deuxième et le premier ballon.

Les ballons pleins d'eau acidulée sont placés momentanément sur des supports.

Le ballon n° 1 ne contient que de l'eau ; les ballons 2 et 3, de l'eau et des feuilles, sur lesquelles çà et là on voit quelques bulles d'air ; on les fait sortir à l'aide d'un fil en platine, plié comme le montre la *fig.* 9. Le fil, par sa flexibilité, permet de détacher les bulles partout où elles sont. Après avoir rempli les ballons jusqu'à ce que le liquide déborde, on les ferme en enfonçant le bouchon en caoutchouc. La pression chasse de l'eau dans le tube *bc*, et, afin que le tube reste plein, alors que cessera cette pression, on place à son extrémité *c* un petit tube en caoutchouc que l'on maintient *relevé* par un fil de laiton contourné en spirale. On pourrait peser les ballons pleins aussitôt après avoir enlevé le tube de caoutchouc contourné, mais comme il est préférable de faire les pesées quand on monte les trois appareils, après avoir ôté ce caoutchouc d'un ballon rempli, on plonge l'extrémité *c* du tube *bc* dans un petit verre à pied plein d'eau prise dans le flacon *fig.* 8 ; le ballon est alors dans la position où on le voit *fig.* 3.

Avant de procéder à une expérience, avant d'ajuster les ballons pleins de liquide au bouilleur *g*, il faut faire le vide dans ce bouilleur et expulser l'eau qui y a été accumulée dans une expérience antérieure.

Voici comment on atteint ce double but :

Le caoutchouc *d* (*fig.* 1), qui établit la communication du ballon A avec le bouilleur *g*, est fermé. La fermeture a lieu au moyen d'une pince à vis (*fig.* 11 et 12), formée de deux lames rigides de laiton pouvant être rapprochées par les vis *v*, *v'*. Le caoutchouc une fois solidement pincé, on porte et on maintient à l'ébullition l'eau qui est dans le bouilleur *g*, en la chauffant avec une lampe à l'alcool. La vapeur se dégage par le tube *i i' i''*, dont l'extrémité pénètre dans une cuve à mercure. Pour expulser l'eau restée dans le bouilleur, on ajuste à l'orifice béant du caoutchouc *d* un tube de verre courbé à angle droit, dont l'extrémité la plus longue plonge dans de l'eau contenue dans un vase. En desserrant graduellement la pince placée en *d*, l'eau du bouilleur *g* monte par le tube *e* et se rend dans le vase, pressée qu'elle est par la vapeur qui cesse de sortir par le tube *i i' i''*, à cause de la pression exercée par le mercure de la cuve. L'ouverture du tube étant à 1 centimètre du fond du bouilleur *g*, la vapeur produite passe par ce tube quand l'eau chaude est descendue à ce niveau ; c'est alors que l'on ferme de nouveau le caoutchouc *d* en serrant la pince. La vapeur, n'ayant plus d'issue en *d*, sort de nouveau par le tube *i i' i''* ; on la laisse passer pendant un instant, puis on retire la lampe de dessous le bouilleur *g*. Par l'effet du refroidissement, le mercure de la cuve s'élève dans le tube *ii′i″*, et comme, par suite de cette élévation, la pression diminue dans le ballon *g*, l'eau chaude qui y est encore renfermée continue à bouillir, et de l'eau provenant de la vapeur condensée repose au-dessus de la colonne de mercure dans le tube *ii′i″*. Il convient d'empêcher cette eau de s'accumuler; pour cela, on refroidit le bouilleur *g* en le trempant avec précaution dans de l'eau froide que contient une casserole que l'on tient à la main. Comme il est facile de le prévoir, l'eau amassée dans le tube bout et va se condenser dans le ballon, parce qu'elle est plus chaude que l'eau refroidie en *g*.

On marque par un index la hauteur à laquelle parvient la colonne de mercure dans le tube *ii′i″*, afin de s'assurer si l'appareil garde le vide.

Le vide étant fait dans le bouilleur *g*, on adapte au caoutchouc *d* le tube du ballon dans lequel se trouve l'eau seule ou l'eau et les feuilles dont on doit recueillir les atmosphères.

Avant, les ballons pleins ont été pesés après avoir été essuyés ; en déduisant le poids d'un ballon vide muni de son tube *bc*, on a celui de la matière contenue : de l'eau, s'il s'agit du ballon n° 1 ; de l'eau et des feuilles, s'il s'agit des ballons n° 2 et n° 3. En retranchant le poids des feuilles, on a le poids de l'eau contenue dans ces deux derniers vases.

Pour adapter au bouilleur *g* un ballon A plein de liquide, sans introduire d'air, on relève l'extrémité du caoutchouc *d* dont le milieu est pincé, et, au moyen d'une pipette, on remplit d'eau l'intérieur de cette extrémité; c'est alors que l'on introduit dans la partie du caoutchouc *d* le tube *bc*; l'eau distillée que l'on avait mise en *d* est expulsée en grande partie ; il n'en reste qu'un volume tout à fait négligeable. On assujettit solidement l'extrémité *c* du tube *bc* dans le caoutchouc par une ligature, et on établit le ballon A sur un fourneau.

La *fig.* 1 représente l'ensemble de l'appareil au moment où on va le faire fonctionner.

L'extrémité courbée *i″* du tube *i i′ i″* est ouverte et en gagée sous une cloche graduée pleine de mercure, posée sur la cuve, ainsi qu'on l'a ponctuée dans la *fig.* 1.

Le vide étant fait dans le bouilleur *g*, la cloche placée sur la cuve, on desserre le caoutchouc *d* pour mettre le ballon A en communication avec le bouilleur vide de gaz. D'abord du gaz entraînant du liquide passe aussitôt en *g*. C'est alors que l'on chauffe le ballon A, que nous supposerons être le ballon n° 2 destiné à donner l'atmosphère des feuilles. L'eau, à cause du peu de pression, ne tarde pas à bouillir, en même temps que la vapeur, en se condensant, augmente le volume du liquide dans le bouilleur *g*.

A mesure que l'ébullition continue en A, la colonne de mercure baisse dans le tube *ii′ i″*, mais fort lentement. Quand l'ébullition commence dans le bouilleur *g*, et c'est vers la fin de l'opération, la colonne de mercure, pressée par la vapeur, descend au niveau du mercure de la cuve où plonge *i″*. Au moment où le gaz va passer dans la cloche graduée disposée pour le recevoir, on interrompt la communication de A avec le bouilleur *g*, en pinçant le caoutchouc *d*. Aussitôt on enlève le feu de dessous le ballon A, et, pour affaiblir la température, on glisse une brique entre la grille du fourneau et le fond du vase. On s'est assuré qu'alors la totalité du gaz est passée en g. En même temps on pose la lampe *m* ponctuée (*fig.* 1) sous le ballon g, pour déterminer une forte ébullition. Le gaz accumulé dans ce ballon passe rapidement dans la cloche où on laisse arriver la vapeur pendant quelques moments; on reconnaît, au bruit occasionné par la condensation de la vapeur au contact du mercure de la cuve, quand la totalité du gaz est rassemblée dans la cloche avec fort peu d'eau. On enlève la lampe *m*; le mercure remonte dans le tube *i i' i''* à mesure que le liquide contenu en g se refroidit. La cloche renfermant le gaz est portée de la grande cuve à mercure sur une petite cuve de Bunsen, où les gaz sont mesurés. Avant d'enlever la cloche, on a séparé le tube *bc* du caoutchouc *d* pour retirer le ballon A.

On procède exactement de la même manière pour extraire les atmosphères de l'eau seule et de l'eau dans laquelle il y a les feuilles qui ont été exposées au soleil.

On a vu que les trois ballons A sont remplis de la même eau chargée d'acide carbonique, en même temps et dans les mêmes conditions, c'est-à-dire que l'on introduit les feuilles, qu'on ajoute l'eau, à la lumière diffuse du laboratoire. En ce qui concerne l'appareil que l'on expose au soleil, on le porte dehors quand la température du ballon A (n° **2**), celui où les feuilles sont placées pour en déterminer l'atmosphère, a atteint la température de 45 à 50 degrés, température peu éloignée, un peu inférieure, à celle où cesse la vitalité de la plante. Jusqu'à ce moment, les feuilles dont on détermine directement l'atmosphère, et celles que l'on va placer au soleil, ont été dans des situations semblables : elles ont dû agir également sur l'atmosphère du liquide où elles étaient immergées, et c'est à l'instant où la vie des premières va cesser qu'il convient d'exposer les secondes à la lumière où elles vont profondément modifier leur atmosphère.

Pour se dispenser de transporter une cuve à mercure avec l'appareil que l'on expose au soleil, après avoir opéré le vide dans le bouilleur g, la colonne de mercure est maintenue dans le tube $ii'i''$ au moyen de la pince à ressort en acier (*fig.* 6), comprimant l'extrémité du caoutchouc en i''. Pour la facilité du transport, tout le système, y compris le fourneau, est établi sur une planche mobile PP′ ; en P′ est un coussinet en liége pour amortir les chocs que le tube $ii'i''$ plein de mercure pourrait recevoir. Une fois placé au soleil, on ouvre la pince qui comprime le caoutchouc d. A et g sont alors en communication, et une partie du gaz dissous dans le ballon f va remplir le bouilleur g. On enveloppe le caoutchouc du tube bc, d et ceux du bouilleur g avec une bande de toile blanche pour les mettre à l'abri de la chaleur. Après l'exposition à la lumière vive du soleil, il ne serait pas prudent de rentrer immédiatement l'appareil au laboratoire, parce qu'à la lumière diffuse les feuilles absorberaient de l'oxygène, reconstitueraient de l'acide carbonique tant que leur vitalité n'aurait pas été détruite ; or, quand on commence à chauffer, il se passe un certain temps avant que la température du liquide du ballon A soit assez élevée pour opérer cette destruction. Il convient donc de chauffer le ballon A en plein soleil, et c'est quand le liquide qu'il renferme entre en ébullition, lorsque la température est de 60 à 80 degrés, que l'on rentre l'appareil. L'extrémité du tube $ii'i''$ est alors plongée dans la grande cuve à mercure, ouverte et engagée sous la cloche graduée, ainsi qu'on l'a ponctuée dans la *fig.* 1. Dès lors on procède à l'extraction des gaz comme il a été expliqué précédemment.

Les gaz provenant des trois opérations : le gaz de l'eau, le gaz de l'eau mêlé à l'atmosphère des feuilles, le gaz dégagé par l'action solaire, uni aux atmosphères de l'eau et des feuilles, gaz contenus dans les trois cloches graduées 1, 2, 3 (*fig.* 13), sont mesurés et analysés en même temps. Ces mesures et ces analyses sont exécutées dans une pièce spéciale où la température varie peu.

Chaque cloche porte deux divisions : l'une en centimètres cubes, dont on lit les dixièmes ; l'autre indique des millimètres, pour connaître la hauteur des colonnes liquides agissant en sens inverse de la pression barométrique. Deux thermomètres placés, l'un dans l'air, l'autre ayant son réservoir dans le mercure de la cuve, donnent la température. On ne procède à la mesure des gaz qu'autant que la température accusée par les deux instruments est égale ou différente, au plus, de 2 dixièmes de degré, condition qui est réalisée d'ailleurs assez fréquemment, à cause du peu de mercure contenu dans la petite cuve. On note la pression barométrique. Les divisions tracées sur les cloches graduées et sur les thermomètres sont lues à l'aide d'une lunette à niveau.

Après avoir noté les températures et les pressions barométriques, on prend successivement pour chaque cloche graduée la hauteur de la colonne de mercure, celle de la petite colonne d'eau superposée, puis le volume du gaz et de l'eau, enfin le volume du gaz au-dessus de la colonne d'eau. On a ainsi le volume de l'eau dont la connaissance est nécessaire pour calculer, d'après les coefficients d'absorption, le volume de gaz acide carbonique dissous, une fois que l'on a déterminé la composition du gaz de la cloche; comme le volume d'eau ne va pas au delà de quelques centimètres cubes, j'ai omis de calculer d'après les mêmes formules ce qu'il tenait de gaz oxygène et de gaz azote en dissolution, plusieurs déterminations ayant montré que l'absorption de ces deux gaz par le liquide était assez faible pour être négligée.

Le gaz et le volume d'eau mesurés, on procède à l'analyse consistant à absorber le gaz acide carbonique par la potasse, l'oxygène par le pyrogallate alcalin.

Comme après l'absorption du gaz acide carbonique on mesure le gaz restant, il fallait connaître le changement que l'alcali ajouté apporterait dans la tension de la vapeur aqueuse. On a donc dû introduire sous les cloches graduées une quantité d'hydrate de potasse qui fût dans un rapport constant avec le volume d'eau qui s'y trouvait. Pour chaque centimètre cube d'eau on passait sous la cloche $0^{gr},15$ d'hydrate, et l'on a trouvé, par des expériences faites entre les limites peu éloignées des températures auxquelles on observait, que la tension de la solution alcaline était plus faible d'à peu près 2 millimètres de mercure que la tension de l'eau pure. Ainsi, après l'absorption de l'acide carbonique, le gaz restant étant, par exemple, à $18°,2$, la tension du liquide était exprimée par $13^{mm},5$

de mercure, parce que la tension de la vapeur d'eau à la même température est, d'après les tables, de $15^{mm},5$.

Pour opérer les absorptions, on porte les cloches graduées sur une cuve profonde et, après avoir fait agir la solution alcaline, on les reporte sur la cuve à parois de glace où l'on procède à la mesure du résidu gazeux, mélange d'oxygène et d'azote; on note la température, le baromètre, la hauteur des colonnes de mercure et de la solution alcaline, on reporte les cloches sur la cuve profonde, où l'on absorbe l'oxygène en faisant passer une balle formée de papier joseph malaxé dans une solution d'acide pyrogallique, et l'on agite fortement, jusqu'à ce que l'oxygène soit absorbé, ce que l'on reconnaît à ce signe, que les parois de la cloche se décolorent rapidement, en laissant glisser la liqueur brune dont elles sont enduites après l'agitation. Il est prudent toutefois de laisser le pyrogallate en contact avec le gaz pendant assez longtemps, afin d'être assuré qu'il ne reste plus d'oxygène. La liqueur, d'un brun extrèmement foncé, contenue dans la cloche graduée, rendrait incertaine la lecture des divisions de la cloche graduée; en outre, il serait impossible de connaître la tension de la vapeur émanant de la solution alcaline de pyrogallate; il est donc convenable de faire passer le gaz résidu dans un tube gradué divisé en dixièmes de centimètre cube et assez étroit pour que l'on puisse estimer à l'œil un tiers de division, soit $\frac{1}{30}$ de centimètre cube. Avant de transvaser le gaz, il faut expulser de la cloche la solution brunie de pyrogallate alcalin; on y parvient en portant la cloche graduée dans un grand vase à précipité en verre presque rempli d'eau ; l'ouverture de la cloche est maintenue par un support à pince un peu au-dessous du niveau du liquide. Dans cette situation, la solution brune s'écoule au fond du vase en suivant l'une des parois de la cloche graduée, pendant que, sur la paroi opposée, s'établit un courant ascendant d'eau claire ; fort promptement la solution brune est remplacée par de l'eau limpide. C'est alors que l'on transvase sur une cuve à eau le gaz privé d'oxygène dans le tube gradué où l'on doit le mesurer.

Tel est, dans son ensemble, le procédé d'analyse que j'ai suivi pour résoudre les deux questions que je m'étais posées :

1° *Y a-t-il émission de gaz azote pendant la décomposition de l'acide carbonique opérée par les feuilles sous l'influence de la lumière ?*

2° *Quel est le rapport du volume de l'acide carbonique décomposé à celui de l'oxygène mis en liberté ?*

Voici maintenant le résultat des expériences.

DÉCOMPOSITION

DU

GAZ ACIDE CARBONIQUE

PAR LES FEUILLES

DÉCOMPOSITION DU GAZ ACIDE CARBONIQUE PAR LES FEUILLES.

Expérience I, 14 juillet 1859 (1). — Feuilles de pêcher cueillies au soleil, 15 grammes. Exposition à la lumière de $9^h 40^m$ à 3 heures. Ciel très-nuageux.

Dans 1000 grammes de l'eau employée, gaz à $0°$ et à la pression de $0^m,76$:

	cc
Acide carbonique	77,65
Oxygène	6,75
Azote	12,19

Résumé de l'expérience.

Atmosphère des feuilles.

			cc		cc		cc
Eau dans le ballon (2), $540^{gr},90$, contenant.	CO^2	42,01	O	3,65	Az	6,60
Retiré		47,58		1,70		10,19
Dans les feuilles		5,57		$-1,95$		3,59

Exposition au soleil.

			cc		cc		cc
Eau dans le ballon (3), $586^{gr},80$, contenant.	CO^2	45,58	O	3,96	Az	7,15
Ajoutant l'atmosphère des feuilles, on avait :						
Avant l'exposition	CO^2	51,15	O	2,01	Az	10,74
Après l'exposition		14,60		39,27		11,29
CO^2 disparu...		36,55	O apparu	37,26	Az excédant	0,54

Gaz extraits.

	De l'eau employée.	De l'eau et des feuilles.	
		Avant l'exposition au soleil.	Après l'exposition au soleil.
Ballon (1), eau.....	Ballon (2), eau... $\overset{gr}{557,10}$	Ballon (3), eau... $\overset{gr}{540,90}$	$\overset{gr}{586,80}$
Gaz obtenus........	$\overset{cc}{59,4}$ T. 22°,4, p. 0^m,7187.	$\overset{cc}{65,3}$ T. 25°,9, p. 0^m,7137.	$\overset{cc}{74,0}$ T. 21°,4, p. 0^m,7192
Eau dans les cloches (*).......	2,9	5,7	7,4
Gaz à o° et à p. 0^m,76........	51,92	56,01	64,92

Après l'absorption de l'acide carbonique :

	De l'eau employée.	Avant l'exposition au soleil.	Après l'exposition au soleil.
Oxygène et azote.............	$\overset{cc}{12,1}$ T. 23°,3, p. 0^m,7189.	$\overset{cc}{13,9}$ T. 26°,2, p. 0^m,7127.	$\overset{cc}{58,6}$ T. 21°,7, p. 0^m,7206.
Gaz à o° et à p. 0^m,76.......	10,55	11,87	51,56
Gaz acide carbonique.	41,37	41,14	13,36
Acide carbonique dissous (**)..	1,90	3,44	1,24
Gaz azote..................	7,71 T. 21°,4, p. 0^m,7266.	11,65 T. 22°,3, p. 0^m,7196.	12,8 T. 21°,4, p. 0^m,7226.
Azote à o° et à p. 0^m,76......	6,79	10,19	11,29
Oxygène...................	3,76	1,70	39,27

(*) Eau condensée pendant l'ébullition entretenue dans le ballon bouilleur g, pour en expulser les gaz et les faire passer dans les cloches graduées

(**) Acide carbonique dissous dans l'eau condensée dans les cloches graduées.

19.

Expérience II, 2 août 1859 (1). — Plante aquatique. Feuilles et tiges de *Potamogeton crispum* prises au soleil, 4 grammes. Exposition à la lumière de 10 heures à 2 heures.

Dans 1000 grammes de l'eau employée, gaz à 0° et à la pression de 0^m,76 :

	cc
Acide carbonique	102,38
Oxygène	6,35
Azote	11,44

Résumé de l'expérience.

Atmosphère des feuilles.

Eau dans le ballon (2), 670^{gr},9, contenant.	CO^2 68,53	O 4,27	Az 7,68
Retiré	67,53	2,24	8,17
Dans les feuilles	—1,00	—2,03	0,49

Exposition au soleil.

Eau dans le ballon (3), 654^{gr},3, contenant.	CO^2 66,83	O 4,16	Az 7,49
Avant l'exposition	CO^2 65,83	2,13	7,98
Après l'exposition	15,78	51,49	8,10
CO^2 disparu... 50,05	O apparu 49,35	Az excédant 0,12	

(1)

Gaz extraits.

	De l'eau employée.	De l'eau et des feuilles.	
		Avant l'exposition au soleil.	Après l'exposition au soleil.
Ballon (1), eau............... 675,1^{gr}	Ballon (2) eau... 670,9^{gr}	Ballon (3) eau... 654,3^{gr}	
Gaz obtenus.................. 87,9^{cc} T. 22°,3, p. 0^{m},7165.	85,7^{cc} T. 21°, p. 0^{m},7181.	84,4^{cc} T. 19°,8, p. 0^{m},7199.	
Eau dans les cloches.......... 6,6	3,9	4,4	
Gaz à o° et à la p. de o^{m},73.... 76,64	74,99	74,57	

Après l'absorption de l'acide carbonique :

	De l'eau employée.	Avant l'exposition au soleil.	Après l'exposition au soleil.
Oxygène et azote.............	13,8^{cc} T. 22°,8, p. 0^{m},7174.	11,9^{cc} T. 22°,4, p. 0^{m},7195.	67,4^{cc} T. 20°,1, p. 0^{m},7210.
Gaz à o° et à la p. de o^{m},76....	12,00	10,41	59,56
Gaz acide carbonique..........	64,64	64,58	15,01
Acide carbonique dissous......	4,88	2,95	0,77
Gaz azote.	8,8 T. 21°,1, p. 0^{m},7175.	9,3 T. 21°,3, p. 0^{m},7196.	9,2 T. 21°,5, p. 0^{m},7192.
Azote à o° et à la p. de o^{m},76...	7,72	8,17	8,10
Oxygène à o° et à la p. de o^{m},76.	4,28	2,24	51,49

Expérience III, 8 août 1859 (1). — Feuilles de menthe aquatique, 5 grammes. Exposition à la lumière de $9^h 30^m$ à $3^h 30^m$.

Dans 1000 grammes de l'eau de source employée, gaz à 0° et à la pression de $0^m,76$:

	cc
Acide carbonique...............	80,00
Oxygène.....................	6,50
Azote.......................	11,85

Résumé de l'expérience.

Atmosphère des feuilles.

		cc		cc		cc
Eau dans le ballon (2), $671^{gr},8$, contenant.	CO²	53,74	O	4,36	Az	8,00
Retiré...........................		68,79		2,35		9,00
Dans les feuilles..................		15,05		—2,01		1,00

Exposition au soleil.

		cc		cc		cc
Eau dans le ballon (3), $665^{gr},2$, contenant.	CO²	53,21	O	4,32	Az	8,00
Avant l'exposition...................	CO²	68,26	O	2,31	Az	9,00
Après l'exposition...................		19,88		47,26		9,86
CO² disparu...		48,38	O apparu	44,95	Az excédant	0,86

(1)   *Gaz extraits,*

De l'eau et des feuilles.

De l'eau employée.		Avant l'exposition au soleil.		Après l'exposition au soleil.
Ballon (1), eau...............	$676^{gr},8$	Ballon (2), eau... $671^{gr},8$		Ballon (3), eau... $665^{gr},2$
Gaz obtenus...............	$75^{cc},9$ T. $22^o,0$, p. $0^m,7132$.	$91^{cc},5$ T. $23^o,6$, p. $0^m,7111$,		$87^{cc},5$ T. $22^o,3$, p. $0^m,7137$.
Eau dans les cloches..........	$1,9$	$1,8$		$4,5$
Gaz à 0° et à la p. de $0^m,76$....	$65,2$	$78,81$		$75,97$

Après l'absorption de l'acide carbonique :

	De l'eau employée.	Avant l'exposition au soleil.	Après l'exposition au soleil.
Oxygène et azote.............	$14^{cc},3$ T. $22^o,5$, p. $0^m,7144$.	$13^{cc},2$ T $23^o,7$, p. $0^m,7117$.	$66^{cc},3$ T. $23^o,8$, p. $0^m,7118$.
Gaz à 0° et à la p. de $0^m,76$....	$12,42$	$11,38$	$57,12$
Gaz acide carbonique..........	$52,78$	$67,43$	$18,85$
Acide carbonique dissous......	$1,36$	$1,36$	$1,03$
Azote à 0° et à la p. de $0^m,76$....	$8,02$	$9,00$	$9,86$
Oxygène à 0° et à la p. de $0^m,76$.	$4,40$	$2,35$	$47,26$

Expérience IV, 11 août 1859 (1). — Feuilles de chêne, 5 grammes. Exposition à la lumière de 11 heures à 3 heures.

Dans 1000 grammes de l'eau de source employée, gaz à 0° et à la pression de 0^m,76 :

	cc
Acide carbonique.............	80,55
Oxygène...................	5,85
Azote....................	11,57

Résumé de l'expérience.

Atmosphère des feuilles.

Eau dans le ballon (2), 667^gr,5, contenant.	CO² 53,76	O 3,91	Az 7,72
Retiré...........................	62,86	1,80	9,41
Dans les feuilles.................	9,10	—2,11	1,69

Exposition au soleil.

Eau dans le ballon (3), 663^gr,7, contenant.	CO² 53,46	O 3,88	Az 7,68
Avant l'exposition................	62,56	1,77	9,37
Après l'exposition................	13,23	49,02	9,59
CO² disparu 49,33		O apparu 47,25	Az excédant 0,22

(1)

Gaz extraits.

| | De l'eau employée. | De l'eau et des feuillés. | |
		Avant l'exposition au soleil.	Après l'exposition au soleil.
Ballon (1), eau..............	669,8 gr Ballon (2), eau... 667,5 gr Ballon (3), eau... 663,7 gr		
Gaz obtenus................	72,7 cc T. 23°,7, p. 0m,7138.	83,2 cc T. 23°,6, p. 0m,7133.	81,8 cc T. 22°,4, p. 0m,7153.
Eau dans les cloches.........	4,1	3,0	4,2
Gaz à 0° et à la p. de 0m,76 ...	62,79	71,87	71,15

Après l'absorption de l'acide carbonique :

	De l'eau employée.	Avant l'exposition au soleil.	Après l'exposition au soleil.
Oxygène et azote.......... ...	13,7 cc T. 23°,7 p. 0m,7140.	13,0 cc T. 24°,3, p. 0m,7140.	67,15 cc T. 22°,2, p. 0m,7173.
Gaz à 0° et à la p. de 0m,76....	11,84	11,21	58,61
Acide carbonique.............	50,95	60,66	12,54
Acide carbonique dissous.......	3,00	2,20	0,69
Gaz azote........	9,11 T. 22°,5, p. 0m,7117.	10,8 T. 22°,2, p. 0m,7163.	11,0 T. 22°,0, p. 0m,7168.
Azote à 0° et à la p. de 0m,76....	7,93	9,41	9,59
Oxygène à 0° et à la p. de 0m,76.	3,91	1,80	49,02

Expérience V, 20 août 1859 (1). — Aiguilles du pin weymouth prises au soleil, 10 grammes. Exposition à la lumière de 10 heures à 2 heures.

Dans 1000 grammes de l'eau de source employée, gaz à 0° et à la pression de 0ᵐ,76 :

	cc
Acide carbonique.............	91,56
Oxygène....................	6,59
Azote.....................	11,86

Résumé de l'expérience.

Atmosphère des feuilles.

	CO² (cc)	O (cc)	Az (cc)
Eau dans le ballon (2), 662ᵍʳ,9, contenant.	CO² 60,69	O 4,37	Az 7,86
Retiré..........................	61,97	3,90	10,75
Dans les feuilles..................	1,28	—0,47	2,89

Exposition au soleil.

	CO² (cc)	O (cc)	Az (cc)
Eau dans le ballon (3), 655ᵍʳ,3, contenant.	CO² 60,00	O 4,32	Az 7,77
Avant l'exposition.................	61,28	3,85	0,66
Après l'exposition.................	11,58	56,91	11,14
CO² disparu...	49,70	O apparu 53,06	Az excédant 0,48

(1)

Gaz extraits.

De l'eau et des feuilles.

De l'eau employée.	Avant l'exposition au soleil.	Après l'exposition au soleil.
Ballon (1), eau............... 672,7	Ballon (2), eau... 662,9	Ballon (3), eau... 655,3
Gaz obtenus................. 80,8 T. 19°,3, p. 0^m,720.	84,9 T. 20°,2, p. 0^m,7197.	90,1 T. 20°,4, p. 0^m,7194.
Eau dans les cloches.......... 3,4	2,6	2,2
Gaz à 0° et à la p. de 0^m,76.... 71,53	74,8	79,35

Après l'absorption de l'acide carbonique :

De l'eau employée.	Avant l'exposition au soleil.	Après l'exposition au soleil.
Oxygène et azote............ 14,0 T. 19°,5, p. 0^m,7216.	16,6 T. 20°,5, p. 0^m,7211.	77,0 T. 20°,2, p. 0^m,7213.
Gaz à 0° et à la p. de 0^m,76.... 12,41	14,65	68,05
Acide carbonique............. 59,12	60,15	11,30
Acide carbonique dissous...... 2,47	1,82	0,28
Gaz azote.................. 9,0 T. 19°,2, p. 0^m,7210.	12,1 T. 19°,4, p. 0^m,7210.	12,6 T. 19°,6, p. 0^m,7207.
Azote à 0° et à la p. de 0^m,76.... 7,98	10,75	11,14
Oxygène à 0° et à la p. de 0^m,76. 4.43	3,90	56,91

Expérience VI, 23 août 1859 (1). — Feuilles de saule, 10 grammes. Exposition à la lumière de 11 heures à $2^h 30^m$.

Dans 1000 grammes de l'eau de source employée (2), gaz à $0°$ et à la pression de $0^m,76$:

	cc
Acide carbonique..	91,56
Oxygène....................	6,59
Azote.....................	11,86

Résumé de l'expérience.

Atmosphère des feuilles.

	CO² (cc)	O (cc)	Az (cc)
Eau dans le ballon (2), $662^{gr},3$, contenant.	60,64	4,36	7,86
Retiré..............................	67,81	1,88	8,87
Dans les feuilles....................	7,17	—2,48	1,01

Exposition au soleil.

	CO² (cc)	O (cc)	Az (cc)
Eau dans le ballon (3), $652^{gr},5$, contenant.	59,74	4,30	7,74
Avant l'exposition....................	66,91	1,82	8,75
Après l'exposition....................	24,16	43,94	8,95
	CO² disparu... 42,85	O apparu 42,12	Az excédant 0,20

(1)

Gaz extraits.

De l'eau et des feuilles.

	Avant l'exposition au soleil.		Après l'exposition au soleil.	
Ballon (2), eau.........................	662,3 [gr]		Ballon (3), eau... 652,5 [gr]	
Gaz obtenus.............................	87,1 [cc]	T. 21°,0, p. 0^m,7213.	87,1 [cc]	T. 21°,6, p. 0^m,7194.
Eau dans les cloches.................	2,4		2,2	
Gaz à 0° et à la pression de 0^m,76...........	76,76		76,41	

Après l'absorption de l'acide carbonique :

	Avant l'exposition au soleil.		Après l'exposition au soleil.	
Oxygène et azote......................	12,2 [cc]	T. 21°,1, p. 0^m,7217.	60,0 [cc]	T. 21°,0, p. 0^m,7208.
Gaz à 0° et à la pression de 0^m,76...........	10,75		52,84	
Acide carbonique......................	66,01		23,57	
Acide carbonique dissous.............	1,80		0,59	
Gaz azote..............................	10,0	T. 19°,5, p. 0^m,7222.	10,0	T. 19°,0, p. 0^m,7220.
Azote à 0° et à la pression de 0^m,76......	8,87		8,95	
Oxygène à 0° et à la pression de 0^m,76........	1,88		43,94	

(2) La même eau employée dans l'expérience V, du 20 août, que l'on avait conservée dans un ballon bouché et plein de liquide.

Expérience VII, 25 août 1859 (1). — Feuilles de pêcher, 10 grammes. Exposition à la lumière de midi à $2^h 15^m$.

Dans 1000 grammes de l'eau de source employée, gaz à 0° et à la pression de $0^m,76$:

	cc
Acide carbonique............	97,66
Oxygène...................	6,35
Azote....................	11,41

Résumé.

Atmosphère des feuilles.

		cc		cc		cc
Eau dans le ballon (2), $655^{gr},8$ contenant..	CO^2 64,04	O 4,17	Az 7,46
Retiré.......................	72,47	1,18	9,54
Dans les feuilles.................	8,43	—2,99	2,08

Exposition au soleil.

		cc	cc	c
Eau dans le ballon (3), $651^{gr},0$, contenant..	CO^2 63,57	O 4,14	Az 7,43
Avant l'exposition..................	72,00	1,15	9,51
Après l'exposition	23,36	52,20	10,09
CO² disparu... 48,64	O apparu 51,05	Az excédant 0,58	

(1)

Gaz extraits.

| | De l'eau employée. | | De l'eau et des feuilles. | |
| | | Avant l'exposition au soleil. | Après l'exposition au soleil. |

	De l'eau employée.	Avant l'exposition au soleil.	Après l'exposition au soleil.
Ballon (1), eau............	648,5 gr	Ballon (2), eau... 655,8 gr	Ballon (3), eau... 651,0 gr
Gaz obtenus..............	82,9 cc T. 20°,6, p. 0^m,7179.	92,8 cc T. 23°,4, p. 0^m,7127.	97,7 cc T. 22°,3, p. 0^m,71315.
Eau dans les cloches........	3,1	3,3	3,6
Gaz à 0° et à la p. de 0^m,76...	72,61	80,90	84,77

Après l'absorption de l'acide carbonique :

	De l'eau employée.	Avant l'exposition au soleil.	Après l'exposition au soleil.
Oxygène et azote............	13,2 cc T. 22°,5, p. 0^m,7177.	12.4 cc T. 23°,6, p. 0^m,7138.	71,1 cc T. 20°,7, p. 0^m,7163.
Gaz à 0° et à la p. de 0^m,76...	11,52	10,72	62,29
Acide carbonique..........	61,09	70,18	22,52
Acide carbonique dissous.....	2,24	2,29	0,84
Gaz azote................	8,4 T. 20°,1, p. 0^m,7183.	10,8 T. 19°,0, p. 0^m,7182.	11,5 T. 20°,1, p. 0^m,7163.
Azote à 0°, et à la p. de 0^m,76.	7,40	9,54	10,09
Oxygène à 0° et à la p. de 0^m,76.	4,12	1,18	52,20

Expérience VIII, 26 août 1859 (1). — Feuilles de houx prises au soleil, 13 grammes. Exposition à la lumière de 10h30m à 1 heure.

Eau employée dans l'expérience VII. Dans 1000 grammes, gaz à 0° et à la pression de 0m,76 :

	cc
Acide carbonique.............	97,66
Oxygène.....................	6,35
Azote.......................	11,41

Résumé.

Atmosphère des feuilles.

	CO² (cc)	O (cc)	Az (cc)
Eau dans le ballon (2), 644gr,5, contenant..	62,94	4,09	3,13
Retiré...............................	64,46	2,08	10,48
Dans les feuilles.....................	1,52	— 2,01	3,13

Exposition au soleil.

	CO² (cc)	O (cc)	Az (cc)
Eau dans le ballon (3), 651m,8, contenant..	63,65	4,14	7,46
Avant l'exposition..................	65,17	2,13	10,58
Après l'exposition..................	47,28	19,49	10,70
	CO² disparu... 17,89	O apparu 17,36	Az excédant 0,22

III.

(1)

Gaz extraits.

De l'eau et des feuilles.

	Avant l'exposition au soleil.	Après l'exposition au soleil.
Ballon (2), eau..	644,5 ^{gr}	Ballon (3), eau... 651,8 ^{gr}
Gaz obtenus...	87,5 ^{cc} T. 23°,5, p. 0^m,7103.	88,1 ^{cc} T. 23°,0, p. 0^m,7109.
Eau dans les cloches..............................	2,5	2,9
Gaz à 0° et à la pression de 0^m,76..............	75,32	76,03

Après l'absorption de l'acide carbonique :

	Avant l'exposition au soleil.	Après l'exposition au soleil.
Oxygène et azote.....................................	14,6 ^{cc} T. 23°,8, p. 0^m,7116.	35,0 ^{cc} T. 23°,5. p. 0^m,7119.
Gaz à 0° et à la pression de 0^m,76...............	12,56	30,19
Acide carbonique...................................	62,76	45,84
Acide carbonique dissous.........................	1,70	1,44
Gaz azote...	12,0 T. 20°,7, p. 0^m,7141.	12,3 T. 22°,0, p. 0^m,7127.
Azote à 0° et à la pression de 0^m,76..............	10,48	10,70
Oxygène à 0° et à la pression de 0^m,76............	2,08	19,49

20

Expérience IX, 29 août 1859 (1). — Algue des ruisseaux, 30 grammes (2). Exposition à la lumière de 8 heures à 11 heures.

Eau employée dans les expériences VII et VIII; dans 1000 grammes, gaz à 0° et à la pression de 0^m,76 :

	cc
Acide carbonique...............	97,66
Oxygène....................	6,35
Azote......................	11,41

Résumé de l'expérience.

Atmosphère de la plante.

		cc		cc		cc
Eau dans le ballon (2), 630^{gr},1, contenant.	CO^2	61,53	O	4,00	Az	7,19
Retiré........................		61,95		0,92		7,85
Dans la plante..................		0,42		−3,08		0,66

Exposition au soleil.

		cc		cc		cc
Eau dans le ballon (3), 637^{gr},6, contenant.	CO^2	62,27	O	4,05	Az	7,28
Avant l'exposition...............		62,69		0,97		7,94
Après l'exposition...............		43,70		17,83		8,20
CO^2 disparu...		18,99	O apparu	16,86	Az excédant	0,26

(1)

Gaz extraits.

De l'eau et des feuilles.

	Avant l'exposition au soleil.		Après l'exposition au soleil.	
Ballon (2), eau..	630,1 ^{gr}	Ballon (3), eau...	637,6 ^{gr}	
Gaz obtenus..	79,0 ^{cc}	T. 22°,4. p. 0^m,7140.	77,6 ^{cc}	T. 21°,8, p. 0^m,7131.
Eau dans les cloches.......................................	3,0		4,4	
Gaz à 0° et à la pression de 0^m,76....................	68,6		67,43	

Après l'absorption de l'acide carbonique :

Oxygène et azote...	10,1 ^{cc}	T. 22°,0, p. 0^m,7146.	29,9 ^{cc}	T. 22°,1, p. 0^m,7144.
Gaz à 0° et à la pression de 3^m,76...................	8,77		26,03	
Acide carbonique...	59,83		41,40	
Acide carbonique dissous..................................	2,12		2,30	
Gaz azote...	9,0	T. 21°,3, p. 0^m,7149.	9,4	T. 21°,3, p. 0^m,7123.
Azote à 0° et à la pression de 0^m,76.................	7,85		8,20	
Oxygène...	0,92		17,83	

(2) La plante pesée après avoir été essuyée avec du papier buvard.

20.

Expérience X, 3o août 1859 (1). — *Potamogeton crispum*, de la rivière de la Saüer, 15 grammes. Exposition à la lumière de 10 heures à 1 heure.

Eau employée dans les expériences VII et VIII; dans 1000 grammes, gaz à 0° et à la pression de 0^m,76 :

	cc
Acide carbonique...............	97,66
Oxygène....................	6,35
Azote...............	11,41

Résumé de l'expérience.

Atmosphère de la plante.

		cc		cc		cc
Eau dans le ballon (2), 636^{gr},2, contenant.	CO^2	62,13	O	4,04	Az	7,26
Retiré.........................		68,42		1,11		13,00
Dans la plante..................		6,29		—2,93		5,74

Exposition au soleil.

		cc		cc		cc
Eau dans le ballon (3), 643^{gr},2, contenant.	CO^2	62,72	O	4,08	Az	7,33
Avant l'exposition..................		69,01		1,15		13,07
Après l'exposition..................		14,83		52,52		13,64
CO^2 disparu...		54,18	O apparu	51,37	Az excédant	0,57

(1)

Gaz extraits.

De l'eau et des feuilles.

	Avant l'exposition au soleil.	Après l'exposition au soleil.
Ballon (2), eau............	636,2 ^{gr}	Ballon (3), eau... 642,8 ^{gr}
Gaz obtenus............	92,1 ^{cc} T. 21°,7, p. o^m,7096.	91,8 ^{cc} T. 19°,3. p. o^m.7132.
Eau dans les cloches..........	4,1	3,3
Gaz à o° et à la pression de o^m,76..........	79,70	80,46

Après l'absorption de l'acide carbonique

	Avant l'exposition au soleil.	Après l'exposition au soleil.
Oxygène et azote............	16,2 ^{cc} T. 21°,0, p. o^m,7129.	75,20 ^{cc} T. 19°,3, p. o^m,7155.
Gaz à o° et à la pression de o^m,76....	14,11	66,16
Acide carbonique............	65,59	14,30
Acide carbonique dissous..........	2,83	0,53
Gaz azote............	14,9 T. 20°,7, p. o^m,7127.	15,5 T. 19°,2, p. o^m.7150.
Azote à o° et à la pression de o^m,76..........	13,00	13,64
Oxygène..	1,11	52,52

Expérience XI, 31 août 1859 (1). — Feuilles de *Boussingaultia bazaloïdes* prises au soleil, 15 grammes. Exposition à la lumière de $10^h 45^m$ à 1 heure.

Eau employée dans les expériences VII, VIII, IX et X; dans 1000 grammes, gaz à 0° et à la pression de $0^m,76$:

	cc
Acide carbonique	97,60
Oxygène	6,35
Azote	11,41

Résumé de l'expérience.

Atmosphère des feuilles.

		cc		cc		cc
Eau dans le ballon (2), $641^{gr},2$, contenant.	CO^2	62,62	O	4,07	Az	7,32
Retiré		67,46		2,59		9,13
Dans les feuilles		4,84		—1,48		1,81

Exposition au soleil.

		cc		cc		cc
Eau dans le ballon (3), $648^{gr},0$, contenant.	CO^2	63,28	O	4,11	Az	7,39
Avant l'exposition		68,12		2,63		9,20
Après l'exposition		42,73		29,54		9,40
CO^2 disparu		25,39	O apparu	26,91	Az excédant	0,20

(1)

Gaz extraits.

De l'eau et des feuilles.

	Avant l'exposition au soleil.		Après l'exposition au soleil	
Ballon (2), eau............................	641,2 [gr]	Ballon (3), eau...	648,0 [gr]	
Gaz obtenus............................	88,5 [cc]	T. 18°,5, p. 0^m,7147.	91,1 [cc]	T. 18°,5, p. 0^m,7145.
Eau dans les cloches........................	1,7		3,2	
Gaz à 0° et à la pression de 0^m,76..........	77,94		80,2	

Après l'absorption de l'acide carbonique :

Oxygène et azote........................	13,6 [cc]	T. 18°,7, p. 0^m,7162.	44,1 [cc]	T. 18°,3. p. 0^m,7160.
Oxygène et azote à 0° et à la pression de 0^m,7162......	11,72		38,94	
Acide carbonique........................	66,22		41,26	
Acide carbonique dissous....................	1,24		1,47	
Gaz azote	10,4	T. 19°,0, p. 0^m,7146.	10,65	T. 17°,8, p. 0^m,7154.
Azote à 0° et à la pression de 0^m,76............	9,13		9,40	
Oxygène à 0° et à la pression de 0^m,76............	2,59		29,54	

Expérience XII, 17 septembre 1860 (1). — Feuilles de pervenche prises à l'ombre, 12^{gr},8. Exposition à la lumière de 10 heures à 3 heures.

Dans 1000 grammes d'eau distillée (2), gaz à 0° et à la pression de 0^m,76 :

	cc
Acide carbonique...............	97,46
Oxygène....................	6,65
Azote.....................	11,65

Résumé de l'expérience.

Atmosphère des feuilles.

Eau dans le ballon (2), 705^{gr},0, contenant.	CO^2 68,70 (cc)		O 4,69 (cc)		Az 8,21 (cc)
Retiré..............................	72,76		2,61		11,14
Dans les feuilles......................	4,06		—2,08		2,93

Exposition au soleil.

Eau dans le ballon (3), 643^{gr},37, contenant.	CO^2 62,74 (cc)		O 4,28 (cc)		Az 7,50 (cc)
Avant l'exposition....................	66,80		2,20		10,43
Après l'exposition....................	40,49		28,98		10,70
CO^2 disparu...	26,31		O apparu 26,78		Az excédant 0,27

(1)

Gaz extraits.

	De l'eau employée.	De l'eau et des feuilles.	
		Avant l'exposition au soleil.	Après l'exposition au soleil.
Ballon (1), eau...............	$705^{gr},5$ — Ballon (2), eau... $705^{gr},0$		Ballon (3), eau... $643^{gr},7$
Gaz obtenus................	$92^{cc},7$ T. $15^o,0$, p. $0^m,6850$.	$98^{cc},2$ T. $15^o,0$, p. $0^m,6823$.	$94^{cc},2$ T. $15^o,0$, p. $0^m,6723$.
Eau dans les cloches..........	$3,4$	$3,8$	$2,8$
Gaz à 0° et à la p. de $0^m,76$.....	$79,20$	$83,61$	$79,0$

Après l'absorption de l'acide carbonique :

Oxygène et azote.............	$15^{cc},7$ T. $15^o,7$, p. $0^m,6606$.	$16^{cc},2$ T. $15^o,7$, p. $0^m,6822$.	$48^{cc},5$ T. $15^o,7$, p. $0^m,6575$.
Gaz à 0° et à la p. de $0^m,76$....	$12,91$	$13,75$	$39,68$
Acide carbonique.............	$66,29$	$69,86$	$39,32$
Acide carbonique dissous.......	$2,47$	$2,90$	$1,17$
Gaz azote à $15^o,8$, p. de $0^m,7107$.	$9,3$	$12,6$	$12,1$
Azote à 0° et à la p. de $0^m,76$.....	$8,22$	$11,14$	$10,70$
Oxygène	$4,69$	$2,61$	$28,98$

(2) L'eau distillée aérée et additionnée d'acide carbonique.

Expérience XIII, 20 septembre 1860 (1). — Feuilles de sassafras, 10^{gr},86. Exposition à la lumière de 9^{h}15^m à 1 heure.

Dans 1000 grammes de l'eau distillée employée, gaz à 0° et à la pression de 0^m,76 :

	cc
Acide carbonique.............	106,10
Oxygène....................	4,96
Azote.....................	11,80

Résumé de l'expérience.

Atmosphère des feuilles.

		cc		cc		cc
Eau dans le ballon (2), 705^{gr},54, contenant.	CO^2	74,86	O	3,50	Az	8,33
Rétiré..........................		77,54		2,61		9,94
Dans les feuilles................		2,68		—0,89		1,61

Exposition au soleil.

		cc		cc		cc
Eau dans le ballon (3), 644^{gr},14, contenant.	CO^2	68,35	O	3,20	Az	7,60
Avant l'exposition................		71,03		2,31		9,21
Après l'exposition................		41,10		31,21		9,85
CO^2 disparu...		29,93	O apparu	28,90	Az excédant	0,64

(1)

Gaz extraits.

	De l'eau employée.	De l'eau et des feuilles.	
		Avant l'exposition au soleil.	Après l'exposition au soleil.
Ballon (1), eau...............	705,05^{gr} Ballon (2), eau...	705,54^{gr} Ballon (3), eau...	644,14^{gr}
Gaz obtenus	98,0^{cc} T. 15º,7, p. 0^{m},6891.	100,7^{cc} T. 15º,7, p. 0^{m},6991.	95,7^{cc} T. 15º,7, p. 0^{m},6773.
Eau dans les cloches..........	3,5	3,3	3,3
Gaz à 0º et à la p. de 0^{m},76....	83,77	87,60	80,7

Après l'absorption de l'acide carbonique :

	De l'eau employée.	Avant l'exposition au soleil.	Après l'exposition au soleil.
Oxygène et azote.............	13,7^{cc} T. 14º,6, p. 0^{m},6945.	14,1^{cc} T. 14º,6, p. 0^{m},7128.	47,8^{cc} T. 14º,6, p. 0^{m},6877.
Gaz à 0º et à la p. de 0^{m},76....	11,88	12,55	41,06
Acide carbonique..............	71,89	75,05	39,64
Acide carbonique dissous.......	2,72	2,49	1,46
Gaz azote à 15º,5, p. de 0^{m},7259.	9,2	11,0	10,9
Azote à 0º et la p. de 0^{m},76. ...	8,32	9,94	9,85
Oxygène................,.............	3,56	2,61	31,21

Expérience XIV, 22 septembre 1860 (1). — Feuilles de carottes, 10 grammes. Exposition à la lumière de 10 heures à midi.

Dans 1000 grammes de l'eau distillée employée, gaz à 0° et à la pression de 0^m,76 :

	cc
Acide carbonique..............	58,57
Oxygène....................	5,83
Azote.....................	12,71

Résumé de l'expérience.

Atmosphère des feuilles.

		cc		cc		cc
Eau dans le ballon (2), 638^{gr},35, contenant.	CO^2	37,39	O	3,72	Az	8,11
Retiré............................		43,58		1,31		9,46
Dans les feuilles....................		6,19	—	2,41		1,35

Exposition au soleil.

		cc		cc		cc
Eau dans le ballon (3), 707^{gr},80, contenant.	CO^2	41,46	O	4,13	Az	9,00
Avant l'exposition.................		47,65		1,72		10,35
Après l'exposition.................		17,64		32,45		11,15
	CO^2 disparu...	30,01	O apparu	30,73	Az excédant	0,80

(1)

Gaz extraits.

De l'eau et des feuilles.

	De l'eau employée.	Avant l'exposition au soleil.	Après l'exposition au soleil.
Ballon (1), eau..............	$704,8^{gr}$	Ballon (2), eau... $638,35^{gr}$	Ballon (3), eau... $707,8^{gr}$
Gaz obtenus................	$62,3^{cc}$ T. $15^\circ,9$, p. $0^m,6843$.	$59,6^{cc}$ T. $15^\circ,9$, p. $0^m,7054$.	$74,4^{cc}$ T. $15^\circ,9$, p. $0^m,6545$.
Eau dans les cloches.........	$3,3$	$2,8$	$3,0$
Gaz à 0° et à la p. de $0^m,76$...	$53,10$	$52,28$	$60,55$

Après l'absorption de l'acide carbonique :

	De l'eau employée.	Avant l'exposition au soleil.	Après l'exposition au soleil.
Oxygène et azote............	$15,1^{cc}$ T. $15^\circ,5$, p. $0^m,6953$.	$12,1^{cc}$ T. $15^\circ5$, p. $0^m,7150$.	$50,4^{cc}$ T. $15^\circ,9$, p. $0^m,6948$.
Gaz à 0°, et à la p. de $0^m,76$.	$13,07$	$10,77$	$43,60$
Acide carbonique...........	$40,03$	$41,51$	$16,95$
Acide carbonique dissous	$2,25$	$2,07$	$0,69$
Gaz azote.................	$10,0$ T. $15^\circ,6$, p. $0^m,7197$.	$10,5$ T. $15^\circ,6$, p. $0^m,7197$.	$12,45$ T. $15^\circ,6$, p. $0^m,7197$.
Azote à 0° et à la p. de $0^m,76$.	$8,96$	$9,46$	$11,15$
Oxygène...................	$4,11$	$1,31$	$32,45$

Expérience XV, 27 septembre 1860 (1). — Feuilles de lierre, $18^{gr},27$. Exposition à la lumière de 10 heures à midi. Ciel sans nuages.

Dans 1000 grammes de l'eau distillée employée, gaz à $0°$ et à la pression de $0^m,76$:

	cc
Acide carbonique..............	91,78
Oxygène....................	6,12
Azote.....................	11,20

Résumé de l'expérience.

Atmosphère des feuilles.

	cc	cc	cc
Eau dans le ballon (2), $701^{gr},58$, contenant.	CO^2 63,39	O 4,29	Az 7,86
Retiré......................	70,02	4,01	13,50
Dans les feuilles..............	5,63	— 0,28	5,64

Exposition au soleil.

	cc	cc	cc
Eau dans le ballon (3), $683^{gr},38$, contenant.	CO^2 62,72	O 4,18	Az 7,66
Avant l'exposition................	68,35	3,90	13,30
Après l'exposition...............	44,79	27,12	14,00
CO^2 disparu... 23,56		O apparu 23,22	Az excédant 0,70

(1)

Gaz extraits.

	De l'eau employée.	De l'eau et des feuilles.	
		Avant l'exposition au soleil.	Après l'exposition au soleil.
Ballon (1), eau..............	710,65^{gr} Ballon (2), eau...	701,58^{gr} Ballon (3), eau...	683,38^{gr}
Gaz obtenus................	87,8^{cc} T. 15°,0, p. o^m,6984.	97,2^{cc} T. 15°,0, p. o^m,7024.	96,8^{cc} T. 15°,0, p. o^m,6993.
Eau dans les cloches.........	4,0	3,2	3,0
Gaz à 0° et à la p. de o^m,76...	76,49	85,16	84,43

Après l'absorption de l'acide carbonique :

	De l'eau employée.	Avant l'exposition au soleil.	Après l'exposition au soleil.
Oxygène et azote	15,1^{cc} T. 14°,8, p. o^m,6775.	20,1^{cc} T. 14°,8, p. o^m,6981.	47,5^{cc} T. 14°,8, p. o^m,6933.
Gaz à 0° et à la p. de o^m,76...	12,75	17,51	41,12
Acide carbonique...........	63,74	67,65	43,31
Acide carbonique dissous.	3,00	2,37	1,48
Gaz azote..................	9,2 T. 14°,8, p. o^m,7184.	15,0 T. 14°,8, p. o^m,7184.	15,65 T. 14°,8, p. o^m,7184.
Azote à 0° et à la p. de o^m,76.	8,30	13,50	14,00
Oxygène..............	4,45	4,01	27,12

Expérience XVI, 28 septembre 1860 (1). — Feuilles de haricots, $10^{gr},46$. Exposition à la lumière de 11 heures à 1 heure.

Dans 1000 grammes de l'eau distillée employée, gaz à 0° et à la pression de $0^m,76$:

	cc
Acide carbonique............	101,44
Oxygène...................	6,44
Azote.....................	11,37

Résumé de l'expérience.

Atmosphère des feuilles.

	CO²		O		Az	
	cc			cc		cc
Eau dans le ballon (2), $711^{gr},14$, contenant.	CO²	72,13	O	4,58	Az	8,10
Retiré.........................		77,81		2,83		10,50
Dans les feuilles..............		5,68		— 1,75		2,40

Exposition au soleil.

	CO²					
	cc			cc		cc
Eau dans le ballon (3), $694^{gr},50$, contenant.	CO²	70,45		4,47		7,90
Avant l'exposition................		76,13		2,72		10,30
Après l'exposition................		55,29		23,48		10,68
CO² disparu...		20,84	O apparu	20,76	Az excédant	0,38

III. (1)

Gaz extraits.

	De l'eau employée.	De l'eau et des feuilles.	
		Avant l'exposition au soleil.	Après l'exposition au soleil.
Ballon (1), eau...	710,20 ^{gr}	Ballon (2), eau... 711,41 ^{gr}	Ballon (3), eau... 694,5 ^{gr}
Gaz obtenu...............	92,6 ^{cc} T. 14°,9, p. 0^m,7056.	100,14 ^{cc} T. 14°,9, p. 0^m,7048.	100,2 ^{cc} T. 14°,9, p. 0^m,6990.
Eau dans les cloches..........	4,0	3,6	3,8
Gaz à 0° et à la p. de 0^m,76...	81,51	88,29	87,4

Après l'absorption de l'acide carbonique :

	De l'eau employée.	Avant l'exposition au soleil.	Après l'exposition au soleil.
Oxygène et azote.............	14,4 ^{cc} T. 15°,5, p. 0^m,7043.	15,1 ^{cc} T. 15°,5, p. 0^m,7079.	39,2 ^{cc} T. 15°,5, p. 0^m,6988.
Gaz à 0° et à la p. de 0^m,76...	12,65	13,33	34,16
Acide carbonique............	68,86	74,96	53,24
Acide carbonique dissous.....	3,18	2,85	2,15
Gaz azote.................	9,00 T. 15°,0. p. 0^m,7227.	11,7 T. 15°,0, p. 0^m,7227.	11,9 T. 15°,0, p. 0^m,7227.
Azote à 0° et à la p. de 0^m,76.	8,08	10,50	10,68
Oxygène.................	4,57	2,83	23,48

21

Expérience XVII, 29 septembre 1860. — Feuilles de pêcher, 5^{gr},07. Exposition à la lumière de 11 heures à 1 heure.

Dans 1000 grammes de l'eau distillée employée, gaz à 0° et à la pression de 0^m,76 :

	cc
Acide carbonique................	112,90
Oxygène........................	6,20
Azote..........................	11,34

Résumé de l'expérience.

Atmosphère des feuilles.

		cc		cc		cc
Eau dans le ballon (2), 717^{gr},64, contenant.	CO^2	81,08	O	4,45	Az	8,14
Retiré..........................		93,20		1,90		9,41
Dans les feuilles..................		12,12		— 2,55		1,27

Exposition au soleil.

		cc		cc		cc
Eau dans le ballon (3),701^{gr},29, contenant.	CO^2	79,23	O	4,35	Az	7,95
Avant l'exposition..................		91,35		1,80		9,22
Après l'exposition, retiré.............		36,42		54,78		9,77
CO^2 disparu...		54,93	O apparu	52,98	Az excédant	0,55

(1)

Gaz extraits.

	De l'eau employée.		Avant l'exposition au soleil.		Après l'exposition au soleil.	
	De l'eau et des feuilles.					
Ballon (1), eau........... ..	709,9^{gr}	Ballon (2), eau...	717,64^{gr}	Ballon (3), eau...	701,29^{gr}	
Gaz obtenus...............	103,1^{cc}	T. 15°,0, p. 0^m,7099.	113,1^{cc}	T. 15°,0, p. 0^m,7195.	111,6^{cc}	T. 0°,15, p. 0^m,7176.
Eau dans les cloches........	3,9		3,6		3,8	
Gaz à 0° et à la p. de 0^m,76...	91,30		101,45		99,86	

Après l'absorption de l'acide carbonique :

	De l'eau employée.		Avant l'exposition au soleil.		Après l'exposition au soleil.	
Oxygène et azote............	14,0^{cc}	T. 15°,2, p. 0^m,7138.	12,7^{cc}	T. 15°,2, p. 0^m,71484.	72,5^{cc}	T. 15°,2, p. 0^m,7143.
Gaz à 0° et à la p. de 0^m,76...	12,45		11,31		64,55	
Acide carbonique...........	78,85		90,14		35,31	
Acide carbonique dissous......	3,18		3,06		1,11	
Gaz azote.................	8,9	T. 15°,5, p. 0^m,7263.	10,4	T. 15°,5, p. 0^m,7263.	10,8	T. 15°,5, p. 0^m,7263.
Azote à 0° et à la p. de 0^m,76...	8,05		9,41		9,77	
Oxygène.................	4,40		1,90		54,78	

21.

Expérience XVIII, 1er octobre 1860 (1). — Feuilles de pêcher, 5gr,32. Exposition à la lumière de 11h 35m à 1h10m. Ciel très-nuageux, plusieurs fois couvert.

Dans 1000 grammes de l'eau employée, gaz à 0° et à la pression de 0m,76 :

		cc
Acide carbonique		80,50
Oxygène		6,31
Azote		12,19

Résumé de l'expérience.

Atmosphère des feuilles.

		cc			cc			cc
Eau dans le ballon (2), 703gr,63, contenant.	CO²	56,64	O		4,44	Az		8,58
Retiré		69,85			2,82			9,54
Dans les feuilles		13,21	—		1,62			0,96

Exposition au soleil.

		cc			cc			cc
Eau dans le ballon (3), 700gr,68, contenant.	CO²	56,41	O		4,42	Az		8,54
Avant l'exposition		69,62			2,80			9,50
Après l'exposition, retiré		45,22			28,52			9,70
CO² disparu		24,40	O apparu		25,72	Az excédant		0,20

(1)

Gaz extraits.

	De l'eau employée.	Avant l'exposition au soleil.	Après l'exposition au soleil.
		De l'eau et des feuilles.	
Ballon (1), eau...............	708^{gr},95	Ballon (2), eau... 703^{gr},63	Ballon (3), eau... 700^{gr},68
Gaz obtenus.................	77,8^{cc} T. 15°,0, p. 0^m,6992.	90,7^{cc} T. 15°,0, p. 0^m,7043.	98,1^{cc} T. 15°,3, p. 0^m,6765.
Eau dans les cloches.........	3,2	3,2	1,7
Gaz à 0° et à la p. de 0^m,76...	67,78	79,68	82,58

Après l'absorption de l'acide carbonique :

	De l'eau employée.	Avant l'exposition au soleil.	Après l'exposition au soleil.
Oxygène et azote.............	15,1^{cc} T. 15°,1, p. 0^m,6969.	14,0^{cc} T. 15°,1, p. 0^m,7080.	51,7^{cc} T. 15°,2, p. 0^m,5923.
Gaz à 0° et à la p. de 0^m,76...	13,12	12,36	38,17
Acide carbonique............	54,66	67,32	44,41
Acide carbonique dissous......	2,41	2,53	0,81
Gaz azote....................	9,5 T. 15°,0, p. 0^m,7294.	10,5 T. 15°,0 p. 0^m,7294.	10,65 T. 15°,0, p. 0^m,7294.
Azote à 0° et à la p. de 0^m,76...	8,64	9,54	9,65
Oxygène....................	4,48	2,82	28,52

Expérience XIX, 4 octobre 1860 (1). — Plant d'ortie, feuilles, tiges et racines, pesant 5ᵍʳ,32. Exposition à la lumière de 11ʰ45ᵐ à 2ʰ30ᵐ. Ciel très-nuageux.

Dans 1000 grammes de l'eau de source employée, gaz à 0° et à la pression de 0ᵐ,76 :

	cc
Acide carbonique	103,61
Oxygène	5,13
Azote	12,48

Résumé de l'expérience.

Atmosphère des feuilles.

	CO² cc	O cc	Az cc
Eau dans le ballon (2), 716ᵍʳ,1, contenant..	74,18	3,67	8,95
Retiré.	80,24	2,50	9,90
Dans le plant d'ortie.	6,06	— 1,17	0,95

Exposition au soleil.

	OC² cc	O cc	Az cc
Eau dans le ballon (3), 699ᵍʳ,04, contenant.	72,42	3,59	8,75
Avant l'exposition.	78,48	2,42	9,70
Après l'exposition, retiré.	48,32	33,70	10,30
CO² disparu... 30,16	O apparu 31,28	Az excédant 0,62

1)

Gaz extraits.

	De l'eau employée.	De l'eau et de la plante.	
		Avant l'exposition au soleil.	Après l'exposition au soleil.
Ballon (1), eau..............	708,2	Ballon (2), eau... 716,1	Ballon (3), eau... 699,04
Gaz obtenus.................	92,0 T. 14°,1, p. 0^m,7097.	98,9 T. 14°,1, p. 0^m,7165.	101,4 T. 14°,1, p. 0^m,7115.
Eau dans les cloches.........	5,0	4,6	4,2
Gaz à 0° et à la p. de 0^m,76....	81,70	88,67	90,27

Après l'absorption de l'acide carbonique :

	De l'eau employée.	Avant l'exposition au soleil.	Après l'exposition au soleil.
Oxygène et azote	14,0 T. 13°,45, p. 5^m,7103	13,9 T. 13°,45, p. 0^m,7085.	49,7 T. 13°,45, p. 0^m,7069.
Gaz à 0° et la p. de 0^m,76......	12,47	12,35	44,06
Acide carbonique............	69,23	76,32	46,21
Acide carbonique dissous......	4,16	3,92	2,11
Gaz azote..................	9,6 T. 13°,45. p. 0^m,7336.	10,7 T. 13°,45, p. 0^m,7336.	11,20 T. 13°,45, p. 0^m,7336.
Azote à 0° et à la p. de 0^m,76...	8,84	9,90	10,30
Oxygène....................	3,63	2,50	33,70

Expérience XX, 5 octobre 1860 (1). — Feuilles de carotte, 10 grammes. Exposition à la lumière de 10^h 5^m à 10^h 35^m. Ciel sans nuages.

Dans 1000 grammes de l'eau distillée employée, gaz à 0° et à la pression de 0^m,76 :

	cc
Acide carbonique.	76,75
Oxygène.	7,11
Azote.	14,13

Résumé de l'expérience.

Atmosphère des feuilles.

	CO^2 cc	O cc	Az cc
Eau dans le ballon (2), 712^{gr},25, contenant.	54,67	5,06	10,10
Retiré.	63,85	1,10	11,80
Dans les feuilles.	9,18	3,96	1,70

Exposition au soleil.

	CO^2 cc	O cc	Az cc
Eau dans le ballon (3), 694^{gr},6, contenant.	53,31	4,94	9,80
Avant l'exposition.	62,49	0,98	11,50
Après l'exposition.	43,49	19.25	11,60
CO^2 disparu. . .	19,00	O apparu 18,27	Az excédant 0,10

(1)

Gaz extraits.

De l'eau et des feuilles.

	De l'eau employée.	Avant l'exposition au soleil.	Après l'exposition au soleil.
Ballon (1), eau...............	^{gr}707,5	Ballon (2), eau... ^{gr}712,25	Ballon (3), eau... ^{gr}694,6
Gaz obtenus.................	^{cc}74,1 T. 13°,45, p. 0^m,7050.	^{cc}81,5 T. 13°,45, p. 0^m,7095.	^{cc}79,6 T. 13°,45, p. 0^m,7080.
Eau dans les cloches..........	3,8	4,0	4,8
Gaz à 0° et à la p. de 0^m,76.....	65,51	72,50	70,66

Après l'absorption de l'acide carbonique :

	De l'eau employée.	Avant l'exposition au soleil.	Après l'exposition au soleil.
Oxygène et azote.............	^{cc}16,1 T. 13°,15, p. 0^m,7053.	^{cc}13,5 T. 13°,15, p. 0^m,7082.	^{cc}33,50 T. 13°,15, p. 0^m,7120.
Oxygène et azote à 0°, p. 0^m,76..	14,25	12,0	29,94
Acide carbonique.............	51,26	60,50	40,72
Acide carbonique dissous......	3,04	3,35	2,77
Gaz azote à 12°,7, p. 0^m,7331..	10,0	11,8	11,6
Azote à 0° et à la p. de 0^m,76....	9,22	10,90	10,69
Oxygène....................	5,03	1,10	19,25

Expérience XXI, 13 octobre 1860 (1). — Aiguilles de pin weymouth, 10 grammes. Exposition à la lumière de 11 heures à midi. Ciel nuageux.

Dans 1000 grammes de l'eau distillée employée, gaz à 0° et à la pression de 0^m,76 :

Acide carbonique..............	86,18 ^{cc}
Oxygène....................	7,54
Azote.....................	13,69

Résumé de l'expérience.

Atmosphère des aiguilles.

	CO^2	O	Az
	cc	cc	cc
Eau dans le ballon (2), 712^{gr},55, contenant.	CO^2 61,41	O 5,37	Az 9,54
Retiré.........................	67,33	3,98	11,52
Dans les aiguilles.................	5,92	—1,39	1,98

Exposition au soleil.

	CO^2	O	Az
	cc	cc	cc
Eau dans le ballon (3), 698^{gr},45, contenant.	CO^2 60,19	O 5,26	Az 9,35
Avant l'exposition..................	66,11	3,87	11,33
Après l'exposition, retiré.............	41,70	27,78	11,80
CO^2 disparu... 24,41		O apparu 23,91	Az excédant 0,47

(1)

Gaz extraits.

De l'eau et des aiguilles.

	De l'eau employée.	Avant l'exposition au soleil.	Après l'exposition au soleil.
Ballon (1), eau	$711,3$ gr	Ballon (2), eau... $712,55$ gr	Ballon (3), eau... $698,45$ gr
Gaz obtenus.................	$83,8$ cc T. $10^0,7$, p. $0^m,6877$.	$90,3$ cc T. $10^0,7$, p. $0^m,6949$.	$91,6$ cc T. $10^0,7$, p. $0^m,6904$.
Eau dans les cloches..........	$3,5$	$3,8$	$3,2$
Gaz à 0^0 et à la p. de $0^m,76$...	$73,1$	$79,44$	$79,9$

Après l'absorption de l'acide carbonique :

	De l'eau employée.	Avant l'exposition au soleil.	Après l'exposition au soleil.
Oxygène et azote..............	$17,1$ cc T. $11^0,4$, p. $0^m,6889$.	$17,9$ cc T. $11^0,4$, p. $0^m,6854$.	$45,6$ cc T. $11^0,4$, p. $0^m,6872$.
Oxygène et azote à 0^0, p. $0^m,76$.	$14,88$	$15,50$	$39,58$
Acide carbonique.............	$58,22$	$63,94$	$40,32$
Acide carbonique dissous......	$3,08$	$3,39$	$1,38$
Gaz azote à $9^0,6$, p. $0^m,7195$....	$10,4$	$12,6$	$12,9$
Azote à 0^0 et à la p. de $0^m,76$....	$9,52$	$11,52$	$11,80$
Oxygène....................	$5,36$	$3,98$	$27,78$

Expérience XXII, 17 octobre 1860 (1). — Aiguilles de pin weymouth, 10 grammes. Exposition à la lumière de midi à 1 heure. Ciel nuageux.

Dans 1000 grammes de l'eau distillée employée, gaz à 0° et à la pression de 0^m,76 :

$$
\begin{array}{lr}
 & \text{cc} \\
\text{Acide carbonique.} \ldots\ldots\ldots & 122,28 \\
\text{Oxygène.} \ldots\ldots\ldots\ldots & 6,65 \\
\text{Azote.} \ldots\ldots\ldots\ldots\ldots & 13,11 \\
\end{array}
$$

Résumé de l'expérience.

Atmosphère des aiguilles.

		cc		cc	cc
Eau dans le ballon (2), 712^{gr},9, contenant.	CO^2	87,17	O 4,74	Az 9,35
Retiré.		92,16	4,27	11,00
Dans les aiguilles.		4,99	— 0,47	1,65

Exposition au soleil.

		cc		cc	cc
Eau dans le ballon (3), 700^{gr},05, contenant.	CO^2	85,60	O 4,66	Az 9,18
Avant l'exposition.		90,59	4,19	10,83
Après l'exposition.		58,67	35,61	11,20
	CO^2 disparu...	31,92	O apparu 31,42	Az excédant 0,37

(1)

Gaz extraits.

(333)

De l'eau et des aiguilles.

	De l'eau employée.	Avant l'exposition au soleil.	Après l'exposition au soleil.
Ballon (1), eau............ ...	709,3 gr	Ballon (2), eau... 712,90 gr	Ballon (3), eau... 700,05 gr
Gaz obtenus................ ...	106,6 cc T. 11°,25, p. 0m,7246.	113,7 cc T. 11°,25, p. 0m,7260.	112,6 cc T. 11°,25, p. 0m,7281
Eau dans les cloches..........	3,3	3,4	2,7
Gaz à 0° et à la p. de 0m,76.. .	97,55	104,21	103,57

Après l'absorption de l'acide carbonique :

	De l'eau employée.	Avant l'exposition au soleil.	Après l'exposition au soleil.
Oxygène et azote.............	15,80 cc T. 11°,9, p. 0m,7035.	17,3 cc T. 11°,9, p. 0m,6999.	53,0 cc T. 11°,9, p. 0m,7004.
Oxygène et azote à 0°, p. 0m,76...	14,02	15,27	46,81
Acide carbonique.............	83,53	88,94	56,76
Acide carbonique dissous......	3,20	3,22	1,91
Gaz azote à 11°,5, p. 0m,7294...	10,1	12,0	12,2
Azote à 0° et à la p. de 0m,76....	9,3	11,00	11,20
Oxygène......	4,72	4,27	35,61

Expérience XXIII, 18 octobre 1860 (1). — Feuilles d'avoine, 10^{gr},77. Exposition à la lumière de midi à 1 heure.

Dans 1000 grammes de l'eau distillée employée, gaz à 0° et à la pression de 0^m,76 :

	cc
Acide carbonique.............	126,00
Oxygène....................	6,99
Azote................	12,91

Résumé de l'expérience.

Atmosphère des feuilles.

		cc			cc			cc
Eau dans le ballon (2), 708^{gr},45, contenant.	CO²	89,26	O		4,95	Az		9,15
Retiré...........................		92,30			5,83			10,17
Dans les feuilles..................		3,04			0,88			1,02

Exposition au soleil.

		cc			cc			cc
Eau dans le ballon (3), 694^{gr},13, contenant.	CO²	87,46	O		4,85	Az		8,96
Avant l'exposition.............		90,50			5,73			9,98
Après l'exposition, retiré..............		59,98			35,80			10,17
CO² disparu...		30,52	O apparu		30,07	Az excédant		0,19

(1)

Gaz extraits.

De l'eau et des feuilles.

	De l'eau employée.		Avant l'exposition au soleil.		Après l'exposition au soleil.	
Ballon (1), eau...............	700,0 [gr]	Ballon (2), eau... 708,45 [gr]		Ballon (3), eau... 694,13 [gr]		
Gaz obtenus.................	168,7 [cc]	T. 12°,1, p. 0m,7236.	115,3 [cc] T. 12°,1, p. 9m,7237.		114,6 [cc] T. 12°,1, p. 0m,7226.	
Eau dans les cloches..........	3,3		3,5		3,1	
Gaz à 0° et à la p. de 0m,76....	99,03		105,08		104,27	

Après l'absorption de l'acide carbonique :

Oxygène et azote......	16,2 [cc]	T. 12°,9, p. 0m,6930.	18,8 [cc] T. 12°,9, p. 0m,6778.		52,5 [cc] T. 12°,9, p. 0m,6969.	
Oxygène et azote à 0°, p. 0m,76.	13,93		16,00		45,97	
Acide carbonique..............	85,10		89,08		58,30	
Acide carbonique dissous.......	3,10		3,22		1,68	
Gaz azote à 12°,0, p. 0m,7250..	10,10		13,8		13,8	
Azote à 0° et à la p. de 0m,76....	9,04		10,17		10,17	
Oxygène......................	4,80		5,83		35,80	

Expérience XXIV, 23 octobre 1860 (1). — Feuilles de laurier-rose, 10^{gr},32. Exposition à la lumière de 11^h 30^m à 1 heure. Ciel nuageux.

Dans 1000 grammes de l'eau distillée employée, gaz à 0° et à la pression de 0^m,76 :

	cc
Acide carbonique	90,20
Oxygène	7,18
Azote	13,37

Dans l'eau on avait dissous du nitrate de soude, 0^{gr},5 par litre, pour voir si en présence de ce sel les feuilles émettraient plus d'azote.

Résumé de l'expérience.

Atmosphère des feuilles.

		cc		cc		cc
Eau dans le ballon (2), 711^{gr},58, contenant.	CO²	65,08	O	5,18	Az	9,65
Retiré		68,56		4,40		11,90
Dans les feuilles		3,48	—	0,78		2,25

Exposition au soleil.

		cc		cc		cc
Eau dans le ballon (3), 696^{gr},33, contenant.	CO²	62,81	O	5,00	Az	9,31
Avant l'exposition		66,29		4,22		11,56
Après l'exposition, retiré		43,66		27,68		11,80
CO² disparu		22,63	O apparu	23,46	Az excédant	0,24

La présence du nitrate de soude n'a pas augmenté l'émission du gaz azote.

III. (1)

Gaz extraits.

	De l'eau employée.	De l'eau et des feuilles.	
		Avant l'exposition au soleil.	Après l'exposition au soleil.
Ballon (1), eau.................	710,65^{gr}	Ballon (2), eau.. 711,58^{gr}	Ballon (3), eau... 696,33^{gr}
Gaz obtenus...............	87,0^{cc} T. 12°,8, p. 0^m,7000.	92,6 T. 12°,8, p. 0^m,7045.	91,6 T. 12°,8, p. 0^m,7058.
Eau dans les cloches...........	2,4	3,2	2,8
Gaz à c° et à la p. de 0^m,76.....	76,55	82,00	81,24

Après l'absorption de l'acide carbonique :

	De l'eau employée.	Avant l'exposition au soleil.	Après l'exposition au soleil.
Oxygène et azote.............	16,5^{cc} T. 12°,0, p. 0^m,7016.	18,3^{cc} T. 12°,0, p. 0^m,7069.	44,54^{cc} T. 12°,0, p. 0^m,7029.
Oxygène et azote à 0°, p. 0^m,76.	14,60	16,30	39,48
Acide carbonique.............	61,95	65,70	41,76
Acide carbonique dissous.......	2,15	2,86	1,90
Gaz azote à 12°,4, p. 0^m,7321..	10,3	12,9	12,8
Azote à 0° et à la p. de 0^m,76....	9,50	11,90	11,80
Oxygène.....................	5,10	4,40	27,68

22

Expérience XXV, 14 août 1861 (1). — Quatorze feuilles de laurier-rose cueillies au soleil, pesant 10^{gr},11. Exposition à la lumière de 11 heures à midi. Ciel nuageux.

Dans 1000 grammes de l'eau de source employée, gaz à 0° et à la pression de 0^m,76 :

Acide carbonique..............	56,8₇
Oxygène.....................	6,24
Azote	11,91

Résumé de l'expérience.

Atmosphère des feuilles.

	CO²	O	Az
Eau dans le ballon (2), 711^{gr},19, contenant.	40,47	4,44	8,48
Retiré...............................	44,85	4,30	10,07
Dans les feuilles.....................	4,38	— 0,14	1,59

Exposition au soleil.

	CO²	O	Az
Eau dans le ballon (3), 695^{gr},69, contenant.	39,56	4,34	8,29
Avant l'exposition...................	43,94	4,20	9,88
Après l'exposition, retiré.............	29,15	18,80	10,38
CO² disparu... 14,79	O apparu 14,60	Az excédant 0,50	

(1)

Gaz extraits.

De l'eau et des feuilles.

De l'eau employée.	Avant l'exposition au soleil.	Après l'exposition au soleil.
Ballon (1), eau.............. 712,9 gr	Ballon (2), eau... 711,19 gr	Ballon (3), eau... 695,69 gr
Gaz obtenus............... 66,8 cc T. 21º,8, p. 0m,6388.	74,1 cc T. 21º,8, p. 0m,6424.	73,5 cc T. 21º,8, p. 0m,6437.
Eau dans les cloches........ .. 2,7	2,2	1,9
Gaz à 0º et à la p. de 0m,76... 52,00	58,01	57,65

Après l'absorption de l'acide carbonique :

	De l'eau employée.	Avant l'exposition au soleil.	Après l'exposition au soleil.
Oxygène et azote.............	19,3 cc T. 21º,8, p. 0m,5502.	21,7 cc T. 21º,8, p. 0m,5434.	40,8 cc T. 21º,8, p. 0m,5868.
Oxygène et azote à 0º, p. 0m,76.	12,94	14,37	29,18
Acide carbonique.............	39,06	43,64	28,47
Acide carbonique dissous.......	1,48	1,21	0,68
Gaz azote à 21º,2, p. 0m,7171...	9,7	11,50	11,85
Azote à 0º et à la p. de 0m,76.....	8,49	10,07	10,38
Oxygène..................	4,45	4,30	18,80

22.

Expérience XXVI, 16 août 1861 (1). — Dix feuilles de laurier-rose cueillies au soleil et pesant 10^{gr},50. Exposition à la lumière de 11 heures à midi et demi.

Dans 1000 grammes de l'eau de source employée, gaz à 0° et à la pression de 0^m,76 :

	cc
Acide carbonique..............	83,60
Oxygène	5,30
Azote........	10,91

Résumé de l'expérience.

Atmosphère des feuilles.

	CO^2 cc	O cc	Az cc
Eau dans le ballon (2), 709^{gr},75, contenant.	59,52	3,77	7,75
Retiré........................	64,00	2,64	9,95
Dans les feuilles.....	4,48	— 1,13	2,20

Exposition au soleil.

	CO^2 cc	O cc	Az cc
Eau dans le ballon (3), 691^{gr},2, contenant...	58,04	3,69	7,58
Avant l'exposition.....................	62,52	2,56	9,78
Après l'exposition, retiré...............	36,41	30,13	10,11
CO^2 disparu...	26,11	O apparu 27,57	Az excédant 0,33

(1)

Gaz extraits.

	De l'eau employée.	De l'eau et des feuilles.	
		Avant l'exposition au soleil.	Après l'exposition au soleil.
Ballon (1), eau.............	711,95 (gr)	Ballon (2), eau .. 709,75 (gr)	Ballon (3), eau... 694,2 (gr)
Gaz obtenus.................	85,5 (cc) T. 22°,8, p. 0^m,6495.	91,3 (cc) T. 22°,8, p. 0^m,6696.	92,2 (cc) T. 22°,8, p. 0^m,6727.
Eau dans les cloches..........	3,2	3,7	3,5
Gaz à 0° et à la p. de 0^m,76....	69,04	74,25	75,42

Après l'absorption de l'acide carbonique :

	De l'eau employée.	Avant l'exposition au soleil.	Après l'exposition au soleil.
Oxygène et azote.............	17,9 (cc) T. 22°,8, p. 0^m,5312.	19,5 (cc) T. 22°,8, p. 0^m,5318.	54,7 (cc) T. 22°,8, p. 0^m,6057.
Oxygène et azote à 0°, p. 0^m,76..	11,55	12,59	40,24
Acide carbonique.............	57,49	61,66	35,18
Acide carbonique dissous.......	2,03	2,34	1,23
Gaz azote à 21°,6, p. 0^m,7158..	8,9	11,4	11,59
Azote à 0° et à la p. de 0^m,76......	7,77	9,95	10,11
Oxygène....................	3,78	2,64	30,13

Expérience XXVII, 18 août 1861 (1). — Dix-sept feuilles de pêcher prises au soleil et pesant 10^{gr},03. Exposition à la lumière de 11 heures à 1 heure.

Dans 1000 grammes de l'eau de source employée, gaz à 0° et à la pression de 0^m,76 :

	cc
Acide carbonique..............	98,00
Oxygène....................	5,36
Azote.....................	10,03

Résumé de l'expérience.

Atmosphère des feuilles.

	CO^2 (cc)	O (cc)	Az (cc)
Eau dans le ballon (2), 711^{gr},21, contenant.	69,69	3,81	7,15
Retiré........................	75,58	1,68	9,70
Dans les feuilles.................	5,89	— 2,13	2,55

Exposition au soleil.

	CO^2 (cc)	O (cc)	Az (cc)
Eau dans le ballon (3), 700^{gr},76, contenant.	68,67	3,76	7,00
Avant l'exposition.................	74,56	1,63	9,55
Après l'exposition, retiré...........	32,72	43,55	9,80
CO^2 disparu... 41,84	O apparu 41,92	Az excédant 0,25	

(1)   *Gaz extraits.*

De l'eau et des feuilles.

	De l'eau employée.	Avant l'exposition au soleil.	Après l'exposition au soleil.
Ballon (1), eau...............	706,9 [gr]	Ballon (2), eau... 711,21 [gr]	Ballon (3), eau... 700,76 [gr]
Gaz obtenus..................	92,3 T. 22°,4, p. 0m,6861. [cc]	99,3 T. 22°,4, p. 0m,6958. [cc]	100,2 T. 22°,4, p. 0m,69°0. [cc]
Eau dans les cloches..........	4,6	4,3	4,6
Gaz à 0° et à la p. de 0m,76....	77,01	84,03	84,69

Après l'absorption de l'acide carbonique :

	De l'eau employée.	Avant l'exposition au soleil.	Après l'exposition au soleil.
Oxygène et azote.............	16,7 T. 22°,3, p. 0m,5483. [cc]	17,4 T. 22°,3, p. 0m,5392. [cc]	63,4 T. 22°,3, p. 0m,6756. [cc]
Gaz à 0° et à la p. de 0m,76....	10,89	11,41	53,32
Acide carbonique.............	66,12	72,62	31,37
Acide carbonique dissous......	3,15	2,62	1,35
Gaz azote à 21°,2, p. 0m,7176.	8,1	11,1	11,15
Azote à 0° et à la p. de 0m,76. ...	7,1	9,70	9,80
Oxygène..	3,79	1,68	43,55

Expérience XXVIII, 20 août 1861 (1). — Dix-sept feuilles de pêcher cueillies au soleil et pesant 10^{gr},02. Exposition au soleil de 9 heures à 11^h 20^m. Ciel nuageux.

Dans 1000 grammes d'eau de source employée, gaz à 0° et à la pression de 0^m,76 :

$$
\begin{array}{ll}
\text{Acide carbonique} & \overset{cc}{103,69} \\
\text{Oxygène} & 4,79 \\
\text{Azote} & 11,02
\end{array}
$$

Résumé de l'expérience.

Atmosphère des feuilles.

	CO²	O	Az
Eau dans le ballon (2), 711^{gr},63, contenant.	73,79	3,41	7,84
Retiré	77,50	1,72	9,19
Dans les feuilles	3,71	— 1,69	1,35

Exposition au soleil.

	CO²	O	Az
Eau dans le ballon (3), 701^{gr},23, contenant.	72,86	3,59	7,73
Avant l'exposition	76,57	1,90	9,08
Après l'exposition, retiré	42,05	36,92	9,66
CO² disparu... 34,52	O apparu 35,02	Az excédant 0,58	

(1)

Gaz extraits.

	De l'eau employée.	Avant l'exposition au soleil.	Après l'exposition au soleil.
		De l'eau et des feuilles.	
Ballon (1), eau..............	7c7,50 — Ballon (2), eau.....	711,63 — Ballon (3), eau...	7o1,23
Gaz obtenus................	94,6 T. 21°,15, p. 0^m,6926.	98,9 T. 21°,15, p. 0^m,6985.	101,0 T. 21°,15, p. 0^m,7004.
Eau dans les cloches..........	6,5	5,8	6,1
Gaz à 0° et à la p. de 0^m,76....	79,97	84,32	86,35

Après l'absorption de l'acide carbonique :

	De l'eau employée.	Avant l'exposition au soleil.	Après l'exposition au soleil.
Oxygène et azote.............	16,4 T. 21°,1, p. 0^m,5587.	16,5 T. 21°,1, p. 0^m,5412.	61,0 T. 21°,1, p. 0^m,6253.
Gaz à 0° et à la p. de 0^m,76.....	11,9	10,91	46,58
Acide carbonique............	68,78	73,41	39,77
Acide carbonique dissous......	4,48	4,09	2,28
Gaz azote à 19°,8, p. 0^m,7237..	8,8	10,4	10,9
Azote à 0° et à la p. de 0^m,76....	7,80	9,19	9,66
Oxygène....................	3,39	1,72	36,92

Expérience XXIX, 21 août 1861 (1).—Trente-huit feuilles de saule prises au soleil et pesant $10^{gr},12$. Exposition à la lumière de 10 heures à $11^h 45^m$. Ciel sans nuages.

Dans 1000 grammes de l'eau de source employée, gaz à $0°$ et à la pression de $0^m,76$:

	cc
Acide carbonique	95,70
Oxygène	5,49
Azote	10,83

Résumé de l'expérience.

Atmosphère des feuilles.

	CO² (cc)	O (cc)	Az (cc)
Eau dans le ballon (2), $713^{gr},3$, contenant...	68,26	3,92	7,72
Retiré	80,86	1,93	8,65
Dans les feuilles	12,60	—1,99	0,93

Exposition au soleil.

	CO² (cc)	O (cc)	Az (cc)
Eau dans le ballon (3), $698^{gr},08$, contenant..	66,81	3,83	7,56
Avant l'exposition	79,41	1,84	8,49
Après l'exposition, retiré	40,10	39,42	9,10
CO² disparu... 39,31	O apparu 37,58	Az excédant 0,61	

(1)

Gaz extraits.

	De l'eau employée.	De l'eau et des feuilles.	
		Avant l'exposition au soleil.	Après l'exposition au soleil.
Ballon (1), eau................	$712^{gr},35$ Ballon (2), eau...	$713^{gr},3$ Ballon (3), eau ..	$698^{gr},08$
Gaz obtenus.................	$94^{cc},4$ T. $20^o,7$, p, $0^m,6911$.	$102,9$ T. $20^o,7$, p. $0^m,7044$.	$105^{cc},5$ T. $20^o,7$, p. $0^m,7000$.
Eau dans les cloches..........	$3,6$	$3,8$	$3,5$
Gaz à 0° et à la p. de $0^m,76$....	$79,80$	$88,66$	$87,33$

Après l'absorption de l'acide carbonique :

Oxygène et azote.	$17^{cc},2$ T. $20^o,5$, p. $0^m,5525$.	$16^{cc},0$ T. $20^o,5$, p. $0^m,5404$.	$63^{cc},0$ T. $20^o,5$, p. $0^m,6292$.
Gaz à 0° et à la p. de $0^m,76$.....	$11,63$	$10,58$	$48,52$
Acide carbonique...........	$68,17$	$78,08$	$38,81$
Acide carbonique dissous......	$2,51$	$2,78$	$1,29$
Gaz et azote à $19^o,3$, p. $0^m,726$.	$3,65$	$9,7$	$10,2$
Azote à 0° et à la p. de $0^m,76$	$7,72$	$8,65$	$9,10$
Oxygène..................	$3,91$	$1,93$	$39,42$

Expérience XXX, 23 août 1861 (1). — Quarante-trois feuilles de saule, pesant 10^{gr},10. Exposition à la lumière de 9^h 10^m à 11 heures.

Dans 1000 grammes de l'eau de source employée, gaz à 0° et à la pression de 0^m,76 :

	cc
Acide carbonique...............	89,30
Oxygène................	6,09
Azote....................•...........	11,39

Résumé de l'expérience.

Atmosphère des feuilles.

		cc		cc		cc
Eau dans le ballon (2), 713^{gr},35, contenant.	CO²	63,70	O	4,34	Az	8,13
Retiré...............................		70,60		1,33		8,94
Dans les feuilles......................		6,90	—	3,01		0,81

Exposition au soleil.

		cc		cc		cc
Eau dans le ballon (3), 698^{gr},35, contenant.	CO²	62,36	O	4,25	Az	7,96
Avant l'exposition...................		69,26		1,24		8,77
Après l'exposition, retiré..............		31,73		38,52		9,23
CO² disparu...		37,53	O apparu	37,28	Az excédant	0,46

(1)

Gaz extraits.

De l'eau et des feuilles.

	De l'eau employée.	Avant l'exposition au soleil.	Après l'exposition au soleil.
	Ballon (1), eau............. $712,85$ gr	Ballon (2), eau... $713,35$ gr	Ballon (3), eau... $698,35$ gr
Gaz obtenus..............	$88,7$ cc T. $19°,9$, p. $0^m,6799$.	$94,7$ T. $19°,9$, p. $0^m,6840$.	$93,6$ T. $19°,9$, p. $0^m,6835$.
Eau dans les cloches........	$3,2$	$2,0$	$3,1$
Gaz à $0°$ et à la p. de $0^m,76$..	$73,96$	$79,45$	$78,47$

Après l'absorption de l'acide carbonique :

	De l'eau employée.	Avant l'exposition au soleil.	Après l'exposition au soleil.
Oxygène et azote...........	$18,4$ cc T. $19°,9$, p. $0^m,5221$.	$15,7$ T. $19°,9$, p. $0^m,5334$.	$61,8$ T. $19°,9$, p. $0^m,6299$.
Gaz à $0°$ et à la p. de $0^m,76$...	$12,46$	$10,27$	$47,75$
Acide carbonique...........	$61,50$	$69,18$	$30,71$
Acide carbonique dissous.....	$2,16$	$1,42$	$1,01$
Gaz azote à $18°,9$, p. $0^m,72135$.	$9,75$	$10,07$	$10,40$
Azote à $0°$ et à la p. de $0^m,76$.	$8,12$	$8,94$	$9,23$
Oxygène........	$4,34$	$1,33$	$38,52$

Expérience XXXI, 24 août 1861 (1). — Onze feuilles de lilas, $10^{gr},25$. Exposition à la lumière de $8^h 30^m$ à $10^h 30^m$. Ciel très-nuageux.

Dans 1000 grammes de l'eau de source employée, gaz à $0°$ et à la pression de $0^m,76$:

		cc
Acide carbonique.........	CO^2	76,32
Oxygène..............		6,05
Azote................		11,19

Résumé de l'expérience.

Atmosphère des feuilles.

		cc		cc		cc
Eau dans le ballon (2), $713^{gr},00$, contenant.	CO^2	54,42	O	4,31	Az	7,99
Retiré....................		64,24		2,24		9,54
Dans les feuilles............		9,82	—	2,07		1,55

Exposition au soleil.

		cc		cc		cc
Eau dans le ballon (3), $698^{gr},25$, contenant.	CO^2	53,29	O	4,22	Az	7,82
Avant l'exposition...............		63,11		2,15		9,37
Après l'exposition, retiré...........		44,63		20,72		9,54
CO² disparu...		18,48	O apparu	18,57	Az excédant	0,17

(1)

Gaz extraits.

	De l'eau employée.	De l'eau et des feuilles.	
		Avant l'exposition au soleil.	Après l'exposition au soleil.
Ballon (1), eau............	$712,5$ gr	Ballon (2), eau... $713,0$ gr	Ballon (3), eau... $698,25$ gr
Gaz obtenus..............	$79,1$ cc T. $19^o,3$, p. $o^m,6616$.	$88,9$ T. $19^o,3$, p. $o^m,6723$.	$88,6$ cc T. $19^o,3$, p. $o^m,6733$.
Eau dans les cloches........	$2,9$	$3,7$	$3,3$
Gaz à o^o et à la p. de $o^m,76$..	$64,31$	$73,45$	$73,31$

Après l'absorption de l'acide carbonique :

	De l'eau employée.	Avant l'exposition au soleil.	Après l'exposition au soleil.
Oxygène et azote............	$18,2$ cc T. $19^o,3$, p. $o^m,5474$.	$17,8$ cc T. $19^o,3$, p. $o^m,5348$.	$41,7$ cc T. $19^o,3$, p. $o^m,5885$.
Gaz à o^o et à la p. de $o^m,76$..	$12,29$	$11,74$	$30,26$
Acide carbonique..........	$52,01$	$61,71$	$43,05$
Acide carbonique dissous....	$2,36$	$2,53$	$1,58$
Gaz azote à $19^o,7$, p. $o^m,7223$.	$8,95$	$10,65$	$10,70$
Azote o^o et à la p. de $o^m,76$..	$7,98$	$9,50$	$9,54$
Oxygène..................	$4,31$	$2,24$	$20,72$

Expérience XXXII, 25 août 1861 (1). — Dix feuilles de lilas, $10^{gr},12$. Exposition à la lumière de $1^h 5^m$ à $2^h 15^m$. Ciel très-nuageux.

Dans 1000 grammes de l'eau de source employée, gaz à $0°$ et à la pression de $0^m,76$:

Acide carbonique.............	$81,15$
Oxygène......................	$6,12$
Azote........................	$11,33$

Résumé de l'expérience.

Atmosphère des feuilles.

	CO_2	O	Az
Eau dans le ballon (2), $713^{gr},78$, contenant.	$57,92$	$4,57$	$8,09$
Retiré...	$67,42$	$2,57$	$9,49$
Dans les feuilles...............................	$9,50$	$— 1,80$	$1,40$

Exposition au soleil.

	CO_2	O	Az
Eau dans le ballon (3), $698^{gr},43$, contenant.	$56,68$	$4,27$	$7,92$
Avant l'exposition..............................	$66,18$	$2,47$	$9,32$
Après l'exposition, retiré......................	$46,43$	$22,12$	$9,45$
CO_2 disparu.. $19,75$		O apparu $19,65$	Az excédant $0,12$

III.

(1)

Gaz extraits.

	De l'eau employée.	De l'eau et des feuilles.	
		Avant l'exposition au soleil.	Après l'exposition au soleil.
Ballon (1), eau.............	$711,85$ gr	Ballon (2), eau... $713,78$ gr	Ballon (3), eau... $698,43$ gr
Gaz obtenus................	$81,5$ cc T. $18°,6$, p. $0^m,6683$.	$91,6$ cc T. $18°,6$, p. $0^m,6801$.	$91,0$ cc T. $18°,6$, p. $0^m,6805$.
Eau dans les cloches.........	$3,6$	$3,9$	$3,5$
Gaz à $0°$ et à la p. de $0^m,76$...	$67,09$	$76,74$	$76,29$

Après l'absorption de l'acide carbonique :

	De l'eau employée.	De l'eau et des feuilles.	
		Avant l'exposition au soleil.	Après l'exposition au soleil.
Oxygène et azote............	$18,1$ cc T. $17°,8$, p. $0^m,5543$.	$17,7$ cc T. $17°,8$, p. $0^m,5496$.	$42,8$ cc T. $17°,8$, p. $0^m,5951$.
Gaz à $0°$ et à la p. de $0^m,76$..	$12,44$	$12,06$	$31,57$
Acide carbonique...........	$54,65$	$64,68$	$44,72$
Acide carbonique dissous.....	$2,40$	$2,74$	$1,71$
Gaz azote à $17°,7$, p. $0^m,7265$..	$9,0$	$10,57$	$10,53$
Azote à $0°$ et à la p. de $0^m,76$.	$8,08$	$9,49$	$9,45$
Oxygène...................	$4,36$	$2,57$	$22,12$

23

Expérience XXXIII, 27 août 1861. — Quarante-deux aiguilles de pin maritime prises au soleil et pesant 12^{gr},02. Exposition à la lumière de 9 heures à 1 heure. Ciel très-nuageux.

Dans 1000 grammes de l'eau de source employée, gaz à 0° et à la pression de 0^m,76 :

	cc
Acide carbonique.............	75,22
Oxygène....................	6,44
Azote.....................	11,67

Résumé de l'expérience.

Atmosphère des feuilles.

		cc		cc		cc
Eau dans le ballon (2), 711^{gr},28, contenant.	CO^2	53,45	O	4,58	Az	8,30
Retiré........................		57,88		3,30		10,02
Dans les feuilles...............		4,43	—	1,28		1,72

Exposition au soleil.

		cc		cc		cc
Eau dans le ballon (3), 696^{gr},08, contenant.	CO^2	52,40	O	4,49	Az	8,12
Avant l'exposition....................		56,83		3,21		9,84
Après l'exposition, retiré..............		15,23		46,51		10,28
CO^2 disparu...		41,60	O apparu	43,30	Az excédant	0,44

(1)

Gaz extraits.

	De l'eau employée.		De l'eau et des feuilles.			
			Avant l'exposition au soleil.		Après l'exposition au soleil.	
Ballon (1), eau.............	712,3 ^{gr}	Ballon (2), eau... 711,28 ^{gr}		Ballon (3), eau... 696,08 ^{gr}		
Gaz obtenus................	78,3 ^{cc} T. 17°,9, p. 0^m,6667		8,30 ^{cc} T. 17°,9, p. 0^m,6681.		85,9 ^{cc} T. 17°,9, p. 0^{m}6,739	
Eau dans les cloches........	3,1		3,3		3,1	
Gaz à 0° et à la p. de 0^m,76...	64,46		68,48		71,49	

Après l'absorption de l'acide carbonique :

	De l'eau employée.	Avant l'exposition au soleil.	Après l'exposition au soleil.
Oxygène et azote............	18,8 ^{cc} T. 17°,9, p. 0^m,5576.	19,7 ^{cc} T. 17°,9, p. 0^m,5476.	70,0 ^{cc} T. 17°,9, p. 0^m,6585.
Gaz à 0° et à la p. de 0^m,76...	12,95	13,32	56,79
Acide carbonique............	51,51	55,16	14,70
Acide carbonique dissous.....	2,02	2,72	0,53
Gaz azote à 17°,4, p. 0^m,7264.	9,25	11,15	11,45
Azote à 0° et à la p. de 0^m,76.	8,31	10,02	10,28
Oxygène......	4,59	3,30	46,51

23.

Expérience XXXIV, 28 août 1861 (1). — Aiguilles de pin maritime prises à l'ombre et pesant 12^{gr},07. Exposition à lumière de 8 heures à 10^{h}30^m. Ciel découvert.

Dans 1000 grammes de l'eau de source employée, gaz à 0° et à la pression de 0^m,76 :

	cc
Acide carbonique............	103,21
Oxygène...................	5,70
Azote.....................	11,07

Résumé de l'expérience.

Atmosphère des feuilles.

		cc		cc		cc
Eau dans le ballon (2), 711^{gr},8, contenant..	CO^2	73,39	O	4,05	Az	7,88
Retiré........................		80,33		3,24		9,80
Dans les feuilles..................		6,94		— 0,81		1,92

Exposition au soleil.

		cc		cc		cc
Eau dans le ballon (3), 695^{gr},33, contenant.	CO^2	71,77	O	3,96	Az	7,70
Avant l'exposition..............		78,71		3,15		9,62
Après l'exposition, retiré..........		33,84		48,77		10,11
CO^2 disparu...		44,87	O apparu	45,62	Az excédant	0,49

(1)

Gaz extraits.

	De l'eau employée.		De l'eau et des feuilles.	
			Avant l'exposition au soleil.	Après l'exposition au soleil.
Ballon (1), eau........	$712,55$	Ballon (2), eau... $711,8$		Ballon (3), eau... $695,33$
Gaz obtenus...............	$96,9$ T. $18^o,2$, p. $0^m,6933$.	$105,4$ T. $18^o,2$, p. $0^m,7023$.		$105,0$ T. $18^o,2$, p. $0^m,7065$.
Eau dans les cloches	$3,6$	$2,8$		$4,0$
Gaz à 0° et à la p. de $0^m,76$....	$82,87$	$91,31$		$91,51$

Après l'absorption de l'acide carbonique :

Oxygène et azote............	$17,6$ T. $17^o,8$, p. $0^m,5497$.	$19,6$ T. $17^o,8$, p. $0^m,5387$.		$73,5$ T. $17^o,8$, p. $0^m,6488$.
Gaz à 0° et à la p. de $0^m,76$. ..	$11,95$	$13,04$		$58,91$
Acide carbonique...........	$70,92$	$78,27$		$32,60$
Acide carbonique dissous.....	$2,61$	$2,06$		$1,24$
Gaz azote à $17^o,8$, p. $0^m,7214$..	$8,85$	$11,00$		$11,35$
Azote à 0 et à la p. de $0^m,76$....	$7,89$	$9,80$		$10,11$
Oxygène..................	$4,06$	$3,24$		$48,77$

Expérience XXXV, 29 août 1861 (1). — Feuilles de carotte cueillies au soleil et pesant 10 grammes. Exposition à la lumière de 11 heures à 1 heure.

Dans 1000 grammes de l'eau de source employée, gaz à 0° et à la pression de 0^m,76 :

	cc
Acide carbonique..	98,91
Oxygène....................	5,54
Azote.......................	10,79

Résumé de l'expérience.

Atmosphère des feuilles.

		cc		cc		cc
Eau dans le ballon (2), 713^{gr},25, contenant.	CO^2	70,54	O	4,00	Az	7,70
Retiré....................................		86,24		0,60		9,39
Dans les feuilles.........................		15,70	—	3,40		1,69

Exposition au soleil.

		cc		cc		cc
Eau dans le ballon (3), 696^{gr},9, contenant...	CO^2	68,93	O	3,86	Az	7,52
Avant l'exposition......................		84,63		0,46		9,21
Après l'exposition, retiré...............		40,35		43,27		9,83
CO^2 disparu...		44,28	O apparu	42,81	Az excédant	0,62

(1)

Gaz extraits.

De l'eau et des feuilles.

	De l'eau employée		Avant l'exposition au soleil.		Après l'exposition au soleil	
Ballon (1), eau...............	712,4^{gr}	Ballon (2), eau...	713,25^{gr}	Ballon (3), eau..	696,9^{gr}	
Gaz obtenus................	93,9^{cc}	T. 18°,9, p. o^m,6868.	108,8^{cc}	T. 18°,9, p. o^m,7056.	106,0^{cc}	T. 18°,9, p. o^m,7062.
Eau dans les cloches..........	3,9		2,9		3,7	
Gaz à o° et à la p. de o^m,76.....	79,37		94,04		92,12	

Après l'absorption de l'acide carbonique :

Oxygène et azote............	17,3^{cc}	T. 18°,8, p. o^m,5467.	15,3^{cc}	T. 18°,8, p. o^m,5305.	67,7^{cc}	T. 18°,8, p. o^m,6371
Gaz à o° et à la p. de o^m,76...	11,64		9,99		53,10	
Acide carbonique............	67,73		84,05		39,02	
Acide carbonique dissous......	2,73		2,19		1,33	
Gaz azote à 18°,2, p. o^m,7246..	8,6		10,5		11,0	
Azote à o° et à la p. de o^m,76...	7,69		9,39		9,83	
Oxygène................	3,95		0,60		43,27	

Expérience XXXVI, 3o août 1861 (1). — Onze feuilles de laurier-cerise, pesant 12^{gr},22. Exposition à la lumière de 9 heures à 11^h 15^m. Ciel très-nuageux.

Dans 1000 grammes de l'eau de source employée, gaz à 0° et à la pression de 0^m,76 :

Acide carbonique...............	92,34
Oxygène.....................	6,25
Azote......................	11,00

Résumé de l'expérience.

Atmosphère des feuilles.

Eau dans le ballon (2), 710^{gr},73, contenant..	CO² 65,43	O 4,42	Az 7,78
Retiré......................	73,65	3,20	10,62
Dans les feuilles................	8,22	—1,22	2,84

Exposition au soleil.

Eau dans le ballon (3), 693^{gr},43, contenant...	CO² 63,70	O 4,32	Az 7,63
Avant l'exposition................	71,92	3,10	10,47
Après l'exposition, retiré............	41,44	32,41	10,69
CO² disparu 30,48		O apparu 29,31	Az excédant 0,22

(1)

Gaz extraits.

	De l'eau employée.	De l'eau et des feuilles.	
		Avant l'exposition au soleil.	Après l'exposition au soleil.
Ballon (1), eau.............	712,9^{gr} Ballon (2), eau...	710,73^{gr} Ballon (3), eau...	693,43^{gr}
Gaz obtenus...............	89,7^{cc} T. 19°,3, p. 0^m,5612.	99,1^{cc} T. 19°,2, p. 0^m,5324.	97,8^{cc} T. 19°,3, p. 0^m,5355.
Eau dans les cloches.........	3,6	3,9	2,8
Gaz à 0° et la p. de 0^m,76.....	75,44	84,75	83,41

Après l'absorption de l'acide carbonique :

	De l'eau employée.	Avant l'exposition au soleil.	Après l'exposition au soleil.
Oxygène et azote............	18,0^{cc} T. 19°,12, p. 0^m,5547.	20,2^{cc} T. 19°,12, p. 0^m,5562.	56,5^{cc} T. 19°,12, p. 0^m,6203
Gaz à 0° et à la p. de 0^m,76......	12,28	13,82	43,10
Acide carbonique..............	63,16	70,93	40,31
Acide carbonique dissous......	2,47	2,72	1,13
Gaz azote à 18°, p. 0^m,7274.....	8,75	11,85	11,93
Azote à 0° et à la p. de 0^m,76....	7,84	10,62	10,69
Oxygène...................	4,44	3,20	32,41

Expérience XXXVII, 31 août 1861 (1). — *Ceratophyllum submersum* de la rivière de la Sauër, 12 grammes. Exposition à la lumière de $8^h 45^m$ à $11^h 40^m$. Ciel sans nuages.

Dans 1000 grammes d'eau de source employée, gaz à $0°$ et à la pression de $0^m,76$:

	cc
Acide carbonique.	95,30
Oxygène.	6,34
Azote.	11,24

Résumé de l'expérience.

Atmosphère des feuilles.

		cc		cc		cc
Eau dans le ballon (2), $712^{gr},65$, contenant...	CO^2	67,92	O	4,52	Az	8,02
Retiré.		75,28		1,26		9,02
Dans les feuilles.		7,36	—	3,26		1,00

Exposition au soleil.

		cc		cc		cc
Eau dans le ballon (3), $694^{gr},15$, contenant...	CO^2	66,15	O	4,40	Az	7,81
Avant l'exposition.		73,51		1,14		8,81
Après l'exposition, retiré.		35,13		37,77		9,22
	CO^2 disparu	38,38	O apparu	36,63	Az excédant	0,41

(1)

Gaz extraits.

	De l'eau employée.		De l'eau et des feuilles.	
			Avant l'exposition au soleil.	Après l'exposition au soleil.
Ballon (1), eau..............	713,35^{gr}	Ballon (2), eau... 712,65^{gr}	Ballon (3), eau... 694,15^{gr}	
Gaz obtenus.............	92,8^{cc} T. 19°,7, p. 0m,6881.	97,5^{cc} T. 19°,7, p. 0m,6920.	95,4^{cc} T. 19°,7, p. 0m,6906.	
Eau dans les cloches...........	3,1	3,8	3,6	
Gaz à 0° et à la p. de 0m,76.....	78,37	82,81	80,86	

Après l'absorption de l'acide carbonique :

	De l'eau employée.	Avant l'exposition au soleil.	Après l'exposition au soleil.
Oxygène et azote.............	18,2^{cc} T. 19°,3, p. 0m,5530.	15,4^{cc} T. 19°,3, p. 0m,5357.	60,1^{cc} T. 19°,3, p. 0m,6275.
Gaz à 0° et la p. de 0m,76.......	12,54	10,28	46,99
Acide carbonique.............	65,83	72,53	33,87
Acide carbonique dissous.......	2,13	2,75	1,26
Gaz azote à 18°,4, p. 0m,7241...	9,0	10,1	10,33
Azote à 0° et à la p. de 0m,76....	8,02	9,02	9,22
Oxygène....................	4,52	1,26	37,77

Expérience XXXVIII, 1er septembre 1861 (1). — Trois feuilles de laurier-cerise, pesant 6^{gr},21. Exposition à la lumière de 8^h 30^m à 10^h 10^m. Ciel sans nuages.

Dans 1000 grammes de l'eau de source employée, gaz à 0° et à la pression de 0^m,76 :

Acide carbonique.............	97,18
Oxygène....................	5,19
Azote.........................	11,84

Résumé de l'expérience.

Atmosphère des feuilles.

Eau dans le ballon (2), 717^{gr},09, contenant...	CO^2 69,69	O 3,72	Az 8,49
Retiré.........................	75,91	2,70	10,14
Dans les feuilles.............	6,22	— 1,02	1,65

Exposition au soleil.

Eau dans le ballon (3), 700^{gr},24, contenant...	CO^2 68,05	O 3,63	Az 8,29
Avant l'exposition..............	74,27	2,61	9,94
Après l'exposition, retiré........	50,20	25,35	10,24
CO^2 disparu	24,07	O apparu 22,74	Az excédant 0,30

(1)

Gaz extraits.

	De l'eau employée.	De l'eau et des feuilles.	
		Avant l'exposition au soleil.	Après l'exposition au soleil.
Ballon (1), eau...............	712,8 gr	Ballon (2), eau... 717,09 gr	Ballon (3), eau... 700,24 gr
Gaz obtenus................	93,6 cc T. 19°,6, p. 0m,6863.	101,4 cc T. 19°,6, p. 0m,6943.	9),3 cc T. 19°,6, p. 0m,6921.
Eau dans les cloches..........	3,7	3,3	3,0
Gaz à 0° et à la p. de 0m,76....	78,86	86,44	84,37

Après l'absorption de l'acide carbonique :

	De l'eau employée.	Avant l'exposition au soleil.	Après l'exposition au soleil.
Oxygène et azote.............	18,0 cc T. 19°,4, p. 0m,5491.	19,4 cc T. 19°,4, p. 0m,537.	48,3 cc T. 19°,4, p. 0m,5997.
Gaz à 0° et à la p. de 0m,76....	12,14	12,84	35,59
Acide carbonique.............	66,72	73,60	48,78
Acide carbonique dissous......	2,55	2,31	1,42
Gaz azote à 18°,4, p. 0m,7205...	8,9	10,7	10,8
Azote à 0° et à la p. de 0m,76....	8,44	10,14	10,24
Oxygène....................	3,70	2,70	25,35

Expérience XXXIX, 2 septembre 1861 (1). — Anémone d'eau douce, tiges et feuilles submergées, de la rivière de la Saüer, 10 grammes. Exposition à la lumière de 8^h45^m à 10^h30^m. Ciel sans nuages.

Dans 1000 grammes d'eau de source employée, gaz à $0°$ et à la pression de 0^m76 :

	cc
Acide carbonique............	100,00
Oxygène....................	6,00
Azote.....................	11,11

Résumé de l'expérience.

Atmosphère des feuilles.

	CO_2		O		Az	
	cc			cc		cc
Eau dans le ballon (2), $711^{gr},1$, contenant.	72,57		4,26		7,90	
Retiré..............................	77,63		1,82		9,46	
Dans les feuilles.....................	5,06		— 2,56		1,56	

Exposition au soleil.

	CO_2		O		Az	
	cc			cc		cc
Eau dans le ballon (3), $696^{gr},25$, contenant.	71,05		4,18		7,74	
Avant l'exposition...................	76,11		1,62		9,30	
Après l'exposition, retiré.............	33,23		43,25		9,73	
CO_2 disparu...	42,88	O apparu	41,63	Az excédant	0,43	

(1)

Gaz extraits.

| | De l'eau employée. | De l'eau et des feuilles. | |
		Avant l'exposition au soleil.	Après l'exposition au soleil.
Ballon (1), eau............... $713,4^{gr}$	Ballon (2), eau... $711,1^{gr}$	Ballon (3), eau... $696,25^{gr}$
Gaz obtenus................ $98,0^{cc}$ T. $19^o,9$, p. $0^m,6895$.	$101,9^{cc}$ T. $19^o,9$, p. $0^m,6921$.	$100,0^{cc}$ T. $19^o,9$, p. $0^m,6928$.
Eau dans les cloches.......... $3,1$	$3,4$	$4,0$
Gaz à 0° et à la p. de $0^m,76$.... $82,87$	$86,49$	$84,97$

Après l'absorption de l'acide carbonique :

Oxygène et azote............. $13,2^{cc}$ T. $19^o,6$, p. $0^m,5453$.	$17,3^{cc}$ T. $19^o,6$, p. $0^m,5309$.	$68,2^{cc}$ T. $19^o,6$, p. $0^m,6328$.
Gaz à 0° et la p. de $0^m,76$..... $12,21$	$11,28$	$52,98$
Acide carbonique............. $70,66$	$75,21$	$31,99$
Acide carbonique dissous..... $2,16$	$2,42$	$1,24$
Gaz azote à $18^o,9$, p. $0^m,7183$. $8,97$	$10,7$	$11,0$
Azote à 0° et à la p. de $0^m,76$ .. $7,93$	$9,46$	$9,73$
Oxygène..................... $4,28$	$1,82$	$43,25$

Expérience XL, 8 septembre 1861 (1). — Feuilles de thuya, 10 grammes. Exposition à la lumière de $11^h 15^m$ à $1^h 15^m$. Ciel nuageux.

Dans 1000 grammes d'eau de source employée, gaz à $0°$ et à la pression de $0^m,76$:

	cc
Acide carbonique.............	84,39
Oxygène....................	6,21
Azote......................	11,26

Résumé de l'expérience.

Atmosphère des feuilles.

		cc		cc		cc
Eau dans le ballon (2), $711^{gr},3$, contenant.	CO^2	60,02	O	4,41	Az	8,00
Retiré.......................		64,59		3,97		11,07
Dans les feuilles..............		4,57	—	0,44		3,07

Exposition au soleil.

		cc		cc		cc
Eau dans le ballon (3), $696^{gr},00$, contenant.	CO^2	58,73	O	4,32	Az	7,83
Avant l'exposition................		63,30		3,88		10,90
Après l'exposition................		34,45		32,75		10,85
CO^2 disparu...		28,85	O apparu	28,87	Az manquant	0,05

III. (1)

Gaz extraits.

De l'eau et des feuilles.

	De l'eau employée.	Avant l'exposition au soleil.	Après l'exposition au soleil.
Ballon (1), eau.............	713,4 gr	Ballon (2), eau... 711,3 gr	Ballon (3), eau... 696,0 gr
Gaz obtenus.............	85,2 cc T. 19°,0, p. 0m,6723.	92,5 cc T. 19°,0, p. 0m,6791.	92,0 cc T. 19°,0, p. 0m,6799
Eau dans les cloches..........	3,3	3,6	3,4
Gaz à 0° et à la p. de 0m,76...	70,47	77,27	76,85

Après l'absorption de l'acide carbonique :

	De l'eau employée.	Avant l'exposition au soleil.	Après l'exposition au soleil.
Oxygène et azote.............	18,4 cc T. 19°,0, p. 0m,5504.	22,4 cc T. 19°,0, p. 0m,5458.	57,3 cc T. 19°,0, p. 0m,6185.
Gaz à 0° et à la p. de 0m,76...	12,46	15,04	43,60
Acide carbonique.............	58,01	62,23	33,25
Acide carbonique dissous.....	2,19	2,36	1,20
Gaz azote à 17°,8, p. 0m,7227....	9,0	12,24	12,15
Azote à 0° et à la p. de 0m,76..	8,03	11,07	10,85
Oxygène.............	4,43	5,97	32,75

24

Expérience XLI, 11 septembre 1861 (1). — Neuf feuilles de vigne pesant $10^{gr},75$. Exposition à la lumière de $10^h 10^m$ à $12^h 35^m$. Ciel nuageux.

Dans 1000 grammes d'eau de source employée, gaz à $0°$ et à la pression de $0^m,76$:

	cc
Acide carbonique.............	69,78
Oxygène....................	5,67
Azote.....................	11,81

Résumé de l'expérience.

Atmosphère des feuilles.

		cc		cc		cc
Eau dans le ballon (2), $711^{gr},9$, contenant..	CO²	49,67	O	4,03	Az	8,41
Retiré.............................		54,90		3,09		9,59
Dans les feuilles....................		5,23	—	0,94		1,18

Exposition au soleil.

		cc		cc		cc
Eau dans le ballon (3), $696^{gr},35$, contenant.	CO²	48,59	O	3,94	Az	8,22
Avant l'exposition.................		53,82		3,00		9,40
Après l'exposition.................		36,62		18,54		9,64
CO² disparu...		17,20	O apparu	15,54	Az excédant	0,24

(1)

Gaz extraits.

De l'eau et des feuilles.

	De l'eau employée	Avant l'exposition au soleil.	Après l'exposition au soleil.
Ballon (1), eau................	$713,7$ gr — Ballon (2), eau... $711,9$ gr	Ballon (3), eau... $696,35$ gr	
Gaz obtenus.................	$76,0$ cc T. $18^o,1$, p. $0^m,6383$.	$78,2$ cc T. $14^o,1$, p. $0^m,6614$.	$78,1$ cc T. $17^o,8$, p. $0^m,6528$.
Eau dans les cloches.........	$3,9$	$4,4$	$4,1$
Gaz à 0° et à la p. de $0^m,76$...	$59,86$	$61,72$	$62,99$

Après l'absorption de l'acide carbonique :

	De l'eau employée	Avant l'exposition au soleil.	Après l'exposition au soleil.
Oxygène et azote..	$20,0$ cc T. $18^o,0$, p. $0^m,5051$.	$18,7$ cc T. $18^o,0$, p. $0^m,5495$.	$39,2$ cc T. $18^o,0$, p. $0^m,5824$.
Gaz à 0° et à la p. de $0^m,76$...	$12,47$	$12,68$	$28,18$
Acide carbonique............	$47,39$	$52,04$	$34,81$
Acide carbonique dissous.....	$2,41$	$2,86$	$1,81$
Gaz azote à $16^o,9$, p. $0^m,7233$..	$9,4$	$10,7$	$10,75$
Azote à 0° et à la p. de $0^m,76$...	$8,43$	$9,59$	$9,64$
Oxygène....................	$4,04$	$3,09$	$18,54$

24.

On a vu que dans le procédé suivi pour exécuter
ces recherches on suppose que les deux lots de feuilles
sur lesquelles on opère comparativement sont identi-
ques; qu'en équilibrant un certain nombre de feuilles
placées sur le plateau de la balance, par un même
nombre de feuilles cueillies à la même branche, au
même moment, par conséquent dans les mêmes conditions, on arrive à une parité de poids pour les deux
lots, quoique le poids réel ne soit connu qu'approxi-
mativement. Toutefois j'ai dû me demander si, malgré ces précautions, l'atmosphère confinée dans l'intérieur ou adhérente à la surface des feuilles était
semblable de part et d'autre; si le volume de gaz
que l'on extrayait immédiatement à l'aide de l'appareil
n° 2 représentait bien le volume de gaz contenu dans
les feuilles que l'on exposait à la lumière solaire dans
l'appareil n° 3. Les expériences faites pour répondre
à cette question ont montré que si l'égalité des volumes de gaz n'est pas absolue dans les deux lots, la
différence est assez faible pour ne pas avoir d'influence
sur les résultats. Les parties vertes des végétaux ter-
restres, comme celles des végétaux aquatiques, modi-
fient si subitement l'atmosphère de l'eau en absorbant
l'oxygène dissous, qu'à moins d'opérer avec une simul-
tanéité tout à fait impraticable, il était à craindre qu'il
n'en fût pas ainsi. Heureusement que des éléments
gazeux communs à la plante et à l'eau dans laquelle
elle est submergée, il en est un, l'azote, qui semble
rester invariable ; de sorte que les atmosphères fournies par deux lots de feuilles de même poids doivent
renfermer la même quantité d'azote, quelles que soient
les légères différences que l'on constaterait dans les
proportions de l'oxygène ou de l'acide carbonique.
J'ai fait quelques essais pour être fixé sur ce point.

Expérience XLII, 29 août 1861 (1). — Gaz azote obtenu de 10 grammes de feuilles de carottes, en opérant avec des appareils différents.

Dans l'expérience XXXV, faite sur des feuilles de carotte, l'eau employée renfermait :

Pour 1000 grammes : $10^{cc},79$ de gaz azote, à 0° et à la p. $0^m,76$.

On avait monté un quatrième appareil dont le ballon (4) renfermait aussi 10 grammes de feuilles.

	cc
Eau $665^{gr},85$, contenant : Azote.........	7,19
Azote retiré.........................	9,12
Azote obtenu en excès par l'appareil (4)...	1,93
Azote obtenu en excès par l'appareil (2)....	1,69
Différence...	0,24

La différence est de $\frac{2}{10}$ de centimètre cube; mais je ferai remarquer que les fanes de carotte étant formées de tiges, de brachioles et de feuilles, il est plus difficile d'en expulser l'air adhérent que de feuilles d'une conformation plus régulière.

---

(1)   Ballon (4), eau................................ $665^{gr},85$ Feuilles, 10 grammes.

Après l'absorption de l'acide carbonique et de l'oxygène :

	cc
Gaz azote à la t. 18°,2 et à la p. de $0^m,7246$........	10,2
Gaz azote à la t. de 0° et à la p. $0^m,76$...........	9,12

Expérience XLIII, 30 août 1861. — Gaz azote obtenu de 11 grammes de feuilles de laurier-cerise, en opérant avec des appareils différents.

Dans l'expérience **XXXVI**, faite sur des feuilles de laurier-cerise, il y avait, dans l'eau employée :

Pour 1000 grammes : 11 centimètres cubes de gaz azote à 0° et à la p. $0^m,76$.

Dans un quatrième appareil, le ballon où l'on avait introduit 11 grammes de feuilles, renfermait :

	cc
Eau $662^{gr},83$, contenant : Azote......	7,29 (1)
On a retiré : Azote................	10,13
Azote obtenu en excès par l'appareil (4).	2,84
Azote obtenu par l'appareil (2).......	2,84
Différence...	0,00

L'appareil (4), enveloppé d'un drap noir, était resté exposé au soleil pendant $2^h 15^m$.

---

(1)   Ballon (4) eau.......... .... $662^{gr},83$ Feuilles, 11 grammes.

Après l'absorption de l'acide carbonique et de l'oxygène :

	cc
Gaz azote à la t. de 18°,5 et à la p. de $0^m,7274$...	11,30
Gaz azote à la t. de 0° et à la p. $0^m,76$.........	10,13

Expérience XLIV, 10 septembre 1861. — Gaz azote obtenu de $10^{gr},06$ d'aiguilles de pin weymouth, en opérant avec des appareils différents.

Dans 1000 grammes de l'eau de source employée : Azote, $12^{cc},55$ (1).

I. Ballon (2), eau $697^{gr},14$ contenant : Azote... $8,75$ (cc)

Retiré. . . . . $10,11$

  Dans les aiguilles. . . . . $1,36$

II. Ballon (3), eau $712^{gr},94$ contenant : Azote.. $8,65$

Retiré. . . . . $10,28$

  Dans les aiguilles. . . . . $1,33$

                  Différence... $0,03$

---

(1)

Ballon (1) eau. . . . . $713,3$ (gr)	Ballon (2). . . . . $697,14$ (gr)	Ballon (3). . . . . $712,94$ (gr)	
Gaz azote à la t. $17^{o},4$ et à la p. $0^{m},7166$. . . . . $10,1$	$11,14$	$11,6$	
Gaz azote à la t. de 0° et à la p. $0^{m},76$. . . . . . . $8,95$	$10,11$	$10,28$	

Expérience XLV, 11 septembre 1861. — Gaz azote obtenu de $10^{gr},75$ de feuilles de vigne, en opérant avec des appareils différents.

Dans l'expérience **XLI**, faite sur des feuilles de vigne, il y avait, dans l'eau employée,

Pour 1000 grammes, $11^{cc},81$ de gaz azote à $0°$ et à la p. de $0^{m},76$.

Un quatrième appareil portait un ballon (4) dans lequel il entrait, avec $10^{gr},75$ de feuilles, $664^{gr},65$ d'eau contenant :

	cc
Azote.	7,85 (1)
On a retiré : Azote.	9,63
Dans les feuilles.	1,18
Avec l'appareil (2) on avait retiré : Azote...	1,18
Différence...	0,00

L'appareil (4) était resté dans l'obscurité pendant $2^{h}25^{m}$.

____

(1)

	gr
Ballon (4) eau.	664,65
Gaz azote à la t. de $16°,65$ et à la p. de $0^{m},723$...	10,07
Gaz azote à la t. de $0°$ et à la p. de $0^{m},76$.	9,03

L'azote excédant ne saurait donc être attribué à l'hétérogénéité des atmosphères des feuilles que l'on traite comparativement, car il semble incontestable que si les différences observées eussent dépendu d'une telle cause, elles ne se seraient pas manifestées constamment dans le même sens; l'azote des gaz dégagés après l'action solaire sur les plantes aurait été tantôt en excès, tantôt en déficit sur l'azote des gaz retirés des plantes non exposées à la lumière. Or, en consultant le tableau où toutes les expériences sont réunies, on verra qu'à une seule exception près, présentée par le *thuya,* on a toujours eu, des feuilles placées au soleil, plus de gaz non absorbables par les réactifs.

DATES des expériences.	DÉSIGNATION des plantes.	POIDS des feuilles.	DURÉE de l'ex- position.	ACIDE CAR- BONIQUE disparu.	OXYGÈNE apparu.	AZOTE apparu.
		gr	h m	cc	cc	cc
1859. Juillet 14	Pêcher	15,00		36,55	37,26	0,54
Août 2	Ceratophyllum submersum (aquatique)	4,00	6.00	50,05	49,35	0,12
8	Menthe aquatique	5,00	4.00	48,38	42,95	0,86
11	Chêne	5,00	3.30	49,33	47,25	0,22
23	Saule	10,00	2.15	42,85	42,12	0,20
25	Pêcher	10,00	2.30	48,64	51,05	0,58
26	Houx	13,00	2.30	17,89	17,36	0,22
29	Algue; aquatique	30,00	3.00	19,00	16,86	0,26
30	Potamogeton crispus (aquatique)	15,00	3.00	54,18	51,37	0,57
31	Boussingaultia	15,00	2.15	25,89	26,91	0,20
1860. Sept. 17	Pervenche	12,80	5.00	26,31	26,78	0,27
20	Sassafras	10,86	3.45	29,98	28,90	0,64
22	Carotte	10,00	2.00	30,01	30,73	0,80
27	Lierre	18,27	2.00	23,56	23,21	0,70
28	Haricot	10,46	3.00	20,84	20,76	0,38
29	Pêcher	5,07	3.00	54,93	52,98	0,55
Octob. 1	Pêcher	5,32	1.35	24,10	25,72	0,20
4	Ortie	5,32	2.55	30,16	31,28	0,62
5	Carotte	10,00	0.30	19,00	18,27	0,10
13	Pin weymouth	10,00	1.00	24,41	23,91	0,47
17	Pin weymouth	10,00	1.00	31,92	31,42	0,37
18	Avoine	10,77	1.00	30,52	30,07	0,19
23	Laurier-rose	10,32	0.30	22,63	23,46	0,24
1861. Août 14	Laurier rose	10,11	1.00	14,79	14,60	0,50
16	Laurier-rose	10,50		26,31	27,57	0,33
18	Pêcher	10,03		41,84	41,92	0,25
19	Pêcher	10,02	1.45	32,76	33,99	0,72
20	Pêcher	10,02	2.20	34,52	35,02	0,58
21	Saule	10,12	1.45	39,31	37,58	0,61
23	Saule	10,10	1.50	37,53	37,28	0,46
24	Lilas	10,25	2.00	18,48	18,57	0,17
25	Lilas	10,12	1.10	19,75	19,65	0,12
27	Pin maritime	10,02	4.00	41,60	43,30	0,45
28	Pin maritime	12,07	2.30	44,87	45,62	0,49
29	Carotte	10,00	2.00	44,28	42,81	0,62
30	Laurier-cerise	12,22	2.15	30,48	29,31	0,22
31	Ceratophyllum (aquatique)	12,00	2.55	38,38	36,63	0,41
Sept. 1	Laurier-cerise	6,21	1.40	24,07	22,74	0,30
2	Anémone aquatique	10,00	1.45	42,88	41,63	0,43
8	Thuya	10,00	2.00	28,85	28,87	0,05*
11	Vigne	11,75	2.25	17,20	15,54	0,24

* Déficit.

Sur 41 expériences, il en est 15 dans lesquelles le volume de l'oxygène apparu a été un peu plus grand que le volume de l'acide carbonique disparu. Dans les autres, c'est le contraire qui a eu lieu. Dans treize cas seulement, il y a eu à peu près égalité entre les deux volumes de gaz, du moins la différence n'a pas dépassé $\frac{5}{10}$ de centimètre cube. Le volume de l'oxygène émis par des feuilles d'une même plante a été tantôt supérieur, tantôt inférieur à celui de l'acide carbonique disparu ; c'est ce qui est arrivé pour le pêcher, le pin et le laurier. Les plantes aquatiques, le saule, la carotte, ont toujours donné moins d'oxygène que n'en renfermait l'acide carbonique que l'on n'a plus retrouvé ; mais il est possible que des observations plus nombreuses eussent amené des différences en sens contraire. La disparition d'une partie de l'oxygène constitutif de l'acide carbonique peut être attribuée tout naturellement à une assimilation opérée par l'organisme de la plante, tandis que l'émission d'un volume de ce gaz plus grand que le volume de l'acide gazeux éliminé ne saurait être expliquée qu'en admettant que, sous l'influence de la lumière solaire, les parties vertes des végétaux décomposent l'eau en en fixant l'hydrogène. Les cas où le volume d'oxygène a été moindre que le volume du gaz acide disparu ne pourraient pas être invoqués comme une objection, puisque l'oxygène mesuré représenterait la différence entre la totalité de l'oxygène provenant de l'acide carbonique, de l'eau et la quantité du même gaz fixé par les feuilles. L'oxygène en excès a été au maximum 2^{cc}, 4 pour 48^{cc}, 6 d'acide carbonique, soit 5 pour 100 ; mais généralement cet excès est resté bien au-dessous de cette quantité.

Si l'on considère l'ensemble des résultats comme ayant été fournis par une observation unique, on trouve qu'il est disparu $1339^{cc},38$ de gaz acide carbonique, et qu'il est apparu $1322^{cc},61$ de gaz oxygène mêlés à $16^{cc},20$ de gaz azote, que, par conséquent, 100 volumes de gaz acide carbonique ont fourni $98^{vol},75$ de gaz oxygène.

Ainsi il semblerait qu'il y a apparition d'azote pendant la décomposition du gaz acide carbonique par les feuilles, non pas à la vérité dans des proportions aussi extraordinairement fortes que celles indiquées par les travaux antérieurs à ces recherches ; mais cette apparition, pour être bien moins prononcée, n'en serait pas moins réelle, et ici, d'après la manière dont les expériences ont été instituées, il n'est pas permis de l'attribuer à de l'azote que l'eau ou les plantes auraient apporté à l'insu de l'observateur. Mais doit-on conclure définitivement ? Non sans doute, car de ce qu'un gaz ne disparaît pas par l'action des réactifs absorbants, il n'est pas indubitablement établi que ce gaz est de l'azote, et, avant de se prononcer, il est prudent de le soumettre à d'autres épreuves. C'est ce que j'ai fait.

Dans les expériences faites en 1861, le gaz azote *résidu* obtenu après l'absorption, par le pyrogallate, de l'oxygène que les plantes avaient émis pendant leur exposition au soleil, et le gaz résidu provenant des plantes qui n'avaient pas été exposées, ont été examinés, et, grâce aux procédés si précis de l'analyse eudiométrique dont la science est redevable à MM. Bunsen et Regnault, j'ai bientôt acquis la certitude que dans l'un de ces gaz, celui des expériences dans lesquelles les feuilles furent exposées à l'action solaire, il y avait une proportion très-appréciable de gaz combustible qu'on ne retrouvait pas dans l'azote provenant des feuilles qui n'avaient pas été exposées à la lumière. Voici les résultats des analyses.

Examen du gaz azote, résidu de l'absorption, par le pyrogallate, de l'oxygène émis par les feuilles du laurier-rose exposées au soleil, dans les expériences des 14 et 16 août.

	VOLUME.	PRESSION.	TEM-PÉRATURE	VOLUME à $0°$ et à la pression de $0^m,76$.
Gaz........	318,7	0,3614	16,8	142,76
Après l'addition de l'oxygène...	339,6	0,3822	16,9	160,84
Après l'introduction du gaz de la pile et détonation......... .	333,8	0,3799	15,6	157,84
Gaz disparu.				3,00
Après l'absorption de l'acide carbonique................	324,1	0,3760	15,55	151,7
Acide carbonique.				6,14
Azote résidu de l'atmosphère des feuilles non exposées au soleil.				
Gaz.....................·...	344,1	0,3911	15,4	167,63
Après l'introduction de l'oxygène..	363,6	0,4107	15,3	186,07
Après introduction du gaz de la pile et détonation..........	361,0	0,4123	14,3	186,11
Gaz disparu..............				0,00

Examen du gaz azote, résidu de l'absorption, par le pyrogallate, de l'oxygène émis par les feuilles de pécher exposées au soleil, dans les expériences des 18, 19 et 20 août.

	VOLUME.	PRESSION.	TEM-PÉRATURE	VOLUME à 0° et à la pression de 0^m,76.
		^{m}	^{o}	
Gaz......................	353,3	0,3978	15,7	175,87
Après l'addition de l'oxygène...	373,1	0,4175	15,0	194,30
Après l'introduction du gaz de la pile et détonation.........	369,6	0,4140	15,1	190,79
Gaz disparu.				3,51
Après l'absorption de l'acide carbonique.	360,0	0,4115	15,5	184,47
Acide carbonique.				6,32
Azote résidu de l'atmosphère des feuilles non exposées au soleil.				
Gaz.................,......	335,1	0,3936	15,7	164,12
Après l'introduction de l'oxygène......................	351,5	0,4118	15,0	180,60
Après l'introduction du gaz de la pile et détonation.........	352,0	0,4126	15,2	181,00
Gaz disparu..............				0,00

Examen du gaz azote, résidu de l'absorption, par le pyrogallate, de l'oxygène émis par les feuilles de saule exposées au soleil, dans les expériences des 21 et 23 août.

	VOLUME.	PRESSION.	TEM-PÉRATURE	VOLUME à 0° et à la pression de $0^m,76$.
Gaz....................	326,0	0,3929	14,2	160,21
Après l'addition de l'oxygène...	339,8	0,4069	14,5	172,76
Après l'introduction du gaz de la pile et détonation..........	336,0	0,4023	15,0	168,61
Gaz disparu.............				4,15
Après l'absorption de l'acide carbonique..............	324,0	0,3975	14,9	160,70
Acide carbonique..........				7,91

Examen du gaz azote, résidu de l'absorption, par le pyrogallate, de l'oxygène émis par les feuilles de lilas exposées au soleil, dans les expériences des 24 et 25 août.

	VOLUME.	PRESSION.	TEM-PÉRATURE	VOLUME à 0° et à la pression de $0^m,76$.
Gaz....................	341,1	0,3943	14,2	168,24
Après l'addition de l'oxygène...	360,8	0,4133	14,5	186,33
Après l'introduction du gaz de la pile et détonation..........	359,1	0,4111	15,0	184,14
Gaz disparu.............				2,19
Après l'absorption de l'acide carbonique..............	352,4	0,4095	14,9	180,06
Acide carbonique..........				4,08

Examen du gaz azote, résidu de l'absorption, par le pyrogallate, de l'oxygène émis par les aiguilles de pin maritime exposées au soleil, dans les expériences des 27 et 28 août.

	VOLUME.	PRESSION.	TEM-PÉRATURE	VOLUME à 0° et à la pression de 0^m,76.
		m	o	
Gaz......................	320,7	0,3679	14,4	147,48
Après l'addition de l'oxygène...	341,0	0,3877	14,4	165,25
Après l'introduction du gaz de la pile et détonation...........	366,1	0,3831	14,6	160,83
Gaz disparu..............				4,42
Après l'absorption de l'acide carbonique...............	322,5	0,3786	14,7	152,67
Acide carbonique..........				8,16
Azote résidu de l'atmosphère des aiguilles non exposées au soleil.				
Gaz......................	346,5	0,3866	14,3	167,50
Après l'addition de l'oxygène...	359,8	0,3995	14,3	179,73
Après l'introduction du gaz de la pile et détonation...........	203,9	0,7039	14,5	179,33
Gaz disparu........				0,73

Examen du gaz azote, résidu de l'absorption, par le pyrogallate, de l'oxygène émis par les feuilles de deux plantes aquatiques, dans les expériences des 31 août et 2 septembre.

	VOLUME.	PRESSION.	TEM-PÉRATURE	VOLUME à 0° et à la pression de $0^m,76$.
		m	o	
Gaz........................	306,5	0,3686	14,4	141,22
Après l'addition de l'oxygène...	326,0	0,3887	14,4	158,39
Après l'introduction du gaz de la pile et détonation...........	322,7	0,3837	14,6	154,66
Gaz disparu..............				3,73
Après l'absorption de l'acide carbonique................	311,7	0,3802	14,3	148,15
Acide carbonique..........				6,51
Azote résidu de l'atmosphère des feuilles non exposées au soleil.				
Gaz........................	341,3	0,3954	14,3	168,74
Après l'addition de l'oxygène..	355,0	0,4098	14,3	181,91
Après l'introduction du gaz de la pile et détonation...........	354,5	0,4089	14,2	181,32
Gaz disparu..............				0,59
Après l'absorption de l'acide carbonique................	206,0	0,7050	14,5	181,40
Acide carbonique..........				0,00

RÉSUMÉ.

	VOLUME disparu.	GAZ acide carbonique
Gaz résidu des feuilles du laurier-rose...........	3,00	6,12
du pêcher................	3,51	6,32
du saule................	4,15	7,91
du lilas.	2,19	4,08
du pin................	4,42	8,16
des plantes aquatiques.....	3,73	6,51

III.

Le volume de gaz disparu (*m*), comparé au volume d'acide carbonique (*n*) formé pendant la combustion, indiquait que le gaz découvert dans l'azote résidu consistait principalement en oxyde de carbone (z), puisque 1 volume de cet oxyde consomme en brûlant $\frac{1}{2}$ volume d'oxygène pour constituer 1 volume d'acide carbonique. Cependant, comme dans cinq de ces analyses *m* avait été constamment un peu plus fort que $\frac{n}{2}$, il y avait lieu de présumer que l'oxyde de carbone pouvait y être mêlé à de très-faibles quantités d'un autre gaz dans la constitution duquel il entrait de l'hydrogène.

Le gaz combustible dont l'analyse venait de révéler la présence n'entrait que pour une minime proportion dans les résidus gazeux examinés, par la raison qu'il s'y trouvait mélangé à la totalité de l'azote appartenant soit à l'atmosphère de l'eau, soit à l'atmosphère de la plante; il était à désirer, afin d'en fixer la constitution avec plus de certitude, d'opérer sur des résidus qui en continssent davantage; or il était facile de se procurer de tels résidus, puisque l'on savait que pendant la décomposition de l'acide carbonique par les plantes submergées exposées à la lumière, l'oxygène s'épure au fur et à mesure qu'il se dégage, l'air dissous dans l'eau, comme l'air condensé dans le tissu végétal, étant graduellement expulsé. Il y avait, en outre, une autre raison pour se procurer du gaz dans de telles conditions : il convenait de s'assurer si des feuilles, quand elles ne sont pas séparées de la branche, lorsqu'elles adhèrent encore à la plante, fourniraient un gaz semblable à celui qu'elles élaboraient en agissant isolément.

Dans des vases de verre de 15 à 20 litres de capacité, remplis d'eau de source imprégnée d'acide carbonique, munis de tubulures permettant de recueillir les gaz, j'ai fait pénétrer les extrémités de plusieurs branches d'arbres. Les expériences ont porté sur le pin, le saule, le lilas, le laurier-cerise, le thuya ; plusieurs plants d'anémone aquatique, munis de leurs racines, furent aussi introduits dans l'appareil où ils ont fonctionné comme s'ils fussent restés dans la rivière de la Saüer d'où on les avait tirés. Les plantes exposées au soleil donnaient immédiatement et en abondance du gaz que l'on recueillait successivement dans des flacons. Comme cela arrive constamment, ce gaz a été plus riche en oxygène à mesure que l'on en prolongeait le dégagement.

Le gaz obtenu était traité par la potasse pour enlever l'acide carbonique.

Expérience XLVI, 20 octobre 1861. — Branches de pin submergées. Durée de l'exposition à la lumière, 2 heures. Rétiré successivement quatre flacons de gaz (1). L'oxygène a été absorbé par le pyrogallate.

		Résidu.	Oxygène.	Pour 100.	
				Oxygène.	Résidu.
	div.	div.	div.		
Gaz du 1er flacon........	247	60	187	75,7	24,3
» 2e »	265	35	230	86,7	13,3
» 3e »	247	26	221	88,7	11,3
» 4e »	208	10,4	197,6	95,0	5,0

(1) Les flacons n'avaient pas exactement la même capacité.

Quatrième et dernier flacon. — Examen du gaz resté après l'absorption de l'oxygène par le pyrogallate.

	VOLUME.	PRESSION.	TEM-PÉRATURE	VOLUME à 0° et à la pression de 0^m,76.
Gaz........................	319,2	0,4443	12,8	178,76
Après l'addition de l'oxygène...	374,0	0,4987	13,7	233,16
Oxygène ajouté...............				54,40
Gaz de la pile et détonation....	348,8	0,4734	13,8	206,83
Gaz disparu..............				26,33
Après l'absorption de l'acide carbonique..................	294,3	0,4274	12,8	158,10
Acide carbonique...........				48,73
Après l'addition de l'hydrogène.	380,6	0,5131	12,1	246,04
Hydrogène ajouté.............				87,94
Après l'explosion.............	181,2	0,7159	12,1	163,40
Gaz disparu..................				82,64
Oxygène retrouvé.............				27,55
Oxygène consommé...........				26,85
Hydrogène brûlé.............				55,10
Hydrogène restant...........				32,84
Azote.......................				130,56

Si le gaz combustible consiste en oxyde de carbone (z) et en hydrogène protocarboné (v), m étant le volume du gaz disparu, n celui du gaz acide carbonique formé, on a

$$\frac{z}{2} + 2v = m, \quad z + v = n,$$

d'où

$$z = \frac{4n - 2m}{3}, \quad v = \frac{2m - n}{3},$$

et comme vérification

$$\frac{z}{2} + 2v = a,$$

a représentant le volume de l'oxygène consommé.

Appliquant ces formules aux données fournies par l'analyse on a :

		Pour 100
Gaz oxyde de carbone....	47,42	26,44
Hydrogène protocarboné..	1,31	0,74
Azote................	130,56	72,82
	179,29	100,00
Le gaz analysé étant......	178,76	
Différence...	0,53	

Pour 100 de gaz recueilli dans le quatrième flacon :

Gaz combustible................... 1,4

Ainsi dans cette expérience le gaz développé par une branche de pin d'une vigoureuse vitalité, agissant sur le gaz acide carbonique avec l'influence de la lumière du soleil, a laissé, après que l'oxygène eut été absorbé, un gaz bien éloigné d'être de l'azote pur.

Les gaz obtenus dans le cours de la même expérience ont donné à l'analyse des résultats analogues. Le gaz résidu, l'azote, renfermait seulement moins de gaz combustibles.

Premier flacon. — Gaz resté après l'absorption de l'oxygène.

	VOLUME.	PRESSION.	TEM-PÉRATURE	VOLUME à 0° et à la pression de $0^m,76$.
Gaz......................	345,0	$0,3901$	$10,5$	170,50
Après l'addition de l'oxygène...	367,0	0,4102	10,45	190,79
Après l'addition du gaz de la pile et détonation..........	358,2	0,4030	10,4	183,00
Gaz disparu..............				7,82
Après l'absorption de l'acide carbonique.................	187,8	0,7099	10,2	169,10
Acide carbonique..........				13,90

On en déduit :

		Pour 100.
Oxyde de carbone.......	13,34	7,82
Hydrogène protocarboné..	0,56	0,33
Azote, par différence.....	156,60	91,85
	170,50	100,00

Pour 100 du gaz recueilli dans le premier flacon :

Gaz combustible................... 1,98

Expérience XLVII, 15 septembre 1861. — Branches de saule submergées. L'exposition au soleil a duré 1 heure, pendant laquelle on a rempli deux flacons de gaz. L'acide carbonique et l'oxygène ayant été absorbés par la potasse et le pyrogallate, on a procédé à l'analyse du résidu.

Premier flacon.

	VOLUME.	PRESSION.	TEMPÉRATURE.	VOLUME à 0° et à la pression de 0^m,76.
		m	o	
Gaz............................	314,4	0,4295	16,0	167,85
Après l'addition de l'oxygène.............	338,2	0,4544	14,0	192,35
Après l'addition du gaz de la pile et détonation......	332,0	0,4460	15,0	184,65
Gaz disparu........................				7,70
Après l'absorption de l'acide carbonique...........	309,0	0,4437	15,0	171,12
Acide carbonique.....................				13,53

d'où :

$$\text{Pour 100.}$$

Oxyde de carbone.........	12,91	7,7
Hydrogène protocarboné....	0,62	0,3
Azote (1), par différence....	154,32	92,0
	167,85	100,0

(1) Par le pyrogallate employé comme contrôle, on a eu

Azote............. 155.

Deuxième flacon.

	VOLUME.	PRESSION.	TEMPÉRATURE.	VOLUME à 0° et à la pression de 0^m,76.
		m	o	
Gaz................................	356,1	0,4054	12,8	181,45
Après l'addition de l'oxygène..............	381,2	0,4288	13,7	204,81
Après l'addition du gaz de la pile et détonation......	372,6	0,4118	13,8	192,19
Gaz disparu.................				12,62
Après l'absorption de l'acide carbonique..........	187,4	0,7126	12,5	168,05
Acide carbonique................				24,13

d'où :

		Pour 100.
Oxyde de carbone.........	23,79	13,1
Hydrogène protocarboné....	0,37	0,2
Azote (1), par différence....	157,29	86,7
	181,45	100,0

(1) L'absorption par le pyrogallate essayé comme contrôle a donné

Azote........... 158

Expérience XLVIII. — Le 8 septembre 1862, on a fait passer sous une grande cloche pleine d'eau imprégnée d'acide carbonique, une branche de laurier-cerise portant vingt feuilles. La cloche reposait sur la tablette d'une cuve dont l'eau était continuellement traversée par un courant de gaz acide carbonique venant d'un générateur. La plante est restée au soleil depuis midi jusqu'à 5 heures.

Le 9 septembre, on a mis sous une cloche une nouvelle branche de laurier-cerise ayant aussi vingt feuilles; l'exposition a duré cinq heures, le temps était peu favorable, le ciel nuageux.

Le 10 septembre, on plaça sous la cloche une branche semblable aux précédentes. Après qu'elle eut été exposée à un fort soleil, de 9 heures à 2 heures, on la remplaça par une nouvelle branche qui resta sous la cloche jusqu'à 5 heures. En définitive, dans cette expérience, quatre-vingts feuilles de laurier-rose avaient fonctionné dans de l'eau à peu près saturée d'acide carbonique. On recueillit $1^{\text{lit}},4$ de gaz oxygène assez impur, parce que le renouvellement des branches, le séjour prolongé de la cloche sur une cuve présentant une grande surface avaient nécessairement favorisé l'accès de l'air atmosphérique, malgré la précaution prise pour maintenir dans l'eau un excès d'acide carbonique. En effet, le gaz recueilli, privé d'acide carbonique, renfermait :

$$
\begin{array}{lr}
\text{Oxygène} \dots \dots \dots & 74 \\
\text{Azote} \dots \dots \dots \dots & 26 \\
\hline
& 100
\end{array}
$$

Analyse.

Ce gaz a été introduit dans l'eudiomètre dans l'état

où il était, c'est-à-dire sans qu'on ait absorbé l'oxygène. On l'a mêlé à 45 pour 100 de gaz de la pile, et l'on a fait détoner.

	VOLUME.	PRESSION.	TEMPÉRATURE.	VOLUME à 0° et à la pression de $0^m,76$.
Gaz. 1re lecture.....	418,1	^{m} 0,5392	^{o} 15,15	281,05 (^{cc} 28,105)
2e lecture......	418,2	0,5595	15,45	280,98
Moyenne.......				281,01
Après gaz de la pile et détonation.				
1re lecture	417,0	0,5383	15,80	279,23
2e lecture..........	414,9	0,5404	15,05	279,61
Moyenne...........				279,42
Gaz disparu (m).....				1,59
Après l'absorption par la potasse.				
Gaz	308,5	0,7219	16,00	276,83
Acide carbonique (n).				2,60

100 du gaz examiné contenaient 0,92 d'oxyde de carbone si l'on prend n pour représenter le gaz, et 1,1 si l'on prend 2 m.

Expérience XLIX. — Branche de thuya exposée au soleil dans une atmosphère gazeuse.

Dans un mélange d'air atmosphérique et d'acide carbonique contenu dans une cloche d'une capacité de 50 litres, solidement établie sur la planchette d'une cuve dont l'eau était traversée par un courant de gaz acide carbonique, on a fait pénétrer, le 5 août 1863, l'extrémité d'une branche de thuya. Cette branche est restée au soleil depuis 7 heures du matin jusqu'à 5 heures.

Le gaz, débarrassé de l'acide carbonique, renfermait pour 100 :

Oxygène......... 69
Azote............ 31

On l'a introduit directement dans l'eudiomètre.

Analyse.

	VOLUME.	PRESSION.	TEMPÉRATURE.	VOLUME à 0° et à la pression de 0^m76.
		^{m}	^{o}	^{cc}
Gaz. 1re lecture	445,15	0,47920	22,75	259,12 (25,922)
2e lecture.	445,0	0,47905	22,50	259,15
3e lecture......	441,3	0,47975	20,40	259,21
Moyenne				259,16
Après addition d'hydrogène.				
1re lecture	501,0	0,53852	20,6	330,11
2e lecture	501,75	0,53625	19,5	330,05
Moyenne...........				330,08
Hydrogène ajouté				70,92
Après détonation.				
1re lecture	406,0	0,44740	18,6	223,77
2e lecture...........	403,3	0,44896	17,8	223,68
Moyenne.......... .				223,73
Gaz disparu				106,35

Résumé.

Hydrogène ajouté.... 70,92
Prenant oxygène 35,46

Devait disparaître.... 106,38
A disparu......... 106,35

Il n'y aurait donc pas eu d'oxyde de carbone dans l'atmosphère confinée où la branche de thuya était restée pendant dix heures.

L'objection que l'on peut faire à ce résultat, c'est qu'en raison du volume considérable de l'atmosphère où la plante a fonctionné, les 3o centimètres cubes de gaz introduits dans l'eudiomètre seraient insuffisants pour déceler la présence de gaz combustibles, alors même que l'on emploie un procédé analytique dont la précision, très-grande sans doute, a cependant une limite.

Expérience L. — Pin laricio.

Le 13 octobre 1863, on a exposé au soleil, dans de l'eau de source imprégnée d'acide carbonique, des aiguilles de pin; quoique la température se soit maintenue à 8 degrés, le dégagement d'oxygène fut très-abondant; de 10 heures à 4 heures on obtint près d'un litre de ce gaz, qui présenta la particularité d'être exempt d'acide carbonique; il contenait :

$$
\begin{array}{ll}
\text{Oxygène} \dots\dots & 87,3 \\
\text{Azote} \dots\dots\dots & 12,7 \\
\hline
& 100,0
\end{array}
$$

I.

Analyse.

Le gaz, avant d'être mis dans l'eudiomètre, avait été en contact avec un cylindre de potasse. L'oxygène n'a pas été absorbé.

	VOLUME.	PRESSION.	TEMPÉ-RATURE.	VOLUME à 0° et à la pression de 0^m,76.
		m	o	cc
1re lecture....	471,15	0,51512	8,65	309,56 (30,956)
2e lecture..........	464,80	0,51992	7,40	309,58
3e lecture..........	465,0	0,52032	7,95	309,56
Moyenne				309,50
Après addition d'hydro-gène.				
1re lecture	568,0	0,62055	7,40	451,54
2e lecture..........	568,0	0,62065	7,40	451,62
Moyenne				451,58
Hydrogène ajouté				142,08
Après addition d'oxy-gène (1).				
1re lecture	641,0	0,69564	7,35	571,32
2e lecture..........	641,0	0,69561	7,40	571,22
Moyenne...........				571,27
Après détonation.				
1re lecture	500,3	0,55621	7,20	356,74
2e lecture..........	499,9	0,55639	6,80	357,08
3e lecture..........	500,5	0,55616	6,95	356,85
Moyenne...........				356,89
Gaz disparu........				214,38

(1) Cette addition d'oxygène devenait indispensable parce qu'il était entré dans l'eudiomètre un volume d'hydrogène correspondant à 213,1 de gaz tonnant pour 238,6 de gaz incombustible, soit 89 pour 100. Dans cette condition, il y aurait eu certainement combustion d'un peu d'azote. Après l'addition de l'oxygène cette combustion n'était plus à craindre, le gaz incombustible étant alors au gaz tonnant :: 100 : 42,6.

Résumé.

Hydrogène ajouté. 142,08

Prenant oxygène.. 71,04

Devait disparaître. 213,12

A disparu 214,38

Différence (*m*). . . 1,26 = CO 2,52 dans 309,5 de gaz analysé.

Pour 100 0,8

II.

	VOLUME.	PRESSION.	TEMPÉ-RATURE.	VOLUME à 0° et à la pression de 0^m,76.
		m	o	cc
1re lecture.........	614,0	0,43398	8,7	339,80 (33,98)
2e lecture..........	604,0	0,43867	7,4	339,43
3e lecture.........	604,4	0,43922	7,95	339,42
Moyenne...........				339,5͂
Après addition d'hydro-gène.				
1re lecture.........	744,2	0,52240	7,5	497,86
2e lecture..........	744,0	0,52247	7,4	497,97
Moyenne				497,91
Hydrogène ajouté....				158,36
Après addition d'oxy-gène.				
1re lecture.........	858,0	0,59192	7,35	650,72
2e lecture..........	858,0	0,59188	7,40	650,57
Moyenne...........				650,65
Après détonation.				
1re lecture.........	668,2	0,47938	6,8	411,24
2e lecture..........	668,6	0,47923	7,0	411,07
Moyenne...........				411,15
Gaz disparu........				239,50

Résumé.

Hydrogène ajouté...... 158,36
Prenant oxygène   79,18

Devait disparaître 237,54
A disparu 239,50

Différence (m) . . . .   1,96 = CO 3,92 pour 339,55 de gaz.
Pour 100   1,15
Par la 1re analyse on a eu.   0,80

Dans l'oxygène résultant de la décomposition de l'acide carbonique par les aiguilles du pin laricio plongées dans de l'eau acidulée, il y aurait eu pour 100, 0,97 de gaz combustible.

Après avoir reconnu la nature du gaz combustible rencontré parmi les produits de la décomposition du gaz acide carbonique par les feuilles submergées, dans les conditions où j'ai opéré, il convient de revenir sur les expériences qui ont eu pour objet d'établir le rapport existant entre le volume du gaz acide détruit et celui du gaz oxygène élaboré. Dans toutes ces expériences, à une seule exception près, on a constaté une légère acquisition d'azote. Or je vais montrer que ce volume de l'azote en excès est sensiblement égal au volume du gaz oxyde de carbone décelé par l'analyse eudiométrique, de sorte que, si on le supprime, le volume de ce gaz, après l'exposition des feuilles au soleil, est le même que celui préexistant dans l'atmosphère des feuilles avant leur exposition.

Laurier-rose. Expériences des 14 et 16 août. — Le gaz azote résidu contenait

		Pour 100
Oxyde de carbone........	6,15	4,30
Hydrogène protocarboné..	0,00	0,00
Azote...................	136,61	95,70
	142,76	100,00

Le gaz azote obtenu

	cc
Après l'exposition du soleil a été..	20,49
Avant l'exposition.............	19,66
Gaz en excès.................	0,83

Dans les 20^{cc},49 de gaz obtenu, l'analyse a indiqué

Gaz oxyde de carbone.........	0,88

Pêcher. Expériences des 18 et 20 août. — Le gaz azote résidu contenait

		Pour 100.
Oxyde de carbone.........	6,09	3,5
Hydrogène protocarboné....	0,31	0,2
Azote...................	119,47	96,3
	175,87	100,0

Le gaz azote obtenu

	cc
Après l'exposition au soleil a été..	19,46
Avant l'exposition............	18,63
Gaz en excès................	0,83

Dans les 19^{cc},46 de gaz, l'analyse a indiqué

Gaz combustible............	0,72

Saule. Expériences des 21 et 23 août. — Le gaz azote résidu contenait

		Pour 100
Oxyde de carbone........	7,78	4,85
Hydrogène protocarboné...	0,52	0,32
Azote	151,91	95,83
	160,21	100,00

Le gaz azote obtenu

	cc
Après l'exposition au soleil a été..	18,33
Avant l'exposition.............	17,26
Gaz en excès.................	1,07

Dans le 18cc,33 de gaz, l'analyse a indiqué

Gaz combustible..............	0,95

Lilas. Expériences des 24 et 25 août. — Le gaz azote résidu contenait

		Pour 100
Oxyde de carbone........	3,98	2,37
Hydrogène protocarboné...	0,13	0,08
Azote	164,13	97,55
	168,24	100,00

Le gaz azote obtenu

	cc
Après l'exposition au soleil a été..	19,00
Avant l'exposition............	18,69
Gaz en excès.................	0,31

Dans les 19cc,0 de gaz, l'analyse a indiqué

Combustibles en gaz........... .	0,46

Pin. Expériences des 27 et 28 août. — Le gaz azote résidu contenait

		Pour 100
Oxyde de carbone	7,73	5,38
Hydrogène protocarboné...	0,91	0,60
Azote	138,64	94,02
	157,48	100,00

Le gaz azote obtenu

	cc
Après l'exposition au soleil a été..	20,40
Avant l'exposition............	19,45
Gaz en excès................	0,95

Dans les 20^{cc},40 de gaz, l'analyse a indiqué

Gaz combustible..............	1,22

Plantes aquatiques. Expériences des 31 août et 2 septembre. — Le gaz azote résidu contenait

		Pour 100
Oxyde de carbone	6,19	4,38
Hydrogène protocarboné...	0,42	0,29
Azote	134,61	95,33
	141,22	100,00

Le gaz azote obtenu

	cc
Après l'exposition au soleil a été..	18,95
Avant.	18,11
Gaz en excès................	0,84

Dans les 18^{cc},95 de gaz, l'analyse a indiqué

Gaz combustible............	0,88

RÉSUMÉ.

	GAZ		DIFFÉRENCES
	trouvé en excès sur l'azote.	combustible trouvé dans l'azote.	
	cc	cc	cc
Laurier-rose...................	0,83	0,88	+ 0,05
Pêcher..........	0,83	0,72	— 0,11
Saule.........	1,07	0,95	— 0,12
Lilas.........................	0,31	0,46	+ 0,15
Pin.	0,95	1,22	+ 0,27
Plantes aquatiques............ ...	0,84	0,88	+ 0,04

Si l'on considérait les six résultats précédents comme fournis par une seule expérience, on aurait :

	AZOTE RÉSIDU		GAZ combustible obtenu.
	après l'expérience.	avant l'expérience.	
	cc	cc	cc
Laurier-rose...................	20,49	19,66	0,88
Pêcher..........	19.46	18,63	0,72
Saule..........................	18,33	17,26	0,95
Lilas.........................	19,00	18,69	0,46
Pin.	20,40	19,45	1,22
Plantes aquatiques............	18,95	18,11	0,88
Somme du gaz, après l'expérience..	116,63	111,80	5,11
avant l'expérience..	111,80		
Différence...	4,83		

Il y a, on le voit, presque égalité entre le gaz azote
trouvé en excès et le gaz combustible constaté par
l'analyse, puisque la différence ne va pas au delà
de $\frac{3}{10}$ de centimètre cube. Dans le milieu où les plantes ont fonctionné, le volume de l'azote n'a donc pas
changé, il n'y a eu ni assimilation, ni émission de cet
élément ; quant à l'oxyde de carbone, à l'hydrogène
protocarboné rencontrés dans l'oxygène dont le soleil détermine l'apparition, quand il éclaire une plante
submergée, à quoi faut-il les attribuer ? Serait-ce à
un état morbide des feuilles, conséquence de leur
submersion ? Je le reconnaîtrais d'autant plus diffici-
lement, que les feuilles ne sont jamais restées dans
l'eau assez longtemps pour qu'elles pussent s'y altérer,
et que les végétaux aquatiques placés dans leur élément ont aussi fourni de l'oxygène dans lequel l'analyse décelait les mêmes gaz. Enfin l'oxyde de carbone,
pour si minime qu'en soit la proportion, doit-il être
considéré comme une sécrétion normale ? Qu'y aurait-
il d'extraordinaire à ce que l'organisme sécrétât des
gaz combustibles quand il sécrète des carbures d'hydrogène liquides et volatils, des huiles essentielles.
Toutefois, je m'empresse de le reconnaître, on ne sera
dûment autorisé à envisager ces gaz combustibles
comme produits normaux de la végétation, qu'autant
qu'on les obtiendra non plus seulement des feuilles submergées, non plus seulement des feuilles aquatiques
plongées dans une eau qui ne se renouvelle pas, mais
de plantes fonctionnant dans les circonstances habituelles de leur existence. Mais de l'ensemble des faits
exposés précédemment, on peut, je crois, conclure avec
une entière certitude que, pendant la décomposition de

l'acide carbonique, par les parties vertes des végétaux,
il n'y a ni absorption ni émission d'azote, et que si
les volumes de ce gaz obtenus d'une même plante,
avant et après l'exposition au soleil, quoique très-peu
différents n'ont cependant jamais été absolument
égaux, cela a tenu uniquement à cette circonstance,
que, dans chacune de mes expériences, l'atmosphère
retirée des feuilles submergées qui avaient fonctionné
à la lumière avait acquis une très-faible quantité de
gaz oxyde de carbone dont il reste à préciser l'origine.

FIN DU TOME TROISIÈME.

TABLE DES MATIÈRES.

(409)

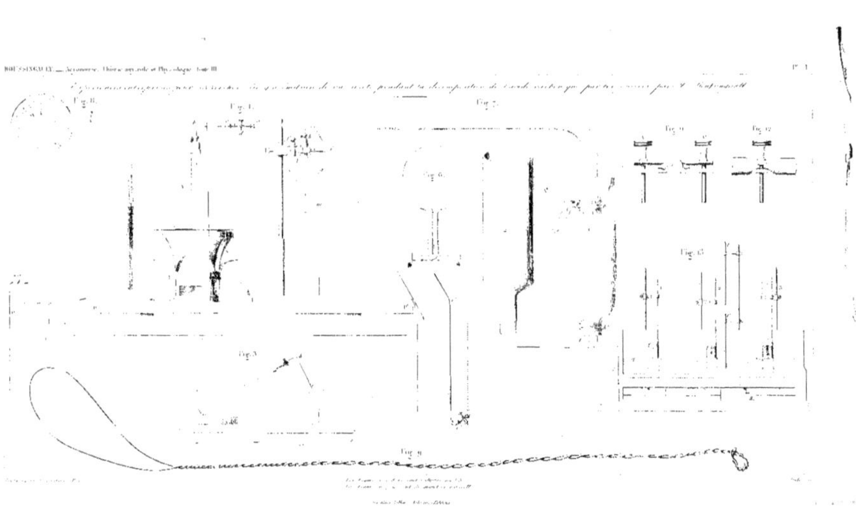

www.ingramcontent.com/pod-product-compliance
Lightning Source LLC
LaVergne TN
LVHW011458180726
843503LV00001BA/71